教育部高等学校电子信息类专业教学指导委员会规划教材

高等学校电子信息类专业系列教材

微波技术基础

（第3版）

杨雪霞 **宦梓轩** 编著
Yang Xuexia　Yi Zixuan

清华大学出版社

北京

内 容 简 介

本书第 1~3 章以路和场相结合的方法系统阐述微波在各种传输线中的传输规律;在此基础上,第 4 章分析各种传输线所形成的常用微波谐振腔的基本原理;第 5 章是微波技术电路理论的进一步发展,概述微波网络的各种网络参量、微波网络的性质;第 6 章介绍常用微波无源器件及其应用;第 7 章简要介绍几种典型的微波系统和微波技术的应用。

本书注重微波技术基本理论的透彻分析以及与实际应用的结合,既可作为高等院校电子工程类无线电技术专业高年级本科生的教材,也可作为相近专业的教学参考书,还可供从事微波技术以及相关技术的工程技术人员参考。

图书在版编目(CIP)数据

微波技术基础/杨雪霞,宓梓轩编著.—3 版.—北京:清华大学出版社,2021.10(2025.1重印)
高等学校电子信息类专业系列教材
ISBN 978-7-302-59219-8

Ⅰ.①微… Ⅱ.①杨… ②宓… Ⅲ.①微波技术—高等学校—教材 Ⅳ.①TN015

中国版本图书馆 CIP 数据核字(2021)第 188101 号

责任编辑:赵 凯
封面设计:李召霞
责任校对:郝美丽
责任印制:杨 艳

出版发行:清华大学出版社
  网 址:https://www.tup.com.cn,https://www.wqxuetang.com
  地 址:北京清华大学学研大厦 A 座   邮 编:100084
  社 总 机:010-83470000   邮 购:010-62786544
  投稿与读者服务:010-62776969,c-service@tup.tsinghua.edu.cn
  质量反馈:010-62772015,zhiliang@tup.tsinghua.edu.cn
  课件下载:https://www.tup.com.cn,010-83470236
印 装 者:三河市天利华印刷装订有限公司
经 销:全国新华书店
开 本:185mm×260mm   印 张:14.5   字 数:353 千字
版 次:2009 年 6 月第 1 版 2021 年 11 月第 3 版   印 次:2025 年 1 月第 2 次印刷
印 数:1501~2000
定 价:69.00 元

产品编号:092227-01

第 3 版前言

无线通信技术已经渗透到人类生活、工业、科研、军事的各个领域,如移动通信、卫星通信与导航、广播和电视直播卫星、无线局域网、物联网、微波无损检测、雷达与定位等。射频(Radio Frequency,RF)与无线技术是人类进行深空探测、探索宇宙奥妙的有效方法。射频与微波方面的专业技术人员成为当前社会上的紧缺人才。

"微波技术基础"是工科电子类电子与信息工程专业的专业基础课。本课程的任务是使学生夯实射频与微波技术方面的基础理论,掌握基本问题的分析方法,进而培养学生分析问题和解决问题的能力,为今后学习射频和微波电路、天线、微波网络等课程打下良好的基础。

在学习本课程之前,学生应具有高等数学、电子线路和电磁场理论的基础知识。

本教材是编者在多年从事教学和科研实践的基础上编写而成的。教材注重微波技术的基本概念和理论的清晰阐述,配以一定的例题以加深理解,使学生在具体应用中能够触类旁通,为后续相关课程的学习打下坚实的理论基础;本教材同时也注重实际应用的设计和分析。平面传输线的应用发展很快,但是其理论分析较为复杂,在这里结合常用微波 CAD 做了补充,从而与实际应用联系更为紧密。为了使学习和应用微波技术的学生和科研人员对相关理论有更深入的认识,本书的最后两章介绍了基本微波元件和典型微波系统。

本书配有电子课件和电子版的习题解答,可扫描书中目录处二维码下载。

研究生王华红、周建永、于英杰绘制了部分插图,盛洁和高艳艳编篡了各章习题和解答,在此对他们表示感谢。同时向本书引用的参考书的作者致以敬意。在此我要特别感谢我国微波测量领域和微带天线领域的知名教授——上海大学徐得名教授和钟顺时教授,以及上海大学的徐长龙教授和夏士明副教授。导师们深厚的理论基础、严谨的学术态度、谦虚坦荡的工作作风和甘为铺路石的高尚情怀坚定了我将教师作为职业的信心。

第 3 版修正了第 2 版中的文字错误,某些示意图用软件画出,使其更加切合实际;在第 2 章增加了"平行板波导",使传输线类型及其理论更加完善。

由于编者水平所限,书中难免有差错和不足之处,恳请读者提出宝贵意见。

杨雪霞

2021 年 10 月于上海

第 2 版前言

随着信息时代的到来，微波与射频（Radio Frequency，RF）技术已渗透到人类生活、工业、科研、军事的各个领域，如蜂窝电话、个人通信系统、无线局域网、超宽带（Ultra Wide-Band，UWB）无线通信、车载防撞雷达、广播和电视直播卫星、卫星通信、导航、定位、雷达、微波遥感以及射频识别（RF IDentification，RFID）、无线传感器网络（Wireless Sensor Network，WSN）和蓝牙等。射频与微波方面的专业技术人才成为当前社会上的紧缺人才。

"微波技术基础"是工科电子类电子与信息工程专业的专业基础课。本课程的任务是使学生掌握微波理论和技术的基础概念、基本理论和基本分析方法，培养学生分析问题和解决问题的能力，为今后从事微波研究和工程设计工作，以及电磁场与微波技术研究生专业学习打下良好的基础。

在学习本课程之前，学生应具有高等数学、电子线路和电磁场理论的基础知识。

本书是编者在多年从事教学和科研实践的基础上编写而成的。书中注重微波技术的基本概念和理论的清晰阐述，配以一定的例题以加深理解；同时又强调实际应用的设计和分析。平面传输线的应用发展很快，但是其理论分析较为复杂，在这里结合常用微波 CAD 做了补充，从而与实际应用联系更为紧密。对于学习和应用微波技术的科研人员来说，他们只注重单个器件的研究，缺乏系统概念，本书的最后一章介绍了典型微波系统，可提高学生的学习兴趣。

研究生王华红和周建永绘制了部分插图，盛洁和高艳艳编纂了各章习题和解答，在此对他们表示感谢，同时向本书引用的参考文献的作者致以敬意。在此我要特别感谢我国微波测量领域和微带天线领域的知名教授——上海大学徐得名教授、钟顺时教授、徐长龙教授和夏士明副教授。导师们深厚的理论基础、严谨的学术态度、谦虚坦荡的工作作风和甘为铺路石的高尚情怀坚定了我将教师作为职业的信心。

第 2 版除了修正第 1 版中的文字错误，还在第 3 章增加了"基片集成波导"平面传输线。研究生于英杰做了部分文字校正和基片集成波导资料的搜集工作，在此表示感谢。

由于编者水平所限，书中难免有差错和不足之处，恳请读者提出宝贵意见。

杨雪霞

2015 年 9 月于上海

第1版前言

随着信息时代的到来,微波与射频(Radio Frequency,RF)技术已渗透到人类生活、工业、科研、军事的各个领域。如蜂窝电话、个人通信系统、无线局域网、车载防撞雷达、广播和电视直播卫星、全球定位系统(Global Position System,GPS)、射频识别(RF IDentification,RFID)、超宽带(Ultra Wide-Band,UWB)无线通信、雷达系统,以及微波遥感系统等。射频与微波方面的专业技术人员成为当前社会上的紧缺人才。

在学习本课程之前,学生应具有高等数学、电子线路和电磁场理论的基础知识。

"微波技术基础"是工科电子类电子与信息工程专业的专业基础课。本课程的任务是使学生学会微波理论和技术的基础概念、基本理论和基本分析方法,培养学生分析问题和解决问题的能力,为今后从事微波研究和工程设计工作以及电磁场与微波技术研究生专业学习打下良好的基础。

本书是编者在多年从事教学和科研实践的基础上编写而成的。书中注重微波技术的基本概念和理论的清晰阐述,配以一定的例题以加深理解;同时又强调实际应用的设计和分析。平面传输线的应用发展很快,但是其理论分析较为复杂,在这里结合常用微波 CAD 做了补充,从而与实际应用联系更为紧密。对于学习和应用微波技术的科研人员来讲,他们只注重单个器件的研究,缺乏系统概念,本书的最后一章介绍了典型微波系统,可提高学生的学习兴趣。

本书配有电子课件和电子版的习题解答,可在清华大学出版社网站上下载。

本书的编写得到上海大学教材建设基金的资助。研究生王华红和周建永绘制了部分插图,盛洁和高艳艳编纂了各章习题和解答,在此对他们表示感谢,同时向本书引用的参考文献的作者致以敬意。在此我要特别感谢我国微波测量领域和微带天线领域的知名教授、上海大学徐得名教授和钟顺时教授以及上海大学的徐长龙教授和夏士明副教授。导师们深厚的理论基础、严谨的学术态度、谦虚坦荡的工作作风和甘为铺路石的高尚情怀坚定了我将教师作为职业的信心。

由于编者水平所限,书中难免有差错和不足之处,恳请读者提出宝贵意见。

杨雪霞

2009 年 3 月于上海

课件　习题解答

目　录

第0章　绪　　论

微波技术广泛应用于通信、雷达、导航、遥感、全球定位系统(GPS)和电子对抗等领域，其基本理论相对成熟。本章主要介绍微波的范围、特点，以及微波技术的应用、发展历史及其研究方法。

0.1　电磁波谱及微波

电磁波谱是一种宝贵的资源。微波是波长很短的电磁波，其范围为 0.1mm～1m，波长比超短波还要短，所以叫作"微波"；微波频率很高，其范围为 300MHz～3000GHz，故又称超高频电磁波。微波处于超短波与红外光之间，如图 0-1 所示。

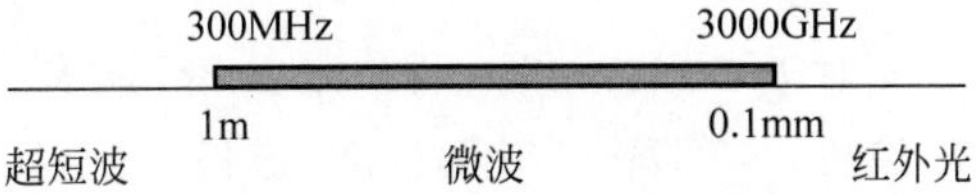

图 0-1　微波频率及波长范围

电磁波的波长、频率和传播速度有以下关系：

$$\lambda = \frac{v}{f} \tag{0-1}$$

若电磁波在真空中传播，则速度为 $v = c = 3 \times 10^8 \text{m/s}$，也就是光速。

图 0-2 是宇宙电磁波谱，微波虽然在电磁波谱中仅是很小的一个波段，但是占有很重要

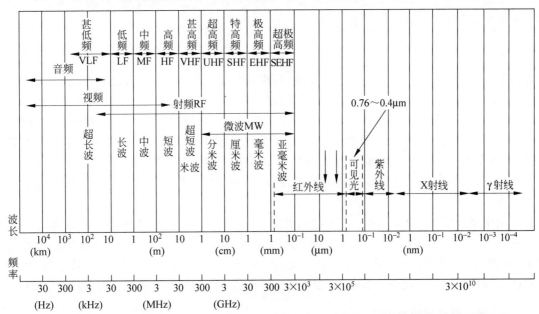

注：甚低频(Very Low Frequency, VLF)、低频(Low Frequency, LF)、中频(Medium Frequency, MF)、高频(High Frequency, HF)、甚高频(Very High Frequency, VHF)、射频(Radio Frequency, RF)、微波(Microwave, MW)

图 0-2　宇宙电磁波谱

的地位。微波划分为 4 个波段,即超高频(Ultra High Frequency,UHF)、特高频(Super High Frequency,SHF)、极高频(Extremely High Frequency,EHF)和超极高频(Super Extremely High Frequency,SEHF)。

在实际应用中,又将微波进一步划分,并以字母命名,常用于工程设计中,亦见于科技文献中。表 0-1 列出了 300MHz~300GHz 内较常见的波段命名。

表 0-1 微波波段划分

符号	频率/GHz	波 长	符号	频率/GHz	波 长
UHF	0.3~1.0	1.00~0.3m	Ka	27~40	11.0~7.5mm
L	1~2	0.3~0.15m	U	40.0~60.0	7.5~5.0mm
S	2~4	15~7.5cm	E	60.0~90.0	5.0~3.3mm
C	4~8	7.5~3.75cm	F	90.0~140.0	3.3~2.1mm
X	8~12	3.75~2.5cm	G	140.0~220.0	2.1~1.4mm
Ku	12~18	2.5~1.7cm	R	220.0~325.0	1.4~0.9mm
K	18~27	1.7~1.1cm			

对于 30GHz 以上的毫米波段,还有一种常见的命名方法,α 波段:30GHz~50GHz,V 波段:50GHz~75GHz,W 波段:75GHz~110GHz,D 波段:110GHz~170GHz。

0.2 微波的特点及其应用

1. 高频特性

微波相对于其"左邻"的超短波、短波和中波等,具有极高的振荡频率(参见图 0-2),根据电磁振荡周期 T 与频率 f 的关系式

$$T = \frac{1}{f} \tag{0-2}$$

微波的振荡周期在 $10^{-9} \sim 10^{-13}$ s(秒)量级,与普通电真空器件中电子渡越时间(为 10^{-9} s 量级)是可比拟的。于是在低频时被忽略了的电磁波与电子间的相互作用、极间电容和引线电感等的影响就不能再忽视了。普通电子管已不能用作微波振荡器、放大器或检波器了,代之而来的则是建立在新的原理基础上的电子器件——微波电子管、微波固态器件和量子器件,这些器件还利用渡越时间与交变场频率的确切关系来产生振荡。随着频率的升高,高频电流的趋肤效应、传输系统的辐射效应及电路的延时效应(相位滞后)等都明显地表现出来。

由于微波的频率很高,因此在一定相对带宽下,其实际可用频带很宽。例如,对于 1% 的相对带宽,若中心频率 $f_0=600$MHz,则频宽为 6MHz;若中心频率 $f_0=60$GHz,则频宽为 600MHz,这是低频电波无力可及的。微波频带宽,意味着信息容量大、传输速率高,从而使微波通信得到了广泛应用和发展,如微波中继通信、移动通信、不同用途的雷达等。

2. 穿透电离层能力较强

频率低于 HF 的无线电波会被高空的电离层吸收或反射,而微波则能够穿透电离层,太

阳能卫星就是利用微波的这一特点通过微波波束将太阳能定向引到地面的。再加上频带较宽,微波已广泛应用在卫星通信、微波遥感、雷达和射电天文,亦用于星际飞行器与地球之间的通信。

3. 似光性

微波波长比地球上宏观物体(如建筑物、飞机、舰船、导弹、卫星等)的几何尺寸小得多,故它具有光波的某些性质。例如,以直线传播,有反射、折射、绕射、干涉等现象,从而使某些几何光学原理仍然适用,如惠更斯原理、镜像原理、多普勒效应等。透镜聚焦可获得定向窄波束辐射或发射,加之与障碍物相比,波长越短,反射越强,从而可获得高方向性天线,保密性强,在雷达系统中得到广泛应用。

4. 量子特性

根据量子理论,电磁辐射能量是不连续的,由一个个"光量子"组成,量子能量为

$$\varepsilon = hf \tag{0-3}$$

式中,$h = 4.136 \times 10^{-15}$ 电子伏特·秒(eV·s),是普朗克常数;f 为频率。低频时,这个能量值很小,可以忽略。对于微波来说,能量达到 $10^{-7} \sim 10^{-3}$ eV,这与某些物质的能级跃迁能量是可比拟的。一般顺磁物质在此作用下所产生的许多能级间的能量差为 $10^{-5} \sim 10^{-4}$ eV,因而电子在这些能级间跃迁所释放出的量子是属于微波范围的,因此,微波可用来分析分子和原子的精细结构,形成"微波波谱学"。同样地,在超低温时(接近 0K),物体吸收一个微波量子也会产生显著反应,固体量子放大器就是在此基础上发展起来的,并形成"量子电子学"学科。另外,微波还用于微波加热、医疗诊断等。

实际上,以上微波特性是内在关联的,雷达就是利用了微波特性的典型代表。由于微波电路集成度的提高、小型化的需求,其封装技术成为电路的有机组成部分,电磁兼容(ElectroMagnetic Compatibility,EMC)问题凸现,发展成为一门学科,从而使得基于电磁场理论的微波技术大有用武之地。

0.3　微波技术的发展

经典电磁场理论是微波技术的理论基础,1885—1887 年 Oliver Heaviside 发表了一系列论文,他简化了 Maxwell 理论中复杂的数学表达,使其更加适用于应用科学,并引入矢量概念,从而奠定了波导和传输线理论。

波导是微波技术发展的一个里程碑。1897 年,数学物理学家 Lord Rayleigh 从数学上证明了波可以在圆波导和矩形波导中传播,并且可能存在无限的 TE 和 TM 模,而且存在截止频率。直至 1936 年,有两位科学家分别同时公开发表了其实验结果和应用,一个是 MIT(美国麻省理工学院)的 W. L. Barrow,他完成了空管传输电磁波的实验;另一个是 AT&T(美国电话电报公司)的 George C. Southworth,他把波导用作宽带传输线,并且申请了专利(实际上他的工作在 1932 年就完成了,但为了商业目的直到 1936 年才发表)。这些工作奠

定了规则波导的理论基础。

20 世纪 40 年代第二次世界大战期间,雷达的出现和发展使得微波理论和技术得到了进一步完善。当时,MIT 专门建立了辐射实验室,在研究雷达理论和应用的基础上发展了微波网络理论。这一时期的雷达基本上都是用矩形波导和同轴线作为传输线的。波导的优点是容易处理雷达系统所需要的高功率,但是其带宽窄、笨重、价格高;而同轴线的优点是带宽较宽,应用也比较方便。

20 世纪 50 年代,平面传输线得到广泛关注,首先是 R. Barrett 发明了带状线,接着出现了微带线、共面波导和鳍线等。这些平面传输线体积小、造价低,易于与二极管、三极管等有源器件集成,随着制作工艺的提高,已被广泛用于微波技术所涉及的各个领域,频段不断提高。20 世纪 60 年代末生产出第一片 MMIC(单片微波集成电路),MMIC 将传输线、有源器件和其他元件集成在一片半导体基片(介质)上。目前研究重点向封装集成和毫米波太赫兹波段方向发展。微波器件的发展与材料、加工工艺紧密相关。

0.4　微波技术的研究方法和基本内容

一般的高频电子线路,频率通常为几兆赫兹,模拟电子线路的频率为 kHz 数量级。波长比元件的尺度大很多,波在传播过程中相位($\beta = 2\pi/\lambda$)的改变很小,达到可以忽略的程度,可以认为整个电路在稳态情况下,电压和电流只与时间有关,而与空间位置无关,因此用集总元件参数来分析电路。

对于微波波段的电磁波来说,波长很短,微波器件的尺度和波长在同一数量级,微波器件是分布式元件,即电压或电流的相位随着元件的物理长度有显著变化,它们既是时间的函数也是空间位置的函数。实际上,这时电压和电流的物理意义不是十分明确,而用电场和磁场来描述更为精确。因此,从根本上讲微波的基本理论是以经典的电磁理论,即以 Maxwell 方程组为核心的场与波的理论。

原理上,通过求解偏微分方程,可以得到微波器件和系统在任意时间、任意位置的电场强度和磁场强度,但是只有在简单边界条件下方能奏效,对复杂边界条件,直接求解相当烦琐,常需借助各种数值方法。实际情况是,许多微波工程问题并不需要知道系统中某点每一时刻的电、磁场具体值,这超出了具体应用中所需要的信息。应用中一般关心的仅是某器件的对外特性,即终端特性,如功率、阻抗、电压、电流等,用等效电路法求解即可满足要求。这种等效电路法就是把本质上属于场的问题,在一定条件下转化为电路问题,从而使问题比较容易地得到解决。因此,"场"与"路"的方法并非截然分开,而是有内在联系的。

微波技术是研究微波信号的产生、放大、传输、发射、接收和测量的学科,本书主要研究微波传输方面的基本理论,它是微波技术的基础;同时简要介绍常用微波器件和微波网络理论。

除了本章"绪论"外,本书共分 7 章。第 1 章,传输线理论,从路的观点出发研究微波传输线的基本传输特性及其计算方法,分析各种匹配技术;第 2 章,规则波导,研究几种规则横截面的空心金属管的主要波型和传输特性；第 3 章,平面传输线,讨论当前在平面电路中常用的传输线；第 4 章,微波谐振腔,研究几种常用微波谐振腔的基本原理；第 5 章,微波网络,是微波技术电路理论的进一步发展,介绍微波网络的各种网络参量、微波网络的性质；第 6 章,基本微波无源元件；第 7 章,微波系统及微波技术应用简介。

习　题

0-1　什么叫微波？微波的频率和波长范围如何？

0-2　简述微波的特点和应用。

第1章　传输线理论

传输线理论是微波技术的基础。本章用分布参数电路理论导出传输线方程；由传输线方程分析传输线的传输参量及其物理意义；重点分析无耗传输线的传输特性和工作状态；建立匹配的概念，掌握无耗传输线的常用阻抗匹配方法；学会用圆图解决传输线的阻抗匹配问题。

1.1　引言

1.1.1　传输线的种类

电磁波在空气等介质中以光速传播，在很多应用中，要求电磁波按照规定的线路传播，这就需要特殊的器件来引导电磁波的传播，这种器件就是传输线。广义上讲，传输线就是能够引导电磁波沿着一定方向传输的导体、介质或由它们所组成的导波系统。

传输线种类很多，按照所传输（或者说导引）的电磁波的波型特征，可分为 TEM 波传输线，TE 波和 TM 波传输线，以及表面波传输线 3 类。

（1）TEM 波传输线。TEM 波就是电场和磁场都只有一个分量，且相互正交，并且均与波的传播方向正交的电磁波。TEM 波传输线有平行双导线、同轴线、带状线、微带线、槽线、共面波导、平形板波导等，它们属于双导体传输系统，如图 1-1(a)所示。

（2）TE 波和 TM 波传输线。TE 波是指在波的传播方向上没有电场分量，而只有横向分量的电磁波；TM 波是指在波的传播方向上没有磁场分量，而只有横向分量的电磁波。TE 波和 TM 波传输线有矩形波导、圆波导、椭圆波导、脊波导等，它们由空心金属管组成，属于单导体传输系统，如图 1-1(b)所示。

（3）表面波传输线。表面波是指电磁波聚集在传输线内部及其表面附近，沿轴向传播，一般传播的是混合型波，即 TE 波和 TM 波的叠加。表面波传输线有介质棒、光纤等介质波导，如图 1-1(c)所示。

对传输线性能的基本要求是：

（1）满足一定工作频带，一般是越宽越好；

（2）功率容量大，满足一定要求；

（3）工作稳定性高；

（4）损耗小；

（5）尺寸小、成本低。

不同传输线类型，这些性能的高低不同。不同应用场合，对这些性能的要求也不一样。在实际应用中要根据具体问题选择相应的传输线，一般从损耗小、屏蔽好、尺寸小、工艺易于

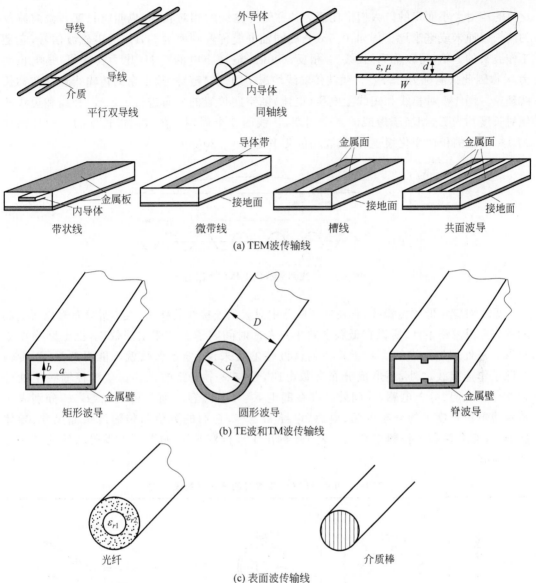

(a) TEM波传输线

(b) TE波和TM波传输线

(c) 表面波传输线

图 1-1 传输线的种类

实现等方面来考虑。由此,在频率较低的分米波段,用双导线或同轴线;在厘米波段采用空心金属波导管、带状线、微带线等;在毫米波段采用空心金属波导管、介质波导、介质镜像线和微带线等。以上划分只是大致情况,其界线并不十分严格,每种传输线的性能也随着制作工艺和材料的发展而不断提高。

　　传输线是微波技术中最重要的基本元件之一,它除了传输电磁波之外,还是各种微波元件的基本组成部分,如谐振腔、滤波器、功分器、定向耦合器,以及放大器、混频器等有源器件。

1.1.2　分布参数的概念

　　在微波波段,对于传输线的"长"与"短",并不是以其绝对长度,而是以其相对于波长的比值的相对大小而定的。人们把比值 l/λ 称为传输线的相对长度,也叫电长度。微波波段的波长以厘米或毫米计。例如,0.5m 长的同轴电缆传输频率为 3GHz 的电磁波信号,它是工作波长的 5 倍,可以称为"长线";相反,600km 输送市电的 50Hz 电力传输线,其电长度为 0.1,因此只能称为"短线"。微波传输线均属于"长线"范畴,故本章的传输线理论亦称长线理论。图 1-2 对长线和短线上电压(电流)随空间位置的分布进行了比较,长线和短线的绝对长度均为 L,相当于短线的半个周期,长线的 6 个周期。截取同样长度的一段传输线 ΔL,短线上的相位变化很小,而长线相位几乎变化了 180°。

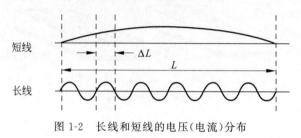

图 1-2　长线和短线的电压(电流)分布

短线对应于低频传输线,它在低频电路中只起到连接线的作用,其本身分布参数所引起的效应可以忽略不计,所以在低频电路中只考虑时间因子而忽略空间效应,把电路当作集总参数来处理是允许的。对于长线的微波传输线来说,分布参数就不能再忽视了,传输线除了作连接线之外,还形成分布参数电路,参与整个电路的工作。微波传输线上处处存在分布电阻、分布电感,线间处处存在漏电导、分布电容。通常用 R、L、G、C 分别表示传输线单位长度上的分布电阻、电感、电导和电容,它们的数值与传输线截面尺寸、导体材料、填充介质和工作频率有关。表 1-1 列出了平行双导线、同轴线和薄带状线的分布参数表达式。

表 1-1　几种 TEM 波传输线的分布参数表达式

传输线类型	双导线 D d	同轴线 $2b$ $2a$	薄带状线 b W
$R(\Omega/m)$	$\dfrac{2}{\pi d}\sqrt{\dfrac{\omega\mu_1}{2\sigma_1}}$	$\sqrt{\dfrac{f\mu_1}{4\pi\sigma_1}}\left(\dfrac{1}{a}+\dfrac{1}{b}\right)$	—
L (H/m)	$\dfrac{\mu}{\pi}\ln\dfrac{D+\sqrt{D^2-d^2}}{d}$	$\dfrac{\mu}{2\pi}\ln\dfrac{b}{a}$	$\dfrac{\pi\mu}{8\,\mathrm{arccosh}(e^{\pi W/2b})}$
$C(F/m)$	$\pi\varepsilon/\ln\dfrac{D+\sqrt{D^2-d^2}}{d}$	$2\pi\varepsilon/\ln\dfrac{b}{a}$	$\dfrac{8\varepsilon}{\pi}\mathrm{arccosh}(e^{\pi W/2b})$
$G(S/m)$	$\pi\sigma/\ln\dfrac{D+\sqrt{D^2-d^2}}{d}$	$2\pi\sigma/\ln\dfrac{b}{a}$	$\dfrac{8\sigma_d}{\pi}\mathrm{arccosh}(e^{\pi W/2b})$

根据传输线上分布参数的均匀与否,可将传输线分为均匀和不均匀两种,一般常用的是均匀传输线,因此这里只讨论均匀传输线的特性。

1.2 传输线波动方程及其解

1.2.1 传输线波动方程

表征均匀传输线上电压、电流的方程式称为传输线方程。下面由双导线来导出传输线方程。设双导线的长度和半径分别为 l 和 a，双导线是两根长度远长于工作波长($l \gg \lambda$)、横向尺寸远小于工作波长($a \ll \lambda$)的传输线。

在双导线上截取长度为无限小的一段 Δz 作为单位长度传输线，如图 1-3(a)所示。传输线 Δz 的集总元件等效电路模型如图 1-3(b)所示，其两端电压、电流分别是 $u(z,t)$、$i(z,t)$、$u(z+\Delta z,t)$、$i(z+\Delta z,t)$。一段传输线的集总元件等效电路为若干个这样电路模型的串联，如图 1-3(c)所示。

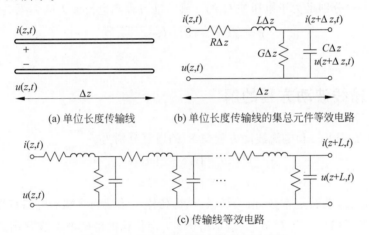

(a) 单位长度传输线　　(b) 单位长度传输线的集总元件等效电路

(c) 传输线等效电路

图 1-3　一段传输线的集总元件等效电路

图 1-3(b)中，由 Kirchhoff 电压定律得

$$u(z,t) - R\Delta z i(z,t) - L\Delta z \frac{\partial i(z,t)}{\partial t} - u(z+\Delta z,t) = 0 \tag{1-1}$$

由 Kirchhoff 电流定律得

$$i(z,t) - G\Delta z u(z+\Delta z,t) - C\Delta z \frac{\partial u(z+\Delta z,t)}{\partial t} - i(z+\Delta z,t) = 0 \tag{1-2}$$

以上两式两边同除以 Δz，并且取极限 $\Delta z \to 0$，则

$$\frac{\partial u(z,t)}{\partial z} = -Ri(z,t) - L\frac{\partial i(z,t)}{\partial t} \tag{1-3}$$

$$\frac{\partial i(z,t)}{\partial z} = -Gu(z,t) - C\frac{\partial u(z,t)}{\partial t} \tag{1-4}$$

这就是时域的传输线基本方程，该方程最初是在研究电报线上电压、电流变化规律时推导出来的，故又称为电波方程。

对于时谐电磁波，有时谐因子 $e^{j\omega t}$，ω 是角频率，单位为弧度/秒(rad/s)。且 $d(e^{j\omega t})/dt = j\omega e^{j\omega t}$，因此可以把函数 $u(z,t)$ 和 $i(z,t)$ 中的时间自变量分离出来，即

$$u(z,t) = \text{Re}[U(z)e^{j\omega t}]$$
$$i(z,t) = \text{Re}[I(z)e^{j\omega t}]$$

若有$\partial / \to d /$,则式(1-3)和式(1-4)可以写为

$$\frac{dU(z)}{dz} = -(R + j\omega L)I(z) \tag{1-5}$$

$$\frac{dI(z)}{dz} = -(G + j\omega C)U(z) \tag{1-6}$$

式(1-5)对z求导,并且将式(1-6)代入,得

$$\frac{d^2 U(z)}{dz^2} - \gamma^2 U(z) = 0 \tag{1-7}$$

式(1-6)对z求导,并且将式(1-5)代入,得

$$\frac{d^2 I(z)}{dz^2} - \gamma^2 I(z) = 0 \tag{1-8}$$

式(1-7)和式(1-8)分别是关于电压波U的一维波动方程和电流波I的一维波动方程,其中,

$$\gamma = \sqrt{(R + j\omega L)(G + j\omega C)} \tag{1-9}$$

称为传播常数。

1.2.2 传输线波动方程的解

电压波动方程(1-7)和电流波动方程(1-8)的通解分别为

$$U(z) = U_1 e^{-\gamma z} + U_2 e^{\gamma z} \tag{1-10}$$

$$I(z) = I_1 e^{-\gamma z} + I_2 e^{\gamma z} \tag{1-11}$$

式中,U_1、U_2、I_1、I_2为待定常数,由边界条件,即传输线始端和终端的电路特性确定。

式(1-10)和式(1-11)中,$U_1 e^{-j\gamma z}$表示沿$+z$方向传输的电磁波所表现出来的电压特性,叫作入射波电压,用$U^+(z)$表示;$U_2 e^{j\gamma z}$表示沿$-z$方向传输的电磁波电压,叫作反射波电压,用$U^-(z)$表示。$I_1 e^{-j\gamma z}$和$I_2 e^{j\gamma z}$分别表示沿$+z$和$-z$方向传输的电磁波所表现出来的电流特性,叫作入射波电流和反射波电流,分别用$I^+(z)$、$I^-(z)$表示。U_1、U_2、I_1、I_2是对应波的复振幅。所以传输线上任意一点的电压和电流是入射波和反射波的叠加,式(1-10)和式(1-11)可写为

$$U(z) = U^+(z) + U^-(z) \tag{1-12}$$

$$I(z) = I^+(z) + I^-(z) \tag{1-13}$$

γ可表示为

$$\gamma = \alpha + j\beta \tag{1-14}$$

式中,α为衰减常数,表明电压或电流经过单位长度传输线后振幅的减小量,定义为减小到原来幅度的$1/e^{\alpha}$。一般取经单位长度传输线后电压波或电流波幅度比值的自然对数,α的单位为奈培/米(Np/m),若将幅度变化取10倍的以10为底的对数,则α的单位为分贝/米(dB/m)。奈培与分贝的换算关系是

$$1\text{Np} = 8.686\text{dB} \tag{1-15}$$

$$1\text{dB} = 0.115\text{Np} \tag{1-16}$$

式(1-14)中,β 叫作相位常数,表示经过单位长度后电压和电流的相位变化量,单位为 rad/m。若 $\alpha \neq 0$,则为有耗传输线。有耗传输线的入射波和反射波如图 1-4 所示。

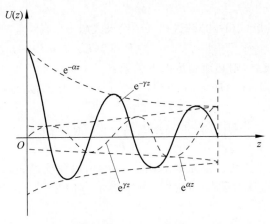

图 1-4　有耗传输线上的入射波和反射波

由式(1-9)得

$$\gamma = \sqrt{(R+j\omega L)(G+j\omega C)}$$

$$= j\omega \sqrt{LC} \sqrt{1 - j\left(\frac{R}{\omega L} + \frac{G}{\omega C}\right) - \frac{RG}{\omega^2 LC}} \tag{1-17}$$

一般来说,在微波波段,传输线上的分布电阻和分布电导的影响相对于分布电感和分布电容来说很小,即 $R \ll \omega L$,$G \ll \omega C$,$RG \ll \omega^2 LC$,那么式(1-17)可简化为

$$\gamma = j\omega \sqrt{LC} \sqrt{1 - j\left(\frac{R}{\omega L} + \frac{G}{\omega C}\right)} \tag{1-18}$$

式中,$(R/\omega L + G/\omega C)$ 项是相对微小量。对 $\sqrt{1-j(R/\omega L + G/\omega C)}$ 做泰勒展开,并取前两项,有

$$\gamma \approx j\omega \sqrt{LC} \left[1 - \frac{j}{2}\left(\frac{R}{\omega L} + \frac{G}{\omega C}\right)\right] \tag{1-19}$$

由此

$$\alpha \approx \frac{1}{2}\left(R \sqrt{\frac{C}{L}} + G \sqrt{\frac{L}{C}}\right) = \alpha_c + \alpha_d \tag{1-20}$$

$$\beta \approx \omega \sqrt{LC} \tag{1-21}$$

式中,α_c 和 α_d 分别叫作导体衰减常数和介质衰减常数,它们是由导体损耗和介质损耗所引起的衰减。

对于无耗传输线,式(1-18)中 $R/\omega L = 0$,$G/\omega C = 0$,则

$$\alpha = 0, \quad \beta = \omega \sqrt{LC} \tag{1-22}$$

波动方程的通解式(1-10)和式(1-11)简化为

$$U(z) = U_1 e^{-j\beta z} + U_2 e^{j\beta z} \tag{1-23}$$

$$I(z) = I_1 e^{-j\beta z} + I_2 e^{j\beta z} \tag{1-24}$$

式中,待定常数 U_1、U_2、I_1、I_2 由传输线的终端或始端条件确定,这 4 个待定常数并不是完全独立的。

1.2.3 传输线的特性阻抗

将 $U(z)$ 和 $I(z)$ 的解式(1-10)和式(1-11)代入式(1-5),有

$$-U_1 \gamma e^{-\gamma z} + U_2 \gamma e^{\gamma z} = -(R + j\omega L)(I_1 e^{-\gamma z} + I_2 e^{\gamma z})$$

若要该式对任意 z 都成立,则必须满足以下关系:

$$\gamma U_1 = (R + j\omega L)I_1, \quad -\gamma U_2 = (R + j\omega L)I_2$$

即

$$\frac{U_1}{I_1} = \frac{R + j\omega L}{\gamma}, \quad \frac{U_2}{I_2} = -\frac{R + j\omega L}{\gamma} \tag{1-25}$$

入射波电压 $U^+(z)$、电流 $I^+(z)$ 复振幅的比值 U_1/I_1,以及反射波电压 $U^-(z)$、电流 $I^-(z)$ 复振幅的比值 U_2/I_2 均具有阻抗的量纲,负号表示方向相反。对于均匀无耗传输线,由式(1-22)得

$$\frac{U_1}{I_1} = \sqrt{\frac{L}{C}}, \quad \frac{U_2}{I_2} = -\sqrt{\frac{L}{C}}$$

因此,可以定义一个阻抗:

$$Z_c = \sqrt{\frac{L}{C}} = \frac{U_1}{I_1} = -\frac{U_2}{I_2} \tag{1-26}$$

它反映的是行波在传输线上传播时电压和电流之间的关系,并不是普通意义的导线的欧姆损耗,把它叫作传输线的特性阻抗。

由式(1-26)可以看出,特性阻抗 Z_c 只与均匀无耗传输线的分布电感 L 和电容 C 有关。双导线、同轴线和薄带状线这3种传输线的分布参数列于表1-1,各自的 L 和 C 值与其几何尺寸、填充材料的介电常数和磁导率等变量有关。可以计算出双导线的特性阻抗为

$$Z_c = \frac{1}{\pi} \sqrt{\frac{\mu}{\varepsilon}} \ln\left(\frac{D + \sqrt{D^2 - d^2}}{d}\right) \tag{1-27}$$

同轴线的特性阻抗为

$$Z_c = \frac{60}{\sqrt{\varepsilon_r}} \ln\frac{b}{a} \approx \frac{138}{\sqrt{\varepsilon_r}} \lg\frac{b}{a} \tag{1-28}$$

同轴线是用途较多的一类传输线,其特性阻抗一般是标准的50Ω。附录G和附录H分别列出了一些常用硬同轴线(填充空气)和软同轴线(填充 $\varepsilon_r \neq 1$ 介质)的尺寸和特性阻抗等数值。

由此,均匀无耗传输线波动方程的解式(1-23)和式(1-24)可化简为

$$U(z) = U_1 e^{-j\beta z} + U_2 e^{j\beta z} \tag{1-29}$$

$$I(z) = \frac{U_1}{Z_c} e^{-j\beta z} - \frac{U_2}{Z_c} e^{j\beta z} \tag{1-30}$$

待定常数只剩两个: U_1 和 U_2。

1.2.4 均匀无耗传输线的边界条件

图1-5是一段长为 l 的均匀无耗传输线,传输线特性阻抗 Z_c,相移常数 β,终端接负载

Z_l,信号源电动势 E_g,内阻抗 Z_g。传输线的边界条件有 3 类:已知终端电压和电流、已知始端电压和电流及已知信号源和负载。

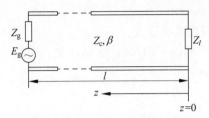

图 1-5 均匀无耗传输线

实际中,终端电压、电流和负载是可以测量的,设终端电压和电流分别为 U_l 和 I_l。将坐标原点取在负载位置,负载向信号源为 $+z$ 方向,如图 1-5 所示。则式(1-29)和式(1-30)可改写为

$$U(z) = U_1 e^{j\beta z} + U_2 e^{-j\beta z} \tag{1-31}$$

$$I(z) = \frac{U_1}{Z_c} e^{j\beta z} - \frac{U_2}{Z_c} e^{-j\beta z} \tag{1-32}$$

式中,$U_1 e^{j\beta z}$ 表示从信号源向负载传播的波,称为入射波;$U_2 e^{-j\beta z}$ 表示从负载向信号源方向传播的波,称为反射波。下面分析在上述 3 种边界条件下电压波和电流波的表示式。

1. 已知传输线终端电压和电流(U_l、I_l)

图 1-5 中,已知传输线终端电压 U_l、电流 I_l。将终端变量 $z=0$ 代入式(1-31)和式(1-32),有

$$\begin{cases} U_1 + U_2 = U_l \\ \dfrac{U_1}{Z_c} - \dfrac{U_2}{Z_c} = I_l \end{cases}$$

解方程组得

$$\begin{cases} U_1 = \dfrac{1}{2}(U_l + I_l Z_c) \\ U_2 = \dfrac{1}{2}(U_l - I_l Z_c) \end{cases}$$

从而得到电压波的表示式为

$$U(z) = \frac{1}{2}(U_l + I_l Z_c) e^{j\beta z} + \frac{1}{2}(U_l - I_l Z_c) e^{-j\beta z} \tag{1-33}$$

若令终端处入射波电压和反射波电压幅度分别为

$$U^+(0) = \frac{1}{2}(U_l + I_l Z_c), \quad U^-(0) = \frac{1}{2}(U_l - I_l Z_c)$$

则电压波表示式可以写为

$$U(z) = U^+(z) + U^-(z) = U^+(0) e^{j\beta z} + U^-(0) e^{-j\beta z} \tag{1-34}$$

类似地,电流波表示式为

$$I(z) = \frac{1}{2}\left(I_l + \frac{U_l}{Z_c}\right) e^{j\beta z} + \frac{1}{2}\left(I_l - \frac{U_l}{Z_c}\right) e^{-j\beta z}$$

$$= I^+(z) + I^-(z) = I^+(0)e^{j\beta z} + I^-(0)e^{-j\beta z} \tag{1-35}$$

利用欧拉(Euler)公式

$$e^{j\beta z} = \cos\beta z + j\sin\beta z, \quad e^{-j\beta z} = \cos\beta z - j\sin\beta z$$

将电压波、电流波的表达式写为简明形式：

$$U(z) = U_l\cos\beta z + jI_lZ_c\sin\beta z \tag{1-36}$$

$$I(z) = I_l\cos\beta z + j\frac{U_l}{Z_c}\sin\beta z \tag{1-37}$$

2. 已知传输线始端电压 U_g 和电流 I_g

图 1-5 中，始端处为 $z=l$，设始端电压和电流分别为 U_g 和 I_g。将 $z=l$ 代入波动方程解式(1-31)和式(1-32)，有

$$U(l) = U_1e^{j\beta l} + U_2e^{-j\beta l} = U_g$$

$$I(l) = \frac{U_1}{Z_c}e^{j\beta l} - \frac{U_2}{Z_c}e^{-j\beta l} = I_g$$

联立方程组求解 U_1 和 U_2，得

$$U_1 = \frac{1}{2}(U_g + I_gZ_c)e^{-j\beta l}$$

$$U_2 = \frac{1}{2}(U_g - I_gZ_c)e^{j\beta l}$$

所以电压波和电流波的表示式为

$$U(z) = \frac{1}{2}(U_g + I_gZ_c)e^{j\beta(z-l)} + \frac{1}{2}(U_g - I_gZ_c)e^{-j\beta(z-l)} \tag{1-38}$$

$$I(z) = \frac{(U_g + I_gZ_c)}{2Z_c}e^{j\beta(z-l)} - \frac{(U_g - I_gZ_c)}{2Z_c}e^{-j\beta(z-l)} \tag{1-39}$$

以上两式中，第一项仍为入射波，第二项仍为反射波。同样，用欧拉公式将电压波、电流波表示式写为

$$U(z) = U_g\cos\beta(z-l) + jI_gZ_c\sin\beta(z-l) \tag{1-40}$$

$$I(z) = I_g\cos\beta(z-l) + j\frac{U_g}{Z_c}\sin\beta(z-l) \tag{1-41}$$

3. 已知信号源 E_g、Z_g 和负载阻抗 Z_l

由波动方程解式(1-31)和式(1-32)，在始端 $z=l$，电压、电流为

$$U(l) = U_1e^{j\beta l} + U_2e^{-j\beta l} = E_g - I(l)Z_g$$

$$I(l) = \frac{1}{Z_c}(U_1e^{j\beta l} - U_2e^{-j\beta l})$$

在终端 $z=0$，电压、电流为

$$U(0) = U_1 + U_2 = I(0)Z_l$$

$$I(0) = \frac{1}{Z_c}(U_1 - U_2)$$

以上 4 个方程，消去 $I(l)$ 和 $I(0)$，解关于 U_1 和 U_2 的方程组，得到

$$U_1 = \frac{E_g Z_c e^{-j\beta l}}{(Z_g + Z_c)(1 - \Gamma_g \Gamma_l e^{-j2\beta l})}$$

$$U_2 = \frac{E_g Z_c \Gamma_l e^{-j\beta l}}{(Z_g + Z_c)(1 - \Gamma_g \Gamma_l e^{-j2\beta l})}$$

其中，Γ_g、Γ_l 分别为

$$\Gamma_g = \frac{Z_g - Z_c}{Z_g + Z_c} \tag{1-42}$$

$$\Gamma_l = \frac{Z_l - Z_c}{Z_l + Z_c} \tag{1-43}$$

所以电压波、电流波表示式为

$$U(z) = \frac{E_g Z_c e^{-j\beta l}}{(Z_g + Z_c)(1 - \Gamma_g \Gamma_l e^{-j2\beta l})}(e^{j\beta z} + \Gamma_l e^{-j\beta z}) \tag{1-44}$$

$$I(z) = \frac{E_g e^{-j\beta l}}{(Z_g + Z_c)(1 - \Gamma_g \Gamma_l e^{-j2\beta l})}(e^{j\beta z} - \Gamma_l e^{-j\beta z}) \tag{1-45}$$

1.3 均匀无耗传输线的特性参量

描述传输线工作状态的特性参量有电压和电流分布、相速度和波长、输入阻抗和输入导纳、反射系数、驻波比、行波系数等。下面由传输线波动方程的解来讨论这些参量。

1.3.1 电压、电流的瞬时值

若将以上 3 种边界条件下求出的复振幅 U_1、U_2、I_1、I_2 均表示为幅度和辐角的形式：

$$U_1 = |U_1| e^{j\varphi_1}, \quad U_2 = |U_2| e^{j\varphi_2}, \quad I_1 = |I_1| e^{j\varphi_3}, \quad I_2 = |I_2| e^{j\varphi_4}$$

则电压、电流瞬时值形式为

$$u(z,t) = \mathrm{Re}[U(z)e^{j\omega t}] = |U_1| \cos(\omega t + \varphi_1 - \beta z) + |U_2| \cos(\omega t + \varphi_2 + \beta z) \tag{1-46}$$

$$i(z,t) = \mathrm{Re}[I(z)e^{j\omega t}] = |I_1| \cos(\omega t + \varphi_3 - \beta z) + |I_2| \cos(\omega t + \varphi_4 + \beta z) \tag{1-47}$$

1.3.2 相速度和波长

沿传输线传播的等相位点所构成的面称为等相面。相速度就是等相面移动的速度。在电压表示式(1-46)中，正向波和反向波的等相面分别表示为

$$\omega t + \varphi_1 - \beta z = C_1$$

$$\omega t + \varphi_2 + \beta z = C_2$$

式中，C_1 和 C_2 为常数。两边对时间 t 和位置 z 求导，有

$$\omega \mathrm{d}t - \beta \mathrm{d}z = 0$$

$$\omega \mathrm{d}t + \beta \mathrm{d}z = 0$$

得

$$\frac{\mathrm{d}z}{\mathrm{d}t} = v_{\mathrm{p}} = \frac{\omega}{\beta} = \frac{1}{\sqrt{LC}} \tag{1-48}$$

$$\frac{\mathrm{d}z}{\mathrm{d}t} = v_{\mathrm{p}} = -\frac{\omega}{\beta} = -\frac{1}{\sqrt{LC}} \tag{1-49}$$

以上两式中的正、负号仅分别表示正向波和反向波。已知传输线的分布电感和电容,就能够求出电磁波在该传输线上的相速度。

已知双导线的分布电容、电感,在表 1-1 中,代入相速度计算公式(1-48),得

$$v_{\mathrm{p}} = \frac{1}{\sqrt{\mu\varepsilon}} = \frac{1}{\sqrt{\mu_0\mu_{\mathrm{r}}\varepsilon_0\varepsilon_{\mathrm{r}}}} = \frac{c}{\sqrt{\mu_{\mathrm{r}}\varepsilon_{\mathrm{r}}}} \tag{1-50}$$

式中,$c = 1/\sqrt{\mu_0\varepsilon_0}$ 为电磁波在空气中的传播速度,即光速;μ_{r}、ε_{r} 分别为介质的相对磁导率和相对介电常数,通常 $\mu_{\mathrm{r}} = 1$。若导体间填充介质为空气,则 $\varepsilon_{\mathrm{r}} = 1$,相速度为电磁波的传播速度 $v_{\mathrm{p}} = c = 3 \times 10^8 \mathrm{m/s}$。若导体间填充其他介质,则传输线上波的相速度是空气中相速度的 $1/\sqrt{\varepsilon_{\mathrm{r}}}$ 倍。

由相速度还可以求出相位常数 β 和工作波长 λ,即

$$\beta = \frac{\omega}{v_{\mathrm{p}}} \tag{1-51}$$

$$\lambda = \frac{v_{\mathrm{p}}}{f} = \frac{2\pi}{\beta} \tag{1-52}$$

波长也可以从电压、电流瞬时值表示式(1-46)和式(1-47)直接导出。同一瞬间沿传输线分布的波型上相邻两个等相位点的间距,或者说,同一瞬时相位相差 2π 的两点间的距离称为波长,如图 1-6 所示。因此,下列关系成立:

$$(\omega t_1 - \beta z_1) - [\omega t_1 - \beta(z_1 + \lambda)] = 2\pi$$

同样得到 $\lambda = 2\pi/\beta$。

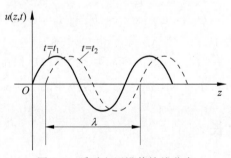

图 1-6 瞬时电压沿传输线分布

由表 1-1 中电感 L 和电容 C 的值,无耗传输线的相位常数亦可表示为

$$\beta = \omega\sqrt{\mu\varepsilon} \tag{1-53}$$

1.3.3 输入阻抗和输入导纳

均匀无耗传输线如图 1-7 所示,传输线特性阻抗 Z_{c},传播常数 β,传输线终端接负载

Z_l，坐标原点取在负载位置。假设终端电压为 U_l，终端电流为 I_l。距终端 z 处向负载方向看进去的输入阻抗 $Z_{in}(z)$ 定义为该处的电压波与电流波的比值，根据式（1-36）和式（1-37），有

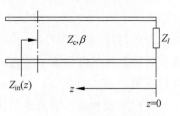

图 1-7 均匀无耗传输线

$$Z_{in}(z) = \frac{U(z)}{I(z)} = Z_c \frac{Z_l\cos\beta z + jZ_c\sin\beta z}{Z_c\cos\beta z + jZ_l\sin\beta z} \quad (1\text{-}54)$$

即

$$Z_{in}(z) = Z_c \frac{Z_l + jZ_c\tan\beta z}{Z_c + jZ_l\tan\beta z} \qquad (1\text{-}55)$$

从式（1-55）可以看出，对于具有一定特性阻抗的传输线，不同终端负载在不同位置处的输入阻抗不同；如果终端负载一定，那么传输线上不同位置处所呈现出来的阻抗特性不同。因此，不同长度的传输线具有阻抗变换的作用。

有时还用到输入导纳的概念，它是输入阻抗的倒数，即

$$Y_{in}(z) = \frac{I(z)}{U(z)} = Y_c \frac{Y_l\cos\beta z + jY_c\sin\beta z}{Y_c\cos\beta z + jY_l\sin\beta z}$$

$$= Y_c \frac{Y_l + jY_c\tan\beta z}{Y_c + jY_l\tan\beta z} \qquad (1\text{-}56)$$

式中，Y_l 为负载导纳；Y_c 为特性导纳，且 $Y_c = 1/Z_c$。

1.3.4 反射系数

将电压表示式（1-34）中的反射波除以入射波，并代入 $U^-(0)$ 和 $U^+(0)$ 表示式，得到电压反射系数为

$$\Gamma_u(z) = \frac{U^-(z)}{U^+(z)} = \frac{Z_l - Z_c}{Z_l + Z_c} e^{-j2\beta z} = \Gamma_l e^{-j2\beta z} \qquad (1\text{-}57)$$

式中，

$$\Gamma_l = \frac{Z_l - Z_c}{Z_l + Z_c} \qquad (1\text{-}58)$$

即为终端电压反射系数。同理，将电流表示式（1-35）中的反射波除以入射波，得到电流反射系数为

$$\Gamma_i(z) = \frac{I^-(z)}{I^+(z)} = \frac{Z_c - Z_l}{Z_c + Z_l} e^{-j2\beta z} = -\Gamma_u(z) \qquad (1\text{-}59)$$

实际应用中一般用的是电压反射系数，以后如果没有特殊说明，反射系数都指电压反射系数，简记为 $\Gamma(z)$。

终端电压反射系数 Γ_l 一般记为 $\Gamma(0)$，是复数，可以写成

$$\Gamma(0) = \frac{Z_l - Z_c}{Z_l + Z_c} = |\Gamma(0)| e^{j\varphi_{r_0}} \qquad (1\text{-}60)$$

所以式（1-57）可以表示为

$$\Gamma(z) = \Gamma(0)e^{-j2\beta z} = |\Gamma(0)| e^{-j\left(2\beta z - \varphi_{\Gamma_0}\right)} \tag{1-61}$$

可以看出,在传输线上任意一点的反射系数的大小相等,不同的只是相位。传输线上任意一点反射系数与该点位置 z、传输线的特性阻抗 Z_c、终端负载阻抗 Z_l 这 3 个参量有关。而且可以证明,$0 \leqslant |\Gamma(0)| \leqslant 1$。

反射系数和输入阻抗是描述传输线工作状态的两个重要参数,它们具有内在联系。根据输入阻抗的定义

$$Z_{\mathrm{in}}(z) = \frac{U(z)}{I(z)} = \frac{U^+(z)[1+\Gamma(z)]}{I^+(z)[1-\Gamma(z)]} = Z_c \frac{1+\Gamma(z)}{1-\Gamma(z)} \tag{1-62}$$

负载与终端反射系数的关系为

$$Z_l = Z_c \frac{1+\Gamma(0)}{1-\Gamma(0)} \tag{1-63}$$

1.3.5 驻波比和行波系数

为了量化传输线上电压波和电流波的最大值和最小值之间的比值,引入驻波比的概念。驻波比也叫作驻波系数,包括电压驻波比(Voltage Standing Wave Ratio,VSWR)和电流驻波比。电压驻波比定义为传输线上电压最大值与电压最小值的幅度之比,用 ρ 表示为

$$\rho = \frac{|U(z)|_{\max}}{|U(z)|_{\min}} = \frac{1+|\Gamma(0)|}{1-|\Gamma(0)|} = \frac{1+|\Gamma|}{1-|\Gamma|} \tag{1-64}$$

电流驻波比定义为传输线上电流最大值与最小值之比。电压驻波比等于电流驻波比,简称为驻波比,由 $0 \leqslant |\Gamma(0)| \leqslant 1$,驻波比的取值范围为 $1 \leqslant \rho \leqslant \infty$。

由驻波比反过来可以计算反射系数的幅度为

$$|\Gamma| = \frac{\rho-1}{\rho+1} \tag{1-65}$$

由式(1-61)、式(1-62)和式(1-63),传输线上的输入阻抗 $Z_{\mathrm{in}}(z)$ 和反射系数 $\Gamma(z)$ 随位置而变化,对某一特性阻抗为 Z_c 的传输线而言,当负载 Z_l 值确定之后,某位置处的 $Z_{\mathrm{in}}(z)$ 和 $\Gamma(z)$ 就确定了;而驻波比 ρ 不随位置 z 变化,且 ρ 易于由实验测得。因此,在微波工程中常将 ρ 作为描述传输线工作状态的一项技术指标,ρ 反映了反射波相对于入射波的大小。

有时也用行波系数 K 来描述反射波的大小。行波系数定义为传输线上电压(或电流)最小值幅度与电压(或电流)最大值的幅度之比,即

$$K = \frac{|U(z)|_{\min}}{|U(z)|_{\max}} = \frac{1}{\rho} \tag{1-66}$$

故行波系数是驻波比的倒数。

当传输线终端接不同负载,传输线便工作于不同状态。本书主要讨论均匀无耗传输线的工作状态。

1.4 均匀无耗传输线的工作状态

对于均匀无耗传输线，衰减常数 $\alpha=0$，传输线上各处的分布参数不变。特性阻抗为 Z_c 的均匀无耗传输线如图 1-8 所示，E_g 和 Z_g 分别为源电动势和源内阻，负载阻抗 Z_l，负载两端电压和电流幅值分别为 U_l、I_l。

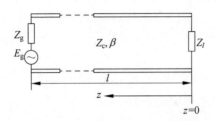

图 1-8 接有负载的均匀无耗传输线

下面分析均匀无耗传输线上的行波、纯驻波和行驻波的传输特性。仍将坐标原点取在终端位置，$+z$ 方向指向始端。

1.4.1 行波

当传输线无限长（$l=\infty$）时，传输线上任一位置处的反射系数为 0，即 $\Gamma(z)=0$，意味着电压、电流无反射波，仅存在入射波，传输线的这种工作状态叫作行波状态。更具实际意义的行波状态发生在负载阻抗与传输线特性阻抗相匹配时，即 $Z_l=Z_c$，所以也叫匹配状态。

匹配状态 $Z_l=Z_c$ 时，由式(1-33)和式(1-35)，得到电压、电流表示式为

$$U(z)=\frac{1}{2}(U_l+I_lZ_c)\mathrm{e}^{\mathrm{j}\beta z}=U_l\mathrm{e}^{\mathrm{j}\beta z}=U^+(0)\mathrm{e}^{\mathrm{j}\beta z} \tag{1-67}$$

$$I(z)=\frac{1}{2}\left(I_l+\frac{U_l}{Z_c}\right)\mathrm{e}^{\mathrm{j}\beta z}=\frac{U_l}{Z_c}\mathrm{e}^{\mathrm{j}\beta z}=I^+(0)\mathrm{e}^{\mathrm{j}\beta z} \tag{1-68}$$

电压、电流瞬时值为

$$\begin{aligned}u(z,t)&=\mathrm{Re}[U(z)\mathrm{e}^{\mathrm{j}\omega t}]=U_l\cos(\omega t+\beta z)\\&=U^+(0)\cos(\omega t+\beta z)\end{aligned} \tag{1-69}$$

$$\begin{aligned}i(z,t)&=\mathrm{Re}[I(z)\mathrm{e}^{\mathrm{j}\omega t}]=\frac{U_l}{Z_c}\cos(\omega t+\beta z)\\&=I^+(0)\cos(\omega t+\beta z)\end{aligned} \tag{1-70}$$

由此可见，传输线工作于行波状态时，传输线上电压、电流幅值保持不变、初始相位相同，电压、电流随时间作简谐振荡，如图 1-9 所示。电流分布图波型与图 1-9 类似，只是幅度不同。

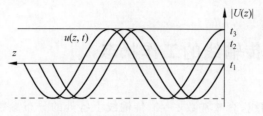

图 1-9　终端匹配时线上电压分布

行波状态的各传输参量为

$$
\begin{cases}
\Gamma(z) = 0 \\
\rho = 1 \\
K = 1 \\
Z_{in}(z) = Z_c
\end{cases}
\tag{1-71}
$$

由式(1-67)和式(1-68),线上的传输功率为

$$
P(z) = \frac{1}{2}\mathrm{Re}[U(z)I^*(z)] = \frac{1}{2}\mid U^+(0)\mid\mid I^+(0)\mid
\tag{1-72}
$$

信号源的输入功率全部被负载吸收,即行波状态能最有效地传输能量。

1.4.2　纯驻波

当入射波被负载端全部反射时,入射波和反射波叠加形成纯驻波。发生全反射的情况有 3 种,即终端短路、终端开路和终端接纯电抗性负载。

1. 终端短路($Z_l = 0$)

终端短路就是终端没有接负载,用理想导体把两根传输线连接,也叫短路线,如图 1-10(a)所示。因为 $Z_l = 0$,所以 $U_l = 0$,由式(1-33)和式(1-35)得电压、电流波的幅度:

$$
U(z) = j2U^+(0)\sin\beta z
\tag{1-73}
$$

$$
I(z) = 2I^+(0)\cos\beta z
\tag{1-74}
$$

其中,终端电压入射波和反射波幅值、终端电流入射波和反射波幅值分别为

$$
U^+(0) = -U^-(0) = \frac{1}{2}I_l Z_c
\tag{1-75}
$$

$$
I^+(0) = I^-(0) = \frac{1}{2}I_l
\tag{1-76}
$$

电压、电流波的瞬时值形式分别为

$$
u(z,t) = \mathrm{Re}[U(z)e^{j\omega t}]
$$

$$
= 2U^+(0)\sin\beta z\cos\left(\omega t + \frac{\pi}{2}\right)
\tag{1-77}
$$

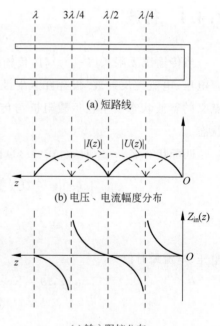

(a) 短路线

(b) 电压、电流幅度分布

(c) 输入阻抗分布

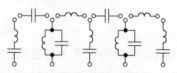

(d) 输入阻抗变化规律

图 1-10　短路线特性

$$i(z,t) = \text{Re}[I(z)e^{j\omega t}]$$
$$= 2I^+(0)\cos\beta z\cos\omega t \tag{1-78}$$

由此可见,沿传输线各点电压 u、电流 i 均随时间作余弦变化,在时间上相差 $\pi/2$,在空间上错开 $\lambda/4$。当电场达到极大值时磁场为 0,当电场变为 0 时磁场达到极大值,电能和磁能在做相互转换而形成电磁振荡,电磁能不向前传播,即所谓"驻波"。

由式(1-73),电压波节点的幅值为 $U(z)=0$,电压波节点位置为

$$z_{\min,u} = \frac{n\pi}{\beta} = \frac{n\lambda}{2}, \quad n = 0,1,2,\cdots \tag{1-79}$$

电压波腹点的幅值为 $|U(z)| = 2U^+(0)$,电压波腹点位置为

$$z_{\max,u} = \frac{(2n+1)\pi/2}{\beta} = \frac{(2n+1)\lambda}{4}, \quad n = 0,1,2,\cdots \tag{1-80}$$

由式(1-74),电流波节点的幅值为 $I(z)=0$,电流波节点位置为

$$z_{\min,i} = \frac{(2n+1)\pi/2}{\beta} = \frac{(2n+1)\lambda}{4}, \quad n = 0,1,2,\cdots \tag{1-81}$$

电流波腹点的幅值为 $|I(z)| = 2I^+(0)$,电流波腹点位置为

$$z_{\max,i} = \frac{n\pi}{\beta} = \frac{n\lambda}{2}, \quad n = 0,1,2,\cdots \tag{1-82}$$

电压、电流幅值分布如图 1-10(b)所示。由此可得以下结论:相邻波节点相距 $\lambda/2$;相邻波腹点相距 $\lambda/2$;波节点和波腹点交替出现,相邻波节点和波腹点相距 $\lambda/4$。

终端短路时 $Z_l = 0$,传输线上各个特性参量为

$$\begin{cases} \Gamma(z) = -e^{-j2\beta z} \\ \rho = \infty \\ K = 0 \\ Z_{\text{in}}(z) = jZ_c\tan\beta z \end{cases} \tag{1-83}$$

传输线上各点的输入阻抗如图 1-10(c)所示。在终端 $z=0$ 处,输入阻抗 $Z_{\text{in}}=0$,相当于串联谐振;在 $0 < z < \lambda/4$ 范围内,Z_{in} 相当于一个电感;在 $z=\lambda/4$ 位置,$Z_{\text{in}}=\infty$,相当于并联谐振;在 $\lambda/4 < z < \lambda/2$ 范围内,Z_{in} 相当于一个电容。如图 1-10(d)所示,短路线从终端开始依次等效为串联谐振、电感、并联谐振、电容,半波长完成一次循环。由此可见,短路线可以用来等效任意的电抗性元件。

由式(1-73)和式(1-74),线上传输功率为

$$P(z) = \frac{1}{2}\text{Re}[U(z)I^*(z)] = 0 \tag{1-84}$$

说明在纯驻波状态下,传输线不传输能量,能量在信号源和负载之间来回振荡,起储存能量的作用。

2. 终端开路($Z_l = \infty$)

终端开路,相当于在终端接一个无限大负载 $Z_l = \infty$,即开路线,如图 1-11(a)所示。这时,终端电流 $I_l = 0$,由式(1-33)和式(1-35)得电压、电流波的幅度分布分别为

$$U(z) = 2U^+(0)\cos\beta z \tag{1-85}$$

$$I(z) = j2I^+(0)\sin\beta z \tag{1-86}$$

其电压、电流的波节点和波腹点与短路线情况正好相反。相当于把短路线截去 $\lambda/4$，如图 1-11(b)所示。负载端为电压波腹点和电流波节点。

终端开路 $Z_l = \infty$ 时，传输线特性参量为

$$\begin{cases} \Gamma(z) = \mathrm{e}^{-j2\beta z} \\ \rho = \infty \\ K = 0 \\ Z_{\mathrm{in}}(z) = -jZ_c\cot\beta z \end{cases} \tag{1-87}$$

开路线阻抗特性如图 1-11(c)和图 1-11(d)所示。从负载端开始，不同长度的开路线依次相当于并联谐振、电容、串联谐振和电感，每 $\lambda/2$ 这些特性重复一次。开路线也可用来等效任一电抗性元件。

与终端短路情况相同，传输线不传输能量，而是储存能量。

3. 终端接纯电抗性负载($Z_l = \pm jX_l$)

终端接纯电抗性负载时 $Z_l = \pm jX_l$($X_l > 0$)，$|\Gamma(0)| = 1$。在这种情况下，也要发生全反射而形成驻波。但此时 $\Gamma(0)$ 是一个复数，$\Gamma(0) = 1 \cdot \mathrm{e}^{j\varphi_{\Gamma_0}}$，具有初位相 φ_{Γ_0}

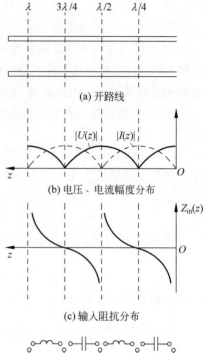

图 1-11 开路线的特性

(a) 开路线

(b) 电压、电流幅度分布

(c) 输入阻抗分布

(d) 输入阻抗变化规律

$$\varphi_{\Gamma_0} = \arctan\left(\frac{\pm 2X_l Z_c}{X_l^2 - Z_c^2}\right)$$

终端不再是波腹点或波节点。纯电抗性负载又分纯感抗和纯容抗。

当负载为纯感抗时 $Z_l = jX_l$，由式(1-83)的输入阻抗公式 $X_l = jZ_c\tan\beta z$，可用一段短于 $\lambda/4$ 的终端短路线来等效，其等效长度为

$$l_{\mathrm{se}} = \frac{1}{\beta}\arctan\frac{X_l}{Z_c} = \frac{\lambda}{2\pi}\arctan\frac{X_l}{Z_c} \tag{1-88}$$

当 $0 < X_l < \infty$ 时，$0 < l_{\mathrm{se}} < \lambda/4$。于是终端接纯感抗、长度为 l 的传输线上的电压、电流及阻抗分布与长度为 $(l + l_{\mathrm{se}})$ 的短路线的分布情况完全一样，如图 1-12 所示。

当负载为纯容抗时，$Z_l = -jX_l$，由式(1-87)的输入阻抗公式 $X_l = jZ_c\cot\beta z$，可用一段短于 $\lambda/4$ 的终端开路线来等效，容抗等效长度为

$$l_{\mathrm{oe}} = \frac{\lambda}{2\pi}\mathrm{arccot}\frac{X_l}{Z_c} \tag{1-89}$$

于是终端接纯容抗、长度为 l 的传输线上的电压、电流及阻抗分布与长度为 $(l + l_{\mathrm{oe}})$ 的开路线的分布情况完全一样，如图 1-13 所示。

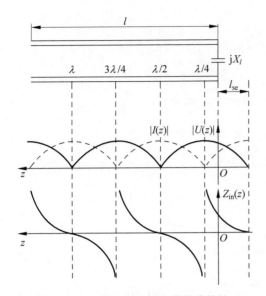

图 1-12 终端接纯感抗的传输线特性

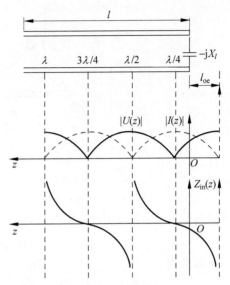

图 1-13 终端接纯容抗的传输线特性

任意长度终端短路或开路的传输线等效于一个电感或者电容,那么反过来,就可以认为,终端接有一个纯电抗性负载时,就相当于一段短路或者开路的传输线。电抗性质每 $\lambda/2$ 重复一次,一般取最短的,电感等效为小于 $\lambda/4$ 的短路线;电容等效为小于 $\lambda/4$ 的开路线。若用 d_{min1}、d_{max2} 分别表示距终端出现的第一电压波节点、第一电压波腹点的位置,则对纯感性负载而言,$d_{min1} > \lambda/4$;对纯容性负载而言,$d_{min1} < \lambda/4$。在微波测量中,可利用上述结论来判断阻抗的性质。

1.4.3 行驻波

当传输线终端接任意负载时,在终端将产生部分反射,即在线路中由入射波和部分反射波相干叠加而形成行驻波。行驻波产生的条件为

$$Z_l \neq Z_c, 0, \infty, \pm jX \tag{1-90}$$

1. 行驻波的形成

下面定性分析行驻波的形成对于无耗传输线,传输线上任意点电压为

$$U = U^+ + U^- = A\mathrm{e}^{-\mathrm{j}\beta z} + B\mathrm{e}^{\mathrm{j}\beta z}$$

入射波大于反射波,即 $A > B$,设 $A = A' + B$,则

$$U = A'\mathrm{e}^{-\mathrm{j}\beta z} + B\mathrm{e}^{-\mathrm{j}\beta z} + B\mathrm{e}^{\mathrm{j}\beta z} = A'\mathrm{e}^{-\mathrm{j}\beta z} + 2\,|\,B\,|\cos(\beta z + \varphi') \tag{1-91}$$

其中,$B = |B|\mathrm{e}^{\mathrm{j}\varphi'}$。这个式子中,第一项表示行波,行波电压幅度波型为一平行直线;第二项表示纯驻波,驻波电压幅度波型是一余弦曲线。两者的合成波不再是标准的余弦曲线,如图 1-14 中实线所示。

2. 沿线电压、电流幅值

由于 $\Gamma(z) = U^-(z)/U^+(z)$,所以

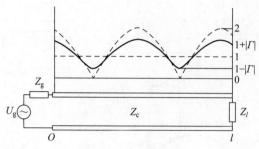

图 1-14　行驻波分布

$$U(z) = U^+(z)[1 + \Gamma(z)] = U^+(z)[1 + |\Gamma(0)| e^{-j(2\beta z - \varphi_{\Gamma_0})}]$$

又因为 $U^+(z) = U^+(0)e^{j\beta z}$，所以

$$U(z) = U^+(0)e^{j\beta z}[1 + |\Gamma(0)| e^{-j(2\beta z - \varphi_{\Gamma_0})}] \qquad (1\text{-}92)$$

电压幅值为

$$|U(z)| = |U^+(0)| \sqrt{1 + |\Gamma(0)|^2 + 2|\Gamma(0)| \cos(2\beta z - \varphi_{\Gamma_0})} \qquad (1\text{-}93)$$

可见电压幅值是位置 z 的函数，呈周期性变化，但是不再是标准的余弦函数变化规律。

由式(1-93)，要使 $|U(z)|$ 最大，需要

$$2\beta z - \varphi_{\Gamma_0} = 2n\pi, \quad n = 0, 1, 2, \cdots$$

电压波腹点位置

$$z_{\max} = \frac{\lambda \varphi_{\Gamma_0}}{4\pi} + n\frac{\lambda}{2}, \quad n = 0, 1, 2, \cdots \qquad (1\text{-}94)$$

距终端出现的第一个电压波腹点的位置为 $n = 0$，这时

$$z_{\max,1} = \frac{\lambda \varphi_{\Gamma_0}}{4\pi}$$

电压幅度最大值为

$$|U(z)|_{\max} = |U^+(0)| [1 + |\Gamma(0)|] \qquad (1\text{-}95)$$

可见电压幅值介于 $0 < |U(z)|_{\max} < 2|U^+(0)|$ 之间。相邻波腹点距离：$z_1 - z_0 = \frac{\lambda}{2}$。

要使 $|U(z)|$ 最小，需要

$$2\beta z - \varphi_{\Gamma_0} = (2n+1)\pi, \quad n = 0, 1, 2, \cdots$$

波节点位置

$$z_{\min} = \frac{\lambda \varphi_{\Gamma_0}}{4\pi} + (2n+1)\frac{\lambda}{4}, \quad n = 0, 1, 2, \cdots \qquad (1\text{-}96)$$

距终端出现的第一个电压节点的位置为 $n = 0$，这时

$$z_{\min,1} = \frac{\lambda \varphi_{\Gamma_0}}{4\pi} + \frac{\lambda}{4}$$

电压幅度最小值为

$$|U(z)|_{\min} = |U^+(0)| [1 - |\Gamma(0)|] \qquad (1\text{-}97)$$

相邻波节点距离：$z_1 - z_0 = \frac{\lambda}{2}$。

同理，传输线上电流波可以表示为

$$I(z) = I^+(0)e^{j\beta z}[1 - |\Gamma(0)| e^{-j(2\beta z - \varphi_{\Gamma_0})}] \qquad (1\text{-}98)$$

其中，$I^+(0)$是入射波电流在负载处的值。电流幅值为

$$|I(z)| = |I^+(0)| \sqrt{1 + |\Gamma(0)|^2 - 2|\Gamma(0)| \cos(2\beta z - \varphi_{\Gamma_0})} \qquad (1\text{-}99)$$

由式(1-99)求出电流波腹点位置及其相应幅值分别为

$$z_{max} = \frac{\lambda \varphi_{\Gamma_0}}{4\pi} + (2n+1)\frac{\lambda}{4}, \quad n = 0,1,2,\cdots \qquad (1\text{-}100)$$

$$|I(z)|_{max} = |I^+(0)| [1 + |\Gamma(0)|] \qquad (1\text{-}101)$$

电流波节点位置及其相应幅值分别为

$$z_{min} = \frac{\lambda \varphi_{\Gamma_0}}{4\pi} + n\frac{\lambda}{2}, \quad n = 0,1,2,\cdots \qquad (1\text{-}102)$$

$$|I(z)|_{min} = |I^+(0)| [1 - |\Gamma(0)|] \qquad (1\text{-}103)$$

因此，得出以下结论：在传输线上，相邻波节点相距$\lambda/2$，相邻波腹点相距$\lambda/2$，相邻波节点和波腹点相距$\lambda/4$；电压波腹点位置正好是电流波节点的位置，电流波节点位置正好是电压波腹点的位置。与纯驻波规律相同。

3. 两个重要的关系

传输线上电压波腹点位置即为电流波节点位置，其幅度比值为

$$\frac{|U(z)|_{max}}{|I(z)|_{min}} = \frac{|U^+(0)| (1 + |\Gamma(0)|)}{|I^+(0)| (1 - |\Gamma(0)|)} = Z_c \rho \qquad (1\text{-}104)$$

即电压波腹点的阻抗值是特性阻抗与驻波比之积。

电压波节点位置即为电流波腹点位置，其幅度比值为

$$\frac{|U(z)|_{min}}{|I(z)|_{max}} = \frac{|U^+(0)| (1 - |\Gamma(0)|)}{|I^+(0)| (1 + |\Gamma(0)|)} = \frac{Z_c}{\rho} \qquad (1\text{-}105)$$

即电压波节点的阻抗值为特性阻抗除以驻波比。同时

$$\frac{|U(z)|_{max}}{|I(z)|_{max}} = \frac{|U^+(0)| (1 + |\Gamma(0)|)}{|I^+(0)| (1 + |\Gamma(0)|)} = Z_c \qquad (1\text{-}106)$$

$$\frac{|U(z)|_{min}}{|I(z)|_{min}} = \frac{|U^+(0)| (1 - |\Gamma(0)|)}{|I^+(0)| (1 - |\Gamma(0)|)} = Z_c \qquad (1\text{-}107)$$

这几个关系式常用来计算传输线上电压和电流的波腹点、波节点幅值，在实验中用来确定传输线的驻波比和特性阻抗值。

当$|\Gamma(0)| = 1$时，即全反射状态，电压波腹点、波节点幅值为$|U(z)|_{max} = 2|U^+(0)|$、$|U(z)|_{min} = 0$；电流波腹点、波节点幅值为$|I(z)|_{max} = 2|I^+(0)|$、$|I(z)|_{min} = 0$。纯驻波可以视为行驻波的特例。

4. 终端接不同负载的电压、电流分布

由终端反射系数

$$\Gamma(0) = \frac{Z_l - Z_c}{Z_l + Z_c} = |\Gamma(0)| e^{j\varphi_{\Gamma_0}}$$

若$Z_l = R_l \pm jX_l$，且$X_l > 0$，则

$$\Gamma(0) = \frac{R_l - Z_c \pm jX_l}{R_l + Z_c \pm jX_l} = |\Gamma(0)| e^{j\varphi_{\Gamma_0}} \qquad (1\text{-}108)$$

$$\varphi_{\Gamma_0} = \arctan \frac{\pm 2X_l Z_c}{R_l^2 + X_l^2 - Z_c^2} \tag{1-109}$$

下面分 4 种终端阻抗情况,讨论电压、电流波分布规律,如图 1-15 所示。

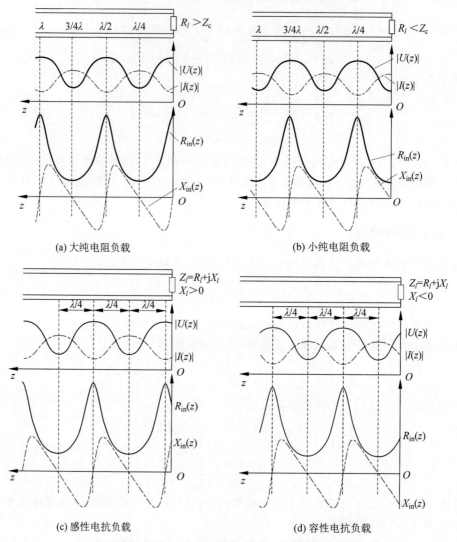

(a) 大纯电阻负载　　　　　　　　　　(b) 小纯电阻负载

(c) 感性电抗负载　　　　　　　　　　(d) 容性电抗负载

图 1-15　终端接任意负载时的电压、电流和输入阻抗分布

(1) $Z_l = R_l > Z_c$(大纯电阻负载)

由式(1-109),$\varphi_{\Gamma_0} = 0$。由式(1-93),负载处是电压最大点位置,即第一电压最大点位置 $z_{\max,1} = 0$,第一电压最小点位置 $z_{\min,1} = \lambda/4$。说明,当负载为大于特性阻抗的纯电阻时,终端为电压波腹点、电流波节点。与负载开路时波型相似,只是波节点幅值不为 0,波腹点幅值不是 $2|U^+(z)|$。电压、电流幅度分布 $|U(z)|$、$|I(z)|$ 如图 1-15(a)所示。

(2) $Z_l = R_l < Z_c$ 时(小纯电阻负载)

由式(1-109),$\varphi_{\Gamma_0} = \pi$。由式(1-93),负载处是电压最小点位置,即第一电压最小点位置 $z_{\min,1} = 0$,第一电压最大点位置为 $z_{\max,1} = \lambda/4$。说明,当负载为小于特性阻抗的纯电阻时,

终端为电压波节点、电流波腹点。与负载短路时波型相似,只是波节点幅值不为 0,波腹点幅值不是 $2|U^+(z)|$。电压幅度分布 $|U(z)|$、电流幅度分布 $|I(z)|$ 如图 1-15(b)所示。

(3) $Z_l=R_l+jX_l$,且 $X_l>0$(感性电抗负载)

当负载为感性复阻抗时,由式(1-109)可以判断 $0<\varphi_{\Gamma_0}<\pi$。由式(1-93),距负载首先出现的是电压波腹点(电流波节点),位置为 $0<z_{max1}<\lambda/4$。电压幅度分布 $|U(z)|$、电流幅度分布 $|I(z)|$ 如图 1-15(c)所示。

(4) $Z_l=R_l+jX_l$,且 $X_l<0$(容性电抗负载)

当负载为容性复阻抗时,由式(1-109)可以判断 $\pi<\varphi_{\Gamma_0}<2\pi$。由式(1-93),距负载首先出现的是电压节点(电流腹点),位置为 $0<z_{min1}<\lambda/4$。电压幅度分布 $|U(z)|$、电流幅度分布 $|I(z)|$ 如图 1-15(d)所示。

后两个特性在实际测量中很有用。在所测得的驻波曲线中,若距离终端小于 $\lambda/4$ 处出现的是电压腹点,则可以断定被测负载是感性的;若出现的是电压节点,则被测负载是容性的。

5. 阻抗特性

输入阻抗公式可以表示为实部和虚部之和,即

$$Z_{in}(z)=Z_c\frac{Z_l+jZ_c\tan\beta z}{Z_c+jZ_l\tan\beta z}=R_{in}(z)+X_{in}(z) \tag{1-110}$$

将 $Z_l=R_l+jX_l(X_l=\pm|X_l|)$ 代入式(1-110),得

$$R_{in}(z)=Z_c^2R_l\frac{\sec^2\beta z}{(Z_c-X_l\tan\beta z)^2+(R_l\tan\beta z)^2} \tag{1-111}$$

$$X_{in}(z)=Z_cR_l\frac{(Z_c-X_l\tan\beta z)(X_l+Z_c\tan\beta z)-R_l^2\tan\beta z}{(Z_c-X_l\tan\beta z)^2+(R_l\tan\beta z)^2} \tag{1-112}$$

终端接不同负载的传输线输入阻抗沿传输线分布如图 1-15 所示。由图可见,沿线阻抗呈周期性变化,周期为 $\lambda/2$。即每隔 $\lambda/2$,阻抗性质重复一次;每隔 $\lambda/4$,阻抗性质变换一次;在波腹点、波节点处为纯电阻,具体值由式(1-104)和式(1-105)计算。在电压腹点,阻抗出现最大值,相当于并联谐振;在电压节点,阻抗出现最小值,相当于串联谐振。

例 1-1 求图 1-16 中 AA′端的输入阻抗和反射系数的模。

解: DD′端的负载 R_2 经过 $\lambda/4$ 在 CC′处的输入阻抗为 $Z_1'=\dfrac{Z_c^2}{R_2}$。

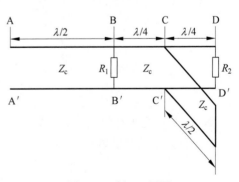

图 1-16 例 1-1 用图

CC′端向负载方向看进去的输入阻抗为 $Z_1=Z_1'//0=0$。

BB′端向负载方向看进去的输入阻抗为 $Z_2=Z_2'//R_1=R_1$。

AA′端向负载方向看进去的输入阻抗为 $Z_{in}=R_1$。

反射系数的模 $|\Gamma|=\left|\dfrac{R_1-Z_c}{R_1+Z_c}\right|$。

例 1-2 均匀无耗传输线终端接负载阻抗 Z_l 时,沿线电压呈行驻波分布,相邻波节点之间距离为 2cm,靠近终端的第一个电压波节点距离终端 0.5cm,驻波比为 1.5,求终端反射系数。

解:因为相邻波节点之间距离为 2cm,即 $\lambda/2 = 2$cm,所以,靠近终端的第一个电压波节点离终端为 $\lambda/8$,根据式(1-96),$n=0$ 时

$$\frac{\varphi_{\Gamma_{\varphi 0}} \lambda}{4\pi} + \frac{\lambda}{4} = \frac{\lambda}{8}$$

得出

$$\varphi_{\Gamma_{\varphi 0}} = -\frac{\pi}{2}$$

又因为驻波比为 1.5,所以

$$|\Gamma_l| = \frac{\rho - 1}{\rho + 1} = \frac{1.5 - 1}{1.5 + 1} = 0.2$$

最终求得终端反射系数为

$$\Gamma_l = 0.2 \mathrm{e}^{-\mathrm{j}\frac{\pi}{2}}$$

例 1-3 由均匀无耗传输线组成的电路如图 1-17 所示,信号源电动势和内阻已知,$E_g = 20$V,$R_g = 50\Omega$。主线长度为 $3\lambda/4$,在距离负载 $\lambda/2$ 处并联一段长度为 $\lambda/4$ 的分支线,主线和支线的特性阻抗均为 $Z_c = 50\Omega$,且 $Z_l = 100\Omega$,$Z_2 = 50\Omega$。分析传输线上各段的工作状态,画出电压、电流幅度分布图。

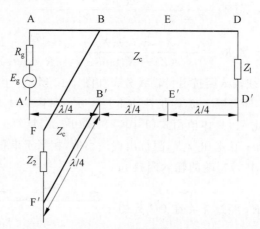

图 1-17 例 1-3 用图

解:(1)首先求传输线上各位置处的反射系数和驻波比,由终端向始端推算。

D 点反射系数和驻波比分别为

$$\Gamma_D = \frac{Z_1 - Z_c}{Z_1 + Z_c} = \frac{100 - 50}{100 + 50} = \frac{1}{3}\mathrm{e}^{\mathrm{j}0}$$

$$\rho_D = \frac{1 + |\Gamma_D|}{1 - |\Gamma_D|} = \frac{1 + 1/3}{1 - 1/3} = 2$$

E 点输入阻抗为

$$Z_E = \frac{Z_c^2}{Z_1} = \frac{50^2}{100}\Omega = 25\Omega$$

E 点反射系数和驻波比分别为

$$\Gamma_E = \frac{Z_E - Z_c}{Z_E + Z_c} = \frac{25 - 50}{25 + 50} = -\frac{1}{3} = \frac{1}{3}e^{j\pi}$$

$$\rho_E = \frac{1 + |\Gamma_E|}{1 - |\Gamma_E|} = \frac{1 + 1/3}{1 - 1/3} = 2$$

在 F 点，由于 $Z_2 = Z_c = 50\Omega$，反射系数和驻波比分别为

$$\Gamma_F = 0, \quad \rho_F = 1$$

B 点输入阻抗为

$$Z_B = Z_B' /\!/ Z_B'' = Z_1 /\!/ Z_c = \frac{2Z_c}{3} = \frac{100}{3}\Omega$$

B 点反射系数和驻波比分别为

$$\Gamma_B = \frac{Z_B - Z_c}{Z_B + Z_c} = -0.2 = 0.2e^{j\pi}$$

$$\rho_B = \frac{1 + |\Gamma_B|}{1 - |\Gamma_B|} = \frac{1 + 0.2}{1 - 0.2} = 1.5$$

A 点输入阻抗为

$$Z_A = \frac{Z_c^2}{Z_B} = 75\Omega$$

A 点反射系数和驻波比分别为

$$\Gamma_A = \frac{Z_A - Z_c}{Z_A + Z_c} = 0.2 = 0.2e^{j0}$$

$$\rho_A = \frac{1 + |\Gamma_A|}{1 - |\Gamma_A|} = \frac{1 + 0.2}{1 - 0.2} = 1.5$$

由此可见，主线各段呈行驻波状态，支线上呈行波状态。

（2）求各段电压、电流分布，由传输线的始端向终端推算。

由于 $Z_B < Z_c$，B 点为 AB 段的电压波节点、电流波腹点；经过 $\lambda/4$ 后，A 点为电压波腹点、电流波节点，且

$$I_A = I_{minAB} = \frac{E_g}{R_g + Z_A} = \frac{20}{50 + 75}A = 0.16A$$

$$U_A = U_{maxAB} = I_A \cdot Z_A = 0.16 \times 75V = 12V$$

$$I_B = I_{maxAB} = \rho_B \cdot I_{minAB} = 0.24A$$

$$U_B = U_{minAB} = U_{maxAB}/\rho_B = I_A \cdot Z_A/\rho_B = 8V$$

由于 $Z_1 > Z_c$，D 点为 ED 段的电压波腹点、电流波节点；经过 $\lambda/4$ 后，E 点为电压波节点、电流波腹点，且

$$U_D = U_{maxBD} = U_B = 8V$$

$$I_D = I_{minBD} = \frac{U_D}{Z_1} = 0.08A$$

$$U_E = U_{minBD} = U_{maxBD}/\rho_E = 4V$$

$$I_E = I_{maxBD} = \rho_E \cdot I_{minBD} = 0.16A$$

在 BF 段,由于 $Z_2 = Z_c$,所以 BF 呈行波状态,且

$$U_F = U_B = 8V$$

$$I_F = \frac{U_F}{Z_2} = 0.16A$$

各段电压、电流分布如图 1-18 所示。

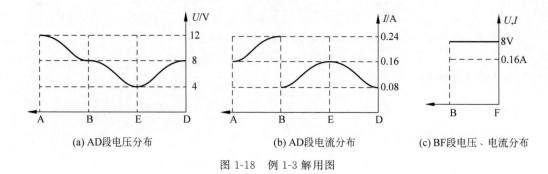

(a) AD段电压分布   (b) AD段电流分布   (c) BF段电压、电流分布

图 1-18 例 1-3 解用图

6. 传输功率

对于无耗传输线,通过其上任一点的平均功率都相等。在波节点和波腹点的电压、电流相位相同,可以容易地计算传输功率为

$$P = \frac{1}{2} |U|_{max} \cdot |I|_{min} = \frac{1}{2} |U|_{min} \cdot |I|_{max} \quad (1\text{-}113)$$

将式(1-97)和式(1-103)代入式(1-113),考虑到驻波比的定义,则

$$P = \frac{1}{2} \frac{|U|_{max}^2}{Z_c} \cdot \frac{1}{\rho} = \frac{1}{2} |I|_{max}^2 Z_c \cdot \frac{1}{\rho} \quad (1\text{-}114)$$

当阻抗不匹配,反射波引起的功率损耗为

$$P^- = \frac{1}{2} |U^-(0)| |I^-(0)|$$

$$= \frac{1}{2} |\Gamma(0)| |U^+(0)| |\Gamma(0)| |I^+(0)| = |\Gamma(0)|^2 |P^+(0)|$$

即反射波与入射波功率之比为

$$\frac{P^-}{P^+} = |\Gamma|^2 \quad (1\text{-}115)$$

传输线上的电压、电流不能任意大,而是受到击穿电压和最大载流量的限制。若线上电压超过击穿电压,传输线中的绝缘介质将被击穿,轻者使传输线效率显著下降,严重时传输线被损坏。常用"功率容量"来描述传输线是否处于容许的工作状态。所谓传输线的功率容量就是在不发生电击穿条件下,传输线上所能允许传输的最大功率或称极限功率。

每种传输线都具有一定的击穿电压,它与传输线的结构、材料、填充介质等因素有关,可由击穿电场强度计算。设 U_{br} 为击穿电压,根据式(1-114),功率容量可以写成

$$P_{br} = \frac{1}{2} \frac{|U_{br}|^2}{Z_c} \cdot \frac{1}{\rho} \quad (1\text{-}116)$$

可见功率容量不仅与击穿电压有关,还与线上工作状态有关。ρ 越小,即传输线越接近匹配状态,功率容量越大。

1.5 阻抗圆图和导纳圆图

利用以上的反射系数、驻波比和输入阻抗计算式,除了可以计算相应参数之外,还能够分析传输线上任意点的电压、电流幅度分布,以及电压、电流波腹点、波节点位置和大小。在实际工程应用中,为了简化计算,建立了阻抗圆图和导纳圆图,利用圆图可以直接找到这些数值之间的关系,从而避免了烦琐的数学计算。21 世纪以来,由于计算机技术和专业软件的发展,在工程设计中较少再用圆图,但是圆图对于理解传输线理论非常直观,也是进行科学分析和研究的有效方法。

1.5.1 阻抗圆图

阻抗圆图包括 3 簇圆,即反射系数圆、电阻圆和电抗圆。

1. 反射系数圆

上面得到无耗传输线上任意一点的反射系数为

$$\Gamma(z) = |\Gamma(0)| e^{-j(2\beta z - \varphi_{\Gamma_0})} \tag{1-117}$$

这是一个复变量,可以在复平面上表示,如图 1-19 所示。传输线上任意一点均在复平面上 $|\Gamma(0)| = 1$ 的单位圆内。

由图 1-19 可以得到以下几条结论:

(1) $|\Gamma(0)| = $ 常数,或者 $\rho = $ 常数,对应复平面上一簇以原点为圆心的同心圆。所有圆均在 $|\Gamma(0)| = 1$ 的圆内。$|\Gamma(0)| = 1$ 的圆是最大圆,它相当于全反射状态。$|\Gamma(0)| = 0$ 的圆缩为一点,即原点,称为阻抗匹配点。(关于匹配问题,下一节将详细介绍。)圆越大,即离原点越远,系统匹配性越差。

(2) $\varphi_z = $ 常数,即由原点出发的一簇射线,表示一簇等相位线。

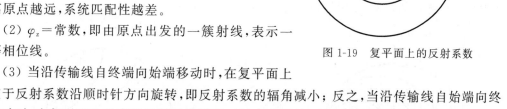

图 1-19 复平面上的反射系数

(3) 当沿传输线自终端向始端移动时,在复平面上对应于反射系数沿顺时针方向旋转,即反射系数的辐角减小;反之,当沿传输线自始端向终端移动时,在复平面上对应于反射系数沿逆时针方向旋转,即反射系数的辐角增大。

(4) 沿传输线移动 $\lambda/2$ 时,对应在复平面上沿 $|\Gamma(0)| = $ 常数的圆旋转一圈。原因在于相位因子 $e^{-j(2\beta z - \varphi_{\Gamma_0})}$,当 $z = \lambda/2$ 时,相位改变量为 $2\beta z = 2 \cdot \dfrac{2\pi}{\lambda} \cdot \dfrac{\lambda}{2} = 2\pi$。

2. 电阻圆与电抗圆

传输线上任意一点的输入阻抗也能表示在单位圆内。将传输线上任意一点的输入阻抗

用该点反射系数公式简写为

$$Z = Z_c \frac{1+\Gamma}{1-\Gamma} = R + jX \tag{1-118}$$

用特性阻抗 Z_c 归一化

$$z = \frac{Z}{Z_c} = \frac{1+\Gamma}{1-\Gamma} = \frac{R}{Z_c} + j\frac{X}{Z_c} = r + jx \tag{1-119}$$

$$r + jx = \frac{1+\Gamma_r+j\Gamma_i}{1-\Gamma_r-j\Gamma_i} = \frac{(1-\Gamma_r^2-\Gamma_i^2)+j2\Gamma_i}{(1-\Gamma_r)^2+\Gamma_i^2} \tag{1-120}$$

即

$$r = \frac{1-\Gamma_r^2-\Gamma_i^2}{(1-\Gamma_r)^2+\Gamma_i^2} \tag{1-121}$$

$$x = \frac{2\Gamma_i}{(1-\Gamma_r)^2+\Gamma_i^2} \tag{1-122}$$

将式(1-121)展开,整理可得

$$\left(\Gamma_r - \frac{r}{1+r}\right)^2 + \Gamma_i^2 = \left(\frac{1}{1+r}\right)^2 \tag{1-123}$$

显然,这是一个关于 Γ_r、Γ_i 的圆方程,不同 r 值对应复平面上的一簇圆,圆心为 $\left(\frac{r}{1+r}, 0\right)$,半径为 $\frac{1}{1+r}$,称为电阻圆。每一个 r 对应一个电阻圆,如图 1-20 所示。由电阻圆图可知:

① r 值从 0 变至∞时,在复平面上对应无穷多个圆,这些圆的圆心在实轴上移动,均与直线 $\Gamma_r = 1$ 相切于(1,j0)点,并均在 $r = 0$ 的圆内。

② $r = 1$ 的圆通过原点,称为匹配圆。

③ $r = \infty$ 的圆缩为一点(1,0),叫作开路点。

将式(1-122)展开整理可得

$$(\Gamma_r - 1)^2 + \left(\Gamma_i - \frac{1}{x}\right)^2 = \left(\frac{1}{x}\right)^2 \tag{1-124}$$

它对应复平面上的另一簇圆,圆心为 $\left(1, \frac{1}{x}\right)$,并且在 $\Gamma_r = 1$ 的直线上,半径为 $\frac{1}{|x|}$。每一个 x 对应一个电抗圆,这一簇圆称为电抗圆,如图 1-21 所示。

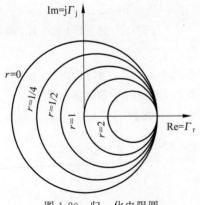

图 1-20　归一化电阻圆

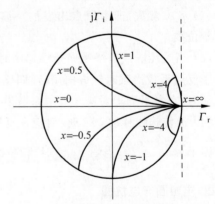

图 1-21　归一化电抗圆

3. 阻抗圆图

将以上 3 个圆图,即反射系数圆、等电阻圆和等电抗圆合并在一起就是阻抗圆图,这个工作最早是由 Smith 完成的,所以也叫作 Smith 圆图,如图 1-22 所示。为了使得圆图清晰易读,一般略去反射系数圆。

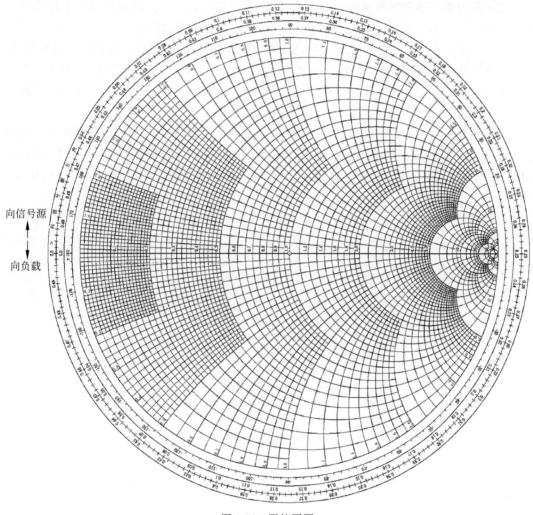

向信号源
向负载

图 1-22 阻抗圆图

(1) 实轴上的数字表示归一化阻抗的电阻值,为纯电阻。右半实轴上的数字是驻波比 ρ,左半实轴上的数字是行波比 K。所以,以圆图中心为圆心、以驻波比为半径作圆,即是等反射系数圆。右半实轴还是电压腹点位置,其阻抗为 $Z_c\rho$,反射系数辐角为 $(2\beta z - \varphi_{\Gamma_0}) = 0$。左半实轴是电压节点位置,数字是驻波比的倒数 $1/\rho$,电压节点阻抗值为 Z_c/ρ,反射系数辐角为 $(2\beta z - \varphi_{\Gamma_0}) = \pi$。

(2) $|\Gamma| = 1$ 的圆是最大等反射系数圆,也是纯电抗圆。纯电抗圆与实轴有左、右两个交点:左端点,$r = 0$,$x = 0$,是阻抗短路点,$\Gamma = -1$;右端点,$r = \infty$,$x = \infty$,是阻抗开路点,$\Gamma = 1$。相当于前面讨论的出现全反射的 3 种条件。

（3）实轴上半平面内的点 $x > 0$，故上半圆中各点代表不同感性复阻抗的归一化值。若终端负载阻抗归一化值落在上半圆内，则可立即判定传输线上距离终端第一个出现的是电压腹点。

（4）实轴下半平面内的点 $x < 0$，故下半圆中各点代表不同容性复阻抗的归一化值。若终端负载阻抗归一化值落在下半圆内，则可立即判定传输线上第一个出现的是电压节点。

（5）匹配点。即阻抗圆图的中心点，$r = 1$，$x = 0$，$\Gamma = 0$，$\rho = 1$。匹配点相应于传输线上的行波状态。通过匹配点的圆，即 $r = 1$ 的圆叫作匹配圆，在设计匹配网络时很有用。

（6）圆图最外圈上标有电刻度 z/λ，这个圆圈的外面有个顺时针方向箭头，标的是"向信号源方向"，指从终端开始移动的距离，这个圆圈的里面在相同位置有另一个标识，这是逆时针方向旋转的刻度，指从信号源开始向负载方向移动的距离。旋转一周为 0.5，实际距离为 0.5λ。

（7）再往里的一圈标的是角度 $(2\beta z - \varphi_{\Gamma_0})$，这是反射系数的辐角。一般阻抗圆图上并未标注反射系数的模，匹配点 $\Gamma = 0$，纯电抗圆 $|\Gamma| = 1$，中间的 $|\Gamma|$ 值是等分的，可用尺子测量得到 $|\Gamma|$ 的具体值，但是一般不用这种方法，在圆图上读得驻波比 ρ 后，用式(1-65)计算 $|\Gamma|$ 的值。

阻抗圆图上有一些重要的点、线和区域，参考图 1-23 所示。

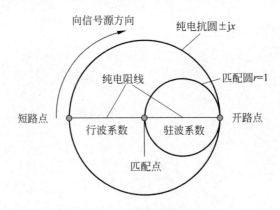

图 1-23　阻抗圆图要点

例 1-4　已知负载反射系数 $\Gamma_l = -0.7$。求 $z = 0.0625\lambda$ 处的反射系数 $\Gamma(z)$。

解：因为 $\Gamma = -0.7 = 0.7\mathrm{e}^{\mathrm{j}\pi}$，即得

$$|\Gamma| = 0.7, \quad \varphi = \pi, \quad \rho = 5.67$$

由此可找到圆图上的位置，即图 1-24 中的 A 点。作 A 点关于原点 O 的对称点 B，以 B 点为起点，沿 $\rho = 5.67$ 的圆顺时针方向旋转 $z/\lambda = 0.0625$，到达 C 点，C 点即为所求位置，读得

$$\Gamma(z) = 0.7\angle 135°$$

例 1-5　已知双导线的特征阻抗 $Z_c = 400\Omega$，终端负载阻抗 $Z_l = 240 + \mathrm{j}320$，求终端反射系数与线上的驻波比。

解：（1）计算归一化负载阻抗

$$z_l = 0.6 + \mathrm{j}0.8$$

在阻抗圆图上找到 $r = 0.6$ 和 $x = 0.8$ 两圆的交点 A，即为负载阻抗在圆图中的位置，如

图 1-25 所示。

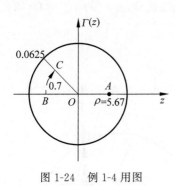

图 1-24 例 1-4 用图

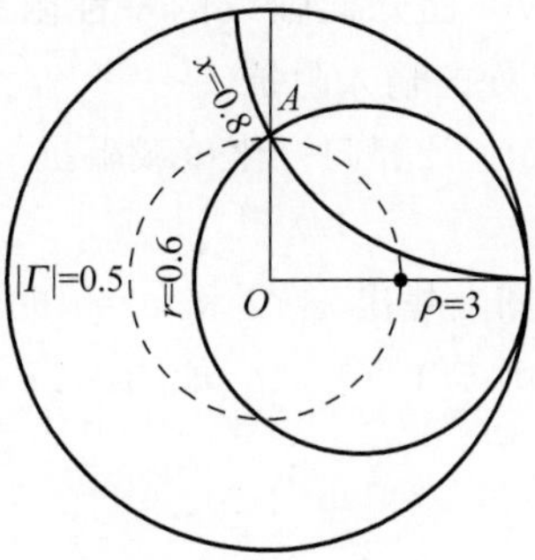

图 1-25 例 1-5 用图

（2）过 A 点作等反射系数圆，与右半实轴交点即为驻波比，读得 $\rho=3$。

（3）由式（1-65）计算反射系数的幅度 $|\Gamma|=0.5$。A 点与圆心的连线 OA 与实轴的夹角 $\varphi=90°$ 为反射系数辐角，所以终端反射系数为

$$\Gamma_l=0.5\angle90°$$

例 1-6 已知同轴线的特性阻抗 $Z_c=50\Omega$，终端负载阻抗 $Z_l=(32.5-\text{j}20)\Omega$，求线上驻波的电压最大点和最小点的位置。

解：（1）计算归一化负载阻抗

$$z_l=0.65-\text{j}0.4$$

在阻抗圆图上找到 $r=0.65$ 和 $x=-0.4$ 两圆的交点 A，即为负载阻抗在圆图上的位置，如图 1-26 所示。

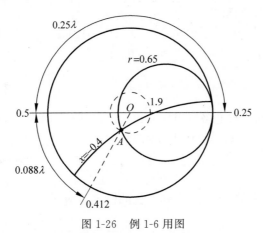

图 1-26 例 1-6 用图

（2）以原点 O 为中心、OA 为半径画圆，交于右边实轴上的读数为 1.9。故线上的驻波比 $\rho=1.9$。

（3）延长 OA，电刻度读数为 $z/\lambda=0.412$，以此为起点顺时针旋转，交于左边实轴即可得到电压最小点，其电刻度读数为 0.5，所以电压最小点距离负载的长度为 $(0.5-0.412)\lambda=0.088\lambda$。

（4）电压最大点距最小点 0.25λ，在圆图上即由最小点继续旋转 0.25λ 交于右边实轴，

故电压最大点距离终端长度为 0.338λ。

例 1-7 已知同轴线的特性阻抗 $Z_c = 50\Omega$，负载阻抗 $Z_l = (100 + j50)\Omega$，求距离终端 $z = 0.24\lambda$ 处的输入阻抗。

解：（1）计算归一化负载阻抗

$$z_l = 2 + j1$$

在阻抗圆图上找出 $r = 2$ 和 $x = 1$ 的两圆交点 A，即为负载阻抗在圆图中的位置。A 点对应的电刻度为 $z/\lambda = 0.214$，如图 1-27 所示。

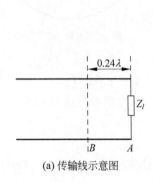

(a) 传输线示意图

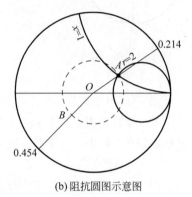

(b) 阻抗圆图示意图

图 1-27 例 1-7 用图

（2）以原点 O 为中心、OA 为半径，由 A 点顺时针旋转 $z/\lambda = 0.24$ 到 B 点，其所对应的电刻度为 0.454。由 B 点读到归一化阻抗为

$$z_B = 0.42 - j0.24$$

于是得到距终端 0.24λ 处的阻抗是

$$Z_B = z_B Z_c = (21 - j12)\Omega$$

1.5.2 导纳圆图

实际应用中，在遇到并联电路时用导纳比用阻抗计算方便得多，这就需要导纳圆图。阻抗和导纳互为倒数，由式(1-118)得输入导纳为

$$Y_{in} = \frac{1}{Z_{in}} = Y_c \frac{1 - \Gamma}{1 + \Gamma} \tag{1-125}$$

若用电流反射系数 $\Gamma_i = -\Gamma_u = -\Gamma$，则归一化的输入导纳

$$y_{in} = \frac{Z_c}{Z_{in}} = \frac{1 + \Gamma_i}{1 - \Gamma_i} = g + jb \tag{1-126}$$

该式与式(1-119)形式上完全相同，所以导纳圆图与阻抗圆图的形式应该完全一样，但是曲线所表示的意义不同。导纳圆图也包括 3 个圆簇，即等 Γ 圆簇、等电导 g 圆簇和等电纳 b 圆簇。可以证明导纳圆图只是阻抗圆图的翻拍。只要把阻抗圆图上诸点均旋转 $180°$，就得到与之对应的导纳圆图。

导纳圆图与阻抗圆图中曲线、面、点的意义不同，具体表现如下：

（1）阻抗圆图的 $r(z)$ 换成 $g(z)$，$x(z)$ 换成 $b(z)$。

（2）容性和感性互换，即导纳圆图中上半平面为容性，下半平面为感性。

（3）电压最大点和最小点互换，即导纳圆图中右半实轴还是电压节点位置，左半实轴是电压腹点位置。

（4）开路点和短路点互换，即左端点是开路点，右端点是短路点。

在实际应用中，也可以利用阻抗圆图来计算导纳问题。下面总结几条规律：

（1）应如实地把等 r 圆视为等 g 圆；把等 x 圆视为等 b 圆。

（2）实轴上半平面仍代表正电纳（$+jb$），下半平面仍代表负电纳（$-jb$）。这是与导纳圆图的不同之处。

（3）实轴为纯电导，导纳"匹配点"仍在坐标原点，"短路点"在实轴右端点，"开路点"在实轴左端点，电刻度的起算点是右端点。

例 1-8　已知双线特性阻抗 $Z_c = 400\Omega$，长度 $l = 0.6\lambda$，归一化输入导纳为 $y_{in} = 0.35 - j0.735$，求负载导纳。

解：本题可有两种解法，一是将各导纳值换算为阻抗后在阻抗圆图上求解；二是将导纳问题利用阻抗圆图计算。

解法一：如图 1-28 所示。

（1）换算出归一化输入阻抗值：

$$z_{in} = 1/y_{in} = 0.528 + j1.109$$

（2）在阻抗圆图上找到相应的点 A，其电长度刻度为 0.356。

（3）由 A 点沿等 $|\Gamma|$ 圆逆时针方向旋转 0.1λ，至 B 点，再找到其对应点 C，此即负载导纳在圆图上的对应位置，读得 $y_l = 1.9 - j2.15$。

（4）导纳还原：

$$Y_l = y_l/Z_c = (0.004\,75 - j0.005\,375)\text{S}$$

解法二：利用阻抗圆图计算导纳问题，如图 1-29 所示。

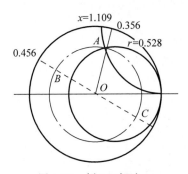

图 1-28　例 1-8 解法一

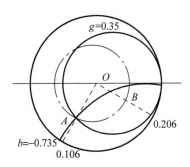

图 1-29　例 1-8 解法二

（1）在阻抗圆图上根据题意给出的 $y_{in} = 0.35 - j0.735$，找到 $g = 0.35$（如实地看成为 $r = 0.35$ 的圆），以及 $b = -0.735$（如实地看成为 $x = -0.735$ 的圆），两圆的交点为 A，其电长度刻度为 0.106。

（2）由 A 点沿等 Γ 圆逆时针方向旋转 0.1λ，至 B 点，读得 $y_l = 1.9 - j2.15$。

（3）导纳还原：

$$Y_l = y_l/Z_c = (0.004\,75 - j0.005\,375)\text{S}$$

1.6 阻抗匹配

1.6.1 阻抗匹配的概念

阻抗匹配是微波技术中经常遇到的问题。负载与传输线不匹配时会降低传输线的功率容量,信号源与传输线不匹配时会影响发射机的输出功率。图 1-30 是微波传输系统阻抗匹配示意图。通常阻抗匹配有 3 种:信号源阻抗匹配、阻抗共轭匹配和负载阻抗匹配。

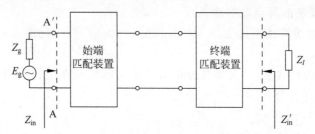

图 1-30　传输系统匹配示意图

1. 信号源阻抗共轭匹配

传输线的输入阻抗(从参考面 AA′ 向负载方向看进去)和信号源内阻抗互为共轭值时称为共轭匹配。设信号源内阻抗为 $Z_g = R_g + jX_g$,传输线输入阻抗为 $Z_{in} = R_{in} + jX_{in}$,则共轭匹配条件为

$$Z_g = Z_{in}^* \tag{1-127}$$

可以证明,共轭匹配时信号源输出最大功率为

$$P_{max} = \frac{E_g^2}{8R_g} \tag{1-128}$$

如图 1-31 所示,根据欧姆定律

$$I = \frac{E_g}{Z_g + Z_l} = \frac{E_g}{(R_g + R_l) + j(X_g + X_l)}$$

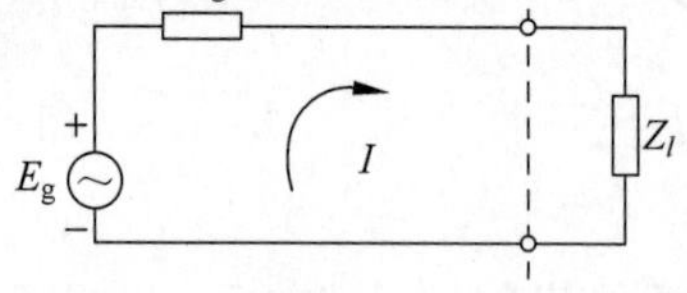

图 1-31　信号源输出最大功率定律证明

负载吸收的实功率为

$$P_l = \mathrm{Re}\left(\frac{1}{2} I I^* R_l\right) = \frac{1}{2} \frac{|E_g|^2 R_l}{(R_g + R_l)^2 + (X_g + X_l)^2}$$

上式分母恒为正,当$(X_g + X_l) = 0$,即 $X_g = -X_l$ 时,P_l 最大,这时

$$P_l = \frac{1}{2} \frac{|E_g|^2 R_l}{(R_g + R_l)^2}$$

P_l 对 R_l 求极值

$$\frac{\mathrm{d}P_l}{\mathrm{d}R_l} = \frac{|E_g|^2}{2} \frac{(R_g + R_l)^2 - 2R_l(R_g + R_l)}{(R_g + R_l)^4} = 0$$

求得

$$R_g = R_l$$

综合以上结果,信号源内阻与负载阻抗互为共轭时,信号源输出最大功率。

信号源共轭匹配并不能保证传输线上没有反射存在,有可能呈驻波状态。

2. 信号源匹配

当信号源内阻与传输线特性阻抗相等时,获得信号源匹配

$$Z_g = Z_c \tag{1-129}$$

此时信号源输出能量无反射地传送给传输线;另外,如传输线上反射波传至信号源,则全被信号源吸收。信号源匹配对于工作的稳定性很重要,此信号源叫匹配信号源。发射机与传输线之间的匹配、接收天线与传输线之间的匹配均属于这种情况。

3. 负载阻抗匹配

当负载阻抗与传输线特性阻抗相等时负载实现匹配,即

$$Z_l = Z_c \tag{1-130}$$

此负载称为匹配负载。由以上分析,负载阻抗匹配时,终端没有反射,传输线的能量全部被负载所吸收,传输线的传输效率最高,功率容量最大,微波源的工作也较稳定。

当然希望同时满足 3 种匹配状态,但实际上这不容易实现。最基本的是负载阻抗匹配,这是本书重点讨论的内容。

1.6.2 $\lambda/4$ 阻抗变换器

当终端负载为 Z_l 时,长度为 $\lambda/4$ 的传输线的始端阻抗可以用输入阻抗公式计算:

$$Z_{\frac{\lambda}{4}} = Z_{\mathrm{in}} = Z_{cl} \frac{Z_l \cos\beta z + \mathrm{j}Z_{cl}\sin\beta z}{Z_{cl}\cos\beta z + \mathrm{j}Z_l\sin\beta z} = \frac{Z_{cl}^2}{Z_l} \tag{1-131}$$

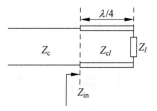

图 1-32 $\lambda/4$ 阻抗变换器

如图 1-32 所示,$\lambda/4$ 传输线实现阻抗变换作用,叫作 $\lambda/4$ 阻抗变换器。

1. 当 $Z_l = R_l$ 时(终端接纯电阻)

此时可直接在传输线与负载之间加一段特性阻抗为 Z_{cl} 的 $\lambda/4$ 传输线,只要 Z_{cl} 选择适当,就可实现传输线的匹配。

$$Z_{\text{in}} = \frac{Z_{cl}^2}{R_l} \tag{1-132}$$

要使主线匹配,要求 $Z_{\text{in}} = Z_c$,所以

$$Z_{cl} = \sqrt{Z_c R_l} \tag{1-133}$$

2. 当 $Z_l = R_l + jX_l$ 时(终端接感性负载)

此时匹配线不能直接与负载相接,而应选择主线上呈纯电阻的地方,即主线上电压波腹点或波节点。由上述分析可知,距离感性负载首先出现的是电压波腹点,在此点接入 $\lambda/4$ 传输线可使设备长度最短,如图 1-33(a)中实线所示。已知波腹点阻抗 $Z_c\rho = R_{\max}$,于是

$$Z_{cl} = \sqrt{Z_c R_{\max}} = \sqrt{\rho}\, Z_c > Z_c \tag{1-134}$$

$\lambda/4$ 阻抗变换器亦可接在第一个电压波节点处,这时阻抗为 $Z_c/\rho = R_{\min}$,于是

$$Z_{cl} = \sqrt{Z_c R_{\min1}} = Z_c / \sqrt{\rho} \tag{1-135}$$

这时距离负载较远,传输线较长,如图 1-33(b)所示。

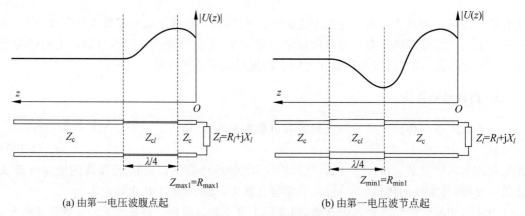

(a) 由第一电压波腹点起   (b) 由第一电压波节点起

图 1-33 $\lambda/4$ 线匹配感性负载

3. 当 $Z_l = R_l - jX_l$ 时(终端接容性负载)

此时距容性负载首先出现的是电压波节点,需接 $\lambda/4$ 匹配线的特性阻抗亦为式(1-135)。

$\lambda/4$ 匹配线的优点是结构简单;缺点是频带窄,若要增宽频带,可以用双节或多节 $\lambda/4$ 匹配线,构成阶梯式阻抗变换器。

1.6.3 多节 $\lambda/4$ 阻抗变换器

双节 $\lambda/4$ 匹配线如图 1-34 所示,匹配线特性阻抗应满足下列关系:

$$Z_1 = \frac{Z_{c1}^2}{Z_2}, \quad Z_2 = \frac{Z_{c2}^2}{R_l} \tag{1-136}$$

为获得较宽频带,应使每段 $\lambda/4$ 线的阻抗变比不能过大。现设两段的阻抗变化比相同,即

$$\frac{R_l}{Z_2} = \frac{Z_2}{Z_1} \tag{1-137}$$

欲达匹配,须使 $Z_1 = Z_c$,于是式(1-137)变为

$$\frac{R_l}{Z_2} = \frac{Z_2}{Z_c} \tag{1-138}$$

联立求解式(1-136)、式(1-138)可得

$$Z_{c1} = \sqrt[4]{\frac{R_l}{Z_c}} \cdot Z_c \tag{1-139}$$

$$Z_{c2} = \sqrt[4]{\frac{Z_c}{R_l}} \cdot R_l \tag{1-140}$$

还有指数线阻抗变换器,它是一种特性阻抗沿线按指数规律分布的渐变线,介于主传输线与负载之间,是一种宽频带阻抗变换器,如图 1-35 所示。

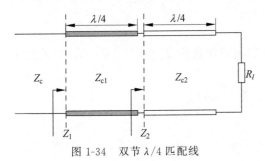

图 1-34 双节 $\lambda/4$ 匹配线

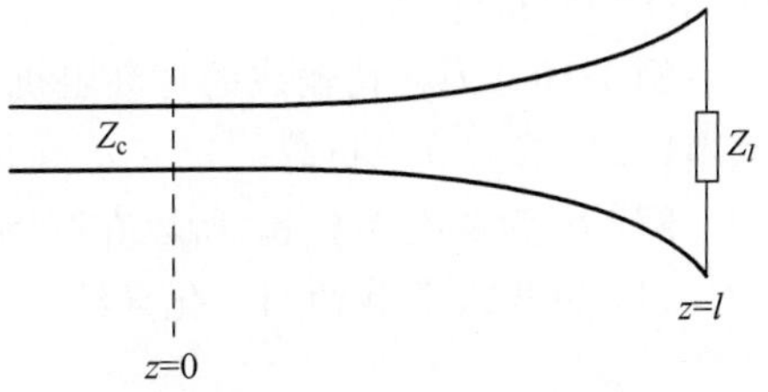

图 1-35 微带指数渐变匹配线

例 1-9 均匀无耗传输线特性阻抗 Z_c 为 50Ω,终端负载 $Z_1 = 25 + j75$。用 $\lambda/4$ 阻抗变换器实现阻抗匹配,求接入位置和 $\lambda/4$ 阻抗变换器的特性阻抗 Z_{c1}。

解:由于是感性负载,所以首先出现的是电压最大点,在该点接入 $\lambda/4$ 阻抗变换器。

(1) 负载的归一化阻抗

$$z_1 = Z_1/Z_c = 0.5 + j1.5$$

负载在图 1-36 中 A 点位置,读圆图得电长度 0.16,同时读得驻波比 $\rho = 7$。

(2) 从 A 点沿顺时针方向旋转,电压最大点为 B 点,其阻抗为纯电阻,且

$$R_{max} = \rho Z_c$$

离负载第一最大点距离为

$$z_{max} = (0.25 - 0.16)\lambda = 0.09\lambda$$

即为 $\lambda/4$ 阻抗变换器的接入位置。

(3) 由式(1-134)需接入 $\lambda/4$ 阻抗变换器的特性阻抗为

$$Z_{c1} = \sqrt{Z_c R_{max}} = \sqrt{\rho} Z_c = 132.3\Omega$$

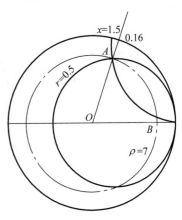

图 1-36 例 1-9 用图

1.6.4 单支节匹配

这类匹配装置是在主传输线上并联适当的电抗性元件,以产生附加反射来抵消主线上原来存在的反射波,以达到匹配的目的。此电抗性元件可以由短路线或开路线跨接在主线

上来实现,一般用短路线,也叫匹配支节,有单支节匹配、双支节匹配和三支节匹配等。

单支节匹配器是在离终端适当位置上并联一可调短路线构成,如图 1-37 所示,调节支节距负载的位置 d 和支节的长度 l,使得 AA′左边主传输线达到匹配。

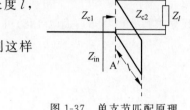

匹配原理:虽然传输线不匹配,但在线上总可以找到这样一点,其归一化电导为 1,即

$$y_1 = 1 \pm jb$$

在该位置处并联一个大小相等、性质相反的电纳

$$y_2 = \mp jb$$

图 1-37 单支节匹配原理

就可以抵消 y_1 的电纳分量,使该处的总归一化导纳为

$$y_{in} = y_1 + y_2 = 1$$

从而达到阻抗匹配。

例 1-10 无耗传输线的特性阻抗为 50Ω,终端负载阻抗为 $Z_l = (25 + j75)\,\Omega$,拟采用单支节匹配,求支节距负载的位置 d 和长度 l。

解: 因为从终端算起,所以在圆图上是顺时针方向旋转。

(1)首先求负载的归一化导纳:

$$y_l = \frac{Z_c}{Z_l} = 0.2 - j0.6$$

在阻抗圆图上找到相应的点 y_l,如图 1-38 所示,读取其电长度刻度为 0.412,过 y_l 作等反射系数 $|\Gamma|$ 圆。

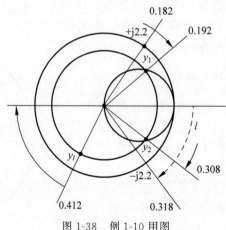

图 1-38 例 1-10 用图

(2)作匹配圆 $g = 1$(即单位圆),交等 $|\Gamma|$ 圆于 y_1、y_2 两点。

(3)求支节位置 d。由圆图读得

$y_1 = 1 + j2.2$,相应电长度为 0.192;

$y_2 = 1 - j2.2$,相应电长度为 0.308。

由此求得

$$d_1 = [(0.5 - 0.412) + 0.192]\lambda = 0.28\lambda$$

$$d_2 = [(0.5 - 0.412) + 0.308]\lambda = 0.396\lambda$$

（4）求支节长度 l。

短路支节的归一化输入导纳为 $y'=\mp\mathrm{j}b$，找到两点 $y'=\mp\mathrm{j}2.2$（其实部为 0，圆图上对应最外层大圆，这个大圆与电纳圆 $\mp\mathrm{j}2.2$ 分别交于两点，分别连接中心点与这两点得）：

$$y'_1=-\mathrm{j}2.2 \quad 电刻度为 0.318$$
$$y'_2=\mathrm{j}2.2 \quad 电刻度为 0.182$$

于是得到短路支节的长度为

$$l_1=(0.318-0.25)\lambda=0.068\lambda$$
$$l_2=(0.182+0.25)\lambda=0.432\lambda$$

$$\begin{cases} d_1=0.28\lambda \\ l_1=0.068\lambda \end{cases} \quad \begin{cases} d_2=0.396\lambda \\ l_2=0.432\lambda \end{cases}$$

注意：短路支节的起点要从右端点 0.25 开始。

单支节匹配的优点在于简单；缺点是短截线的位置需要调节，一般比较麻烦，而且频带窄。

1.6.5 多支节匹配

为了克服单支节匹配的缺点，可采用如图 1-39 所示的双支节匹配。双支节匹配的两个短路短截线的位置 d_1 和 d_2 是固定的，d_1 的长度可以适当选取，d_2 的长度一般取 $\lambda/8$、$\lambda/4$、$3\lambda/8$ 等。调节两个短截线的长度 l_1、l_2，可以获得系统匹配。

下面结合图 1-40 所示的导纳圆图来说明双支节匹配原理。为了得到系统匹配，应有 $y_b=1$，且需 $y_3=1+\mathrm{j}b_3$，即应使 y_3 落在导纳圆图的 $g_3=1$ 的电导圆上。如取 $l_2=\lambda/8$，此时就要求落在圆图中的 $\lambda/8$ 辅助圆上，这可通过调节 l_1 来实现。l_1、l_2 分别由 y_2、y_4 的值确定。如取 $l_2=\lambda/4$，则需通过 $\lambda/4$ 辅助圆来设计匹配。

双支节匹配不能用于对任意负载实现匹配，在 $d_2=\lambda/8$、$3\lambda/8$ 的情况下，若 $g_1>2$，则落在图 1-39 所示的阴影区域，就不能匹配；若 $g_1>1$，即 y_1 落在 $g_1>1$ 的圆内，此时 y_a 不可能与辅助圆相交，也不能匹配。这些不可匹配区域称为盲区，这也是双支节匹配的缺点，可采用三支节、四支节短截线来匹配，这里不再赘述。

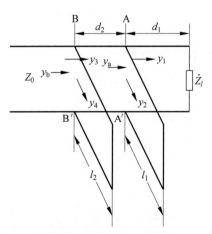

图 1-39 双支节匹配示意图

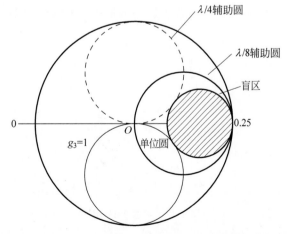

图 1-40 说明双支节匹配的导纳圆图

在微波工程中,还利用其他器件达到阻抗匹配的目的,如隔离器和衰减器等。

习　题

1-1 什么是行波?它有什么特点?在什么情况下会得到行波?什么是纯驻波?它有什么特点?在什么情况下会产生纯驻波?

1-2 传输线的总长为 $5\lambda/8$,终端开路,信号源内阻等于特性阻抗。终端电压为 $150\angle45°$,试写出始端、与始端相距分别为 $\lambda/8$ 和 $\lambda/2$ 处电压瞬时值的表达式。

1-3 空气填充的同轴线,外导体内半径 b 与内导体外半径 a 之比分别为 $b/a=2.3$ 和 $b/a=3.2$,求同轴线的特性阻抗各为多少;若保持特性阻抗不变,但填充介质 $u_r=1$,$\varepsilon_r=2.25$,此时的 b/a 应为多少?

1-4 传输线的特性阻抗为 Z_c,驻波比为 ρ,终端负载为 Z_l,第一个电压最小点距终端的距离为 $Z_{\min}$,试求负载 Z_l 的表达式。

1-5 设 Z_{is} 为传输线终端短路时的输入阻抗,Z_{io} 为终端开路时的输入阻抗,Z_c 为传输线特性阻抗,试证 $Z_c=\sqrt{Z_{io}Z_{is}}$。

1-6 如图 1-41 所示,当传输线上所接负载 $Z_l=\infty$ 时,试求图中传输线输入端 AA′ 的输入阻抗和输入端反射系数的模。

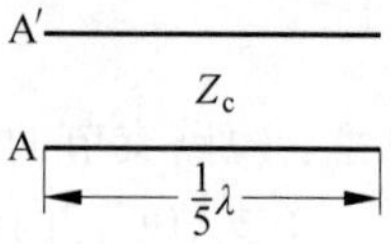

图 1-41　习题 1-6 用图

1-7 一架空双导线,导体半径 $d=1$mm,两导线中心距离 $D=5$mm,求特性阻抗。

1-8 一空气填充的同轴线长 $l=1$m,内导体外半径 $a=4.5$mm,外导体的内半径 $b=10$mm;工作频率 $f=2780$MHz,同轴线由良导体黄铜制成。试求同轴线的衰减常数 α;若线上的驻波比 $\rho=2$,求同轴线传输功率的效率 η。

1-9 在传输线始端并联一电抗元件,当信号频率为 200MHz 时,其容抗为 500Ω,问:若将线终端短路,线长 l 等于多少才能得到并联谐振特性?设传输线特性阻抗 $Z_c=50\Omega$。

1-10 特性阻抗为 Z_c 的均匀无耗传输线,终端接负载阻抗 Z_l,传输线的输入阻抗为 Z_{in},终端短路和开路时的输入阻抗分别为 Z_{sc} 和 Z_{oc},试证明归一化负载阻抗满足

$$Z_l = Z_{oc}\frac{Z_{in}-Z_{sc}}{Z_{oc}-Z_{in}}$$

1-11 设有一无耗传输线,终端接有负载 $Z_1=(40-j30)\Omega$,要使传输线上驻波比最小,则该传输线的特性阻抗应取多少?

1-12 如图 1-42 所示,主线和支线特性阻抗为 Z_c,并联短路线跨接在主线上,欲使主线达到行波状态,负载阻抗 Z_l 和支路长度 l 应取何值?

1-13 如图 1-43 所示,主线与支线的特性阻抗均为 Z_c,$R_1=\dfrac{2}{3}Z_c$,$R_2=\dfrac{1}{3}Z_c$,试求 AB 段的工作状态。

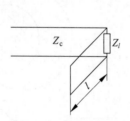

图 1-42　习题 1-12 用图

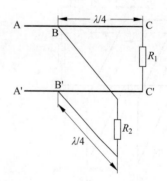

图 1-43　习题 1-13 用图

1-14 传输线如图 1-44 所示,主线上 BB′点接有一段 $\lambda/2$ 终端开路线,连接点 B 是终端开路线上的任意一点,分析该传输线的电路特性。

1-15 传输线特性阻抗为 50Ω,电压波节点的输入阻抗为 25Ω,终端为电压波腹,求终端反射系数 Γ_l 及负载阻抗 Z_l。

1-16 传输线等效电路如图 1-45 所示,若各段传输线的特性阻抗均为 $Z_c=200\Omega$,$R_1=100\Omega$,CD 段是 $\lambda/4$ 短路线测量计,短路端所接电流表的内阻忽略不计,测得电流有效值为 0.1A,画出传输线上电压、电流有效值的分布。

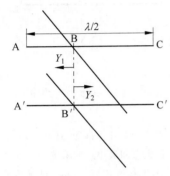

图 1-44 习题 1-14 用图

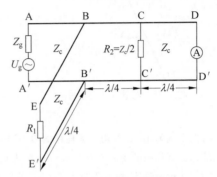

图 1-45 习题 1-16 用图

1-17 传输线终端负载处的反射系数分别为 $0.5\angle45°$、$0.35\angle30°$、$0.1\angle0°$,试求归一化的负载阻抗。

1-18 如图 1-46 所示,求 AA′端的输入阻抗和反射系数的模。

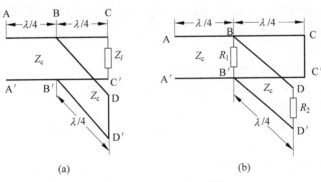

(a)   (b)

图 1-46 习题 1-18 用图

1-19 信号源 $E_g=100V$,内阻 $R_g=50\Omega$,$R_1=15\Omega$,$R_2=35\Omega$,如图 1-47 所示。试画出主线上电压、电流幅值分布图,并求出 R_2 吸收的功率。

1-20 如图 1-48 所示,主线各段特性阻抗分别为 $Z_c=50\Omega$、$Z_{c1}=80\Omega$、$Z_{c2}=70.7\Omega$,支线的特性阻抗为 $Z_c=50\Omega$,负载阻抗 $Z_l=100\Omega$。试画出主线上的电压、电流振幅分布曲线。令输入端电压、电流幅度分别为 U_A、I_A。

1-21 一个特性阻抗 Z_c 为 50Ω 的传输线,已知线上某位置的输入阻抗 $Z_{in}=(50+j47.7)\Omega$,试求该处的反射系数 Γ。

1-22 已知传输线的特性阻抗 Z_c 为 50Ω,终端负载阻抗 $Z_l=(30+j10)\Omega$,试求距离终端负载 $\lambda/3$ 处的输入阻抗 Z_{in}。

1-23 一个特性阻抗 Z_c 为 50Ω 的传输线,已知终端负载 $Z_l=(100-j75)\Omega$,问在距离终端多远处向负载方向看去的输入阻抗为 $Z_{in}=50+jX$。

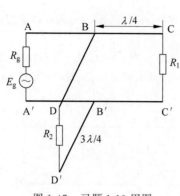

图 1-47 习题 1-19 用图

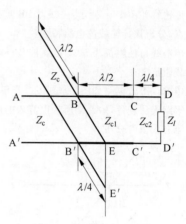

图 1-48 习题 1-20 用图

1-24 在特性阻抗为 100Ω 的均匀无耗传输线上,测得驻波比为 3,两电压最小点间距 Δl 为 50mm,第一电压最大点到负载的距离 l 为 12.5mm,试求负载阻抗及电压最大点和最小点的阻抗。

1-25 一均匀无耗传输线,特性阻抗为 75Ω,负载阻抗为 $(50+j30)\Omega$,工作波长为 30cm。试求传输线上的驻波比与负载反射系数,以及在距离负载 6cm 处的输入阻抗。

1-26 一终端短路的均匀无耗传输线,在始端某处的归一化输入导纳为 $-j1.25S$,试求该处到终端的距离。

1-27 已知特性阻抗为 $Z_c = 50\Omega$ 的同轴线上的驻波比 $\rho = 1.5$,第一个电压最小点距负载为 $z_{\min 1} = 10mm$,相邻两波节点之间距离为 50mm,求负载阻抗。

1-28 已知传输线的特性阻抗 $Z_c = 75\Omega$,工作波长 $\lambda = 30cm$,终端负载阻抗 $Z_l = (50+j30)\Omega$,试求:

(1) 负载在阻抗圆图上的对应点;

(2) 线上的驻波比 ρ;

(3) 距离终端 $l = 21cm$ 处的参考面 T 上的输入阻抗 Z_{in} 的值。

1-29 无耗同轴线的特性阻抗 $Z_c = 50\Omega$,负载阻抗 $Z_l = 100\Omega$,工作频率 $f = 2GHz$,选用 $\lambda/4$ 线进行匹配,求 $\lambda/4$ 线的长度及特性阻抗。

1-30 传输线终端的负载导纳 $Y_l = (0.0425+j0.0175)S$,用并联短路单支节进行匹配,主线和支线的特性阻抗均为 400Ω,求支线的位置和长度。

1-31 传输线的终端负载为 $(100-j50)\Omega$,(1) 用 $\lambda/4$ 线进行匹配,求线的特性阻抗 Z_c 和接入位置;(2) 用并联短路单支节进行匹配,主线和支线的特性阻抗均为 50Ω,试求支线的位置和长度。

1-32 特性阻抗 $Z_0 = 100\Omega$ 的无耗线,终端接 $Z_l = (50+j150)\Omega$ 的负载,如利用串联单支节匹配,求支节的接入位置 d 和长度 l。

1-33 已知双导线的特性阻抗 $Z_c = 400\Omega$,负载阻抗 $Z_l = 600\Omega$,采用双支节匹配,两支节间距 $d_2 = \lambda/8$,第一个支节距离负载 $d_1 = 0.1\lambda$,求两个支节的长度 l_1 和 l_2。

1-34 已知归一化负载阻抗 $Z_l = (3+j3.25)\Omega$,线长 $l = 0.6\lambda$,衰减量 $al = 0.1Np$,求归一化输入阻抗 Z_{in}。

1-35 试推出均匀有耗传输线反射系数的表达式,并比较与均匀无耗传输线反射系数的异同点。

第2章 规则波导

在微波波段使用的传输线有各种形式,如双导线、同轴线、空心金属管、微带线、介质波导等,它们的作用一样,都是引导电磁波沿着一定的方向传播,因此广义上都可称为"波导"。从功能角度来讲,波导和传输线的意义是相同的。第1章"传输线理论"讨论的是微波传输线在 z 方向上所表现出来的"共性",入射波和反射波概括了传输的一切可能,其比值取决于边界条件;这里讨论的"规则波导理论"从场的角度深入分析规则波导的传输特性。

规则波导是指横截面几何形状、尺寸和所填充媒质在其轴线方向都不改变的无限长均匀直波导。最常用的是矩形波导和圆波导。在这里"无限长"是一个抽象的物理模型,其意义在于波导工作于行波状态,在实际应用中即为终端接匹配负载。

规则波导具有结构简单、牢固、损耗小、功率容量大等优点,且适用频段范围很宽,从L波段到F波段,甚至R波段都适用。规则波导已经被大量用于通信、雷达等系统。

规则波导理论不仅用于分析各类波导传输线,而且是以后分析微波谐振腔和其他由规则波导构成的微波元件的理论基础。

本章首先介绍规则波导的一般理论,然后详细分析矩形波导、圆柱波导、同轴线,以及各自主要传播模式的传输特性和尺寸设计方法,最后简单介绍脊波导、椭圆波导、鳍线等特殊波导。

2.1 规则波导传输的一般理论

图 2-1 是具有任意横截面的规则波导。当电磁波在波导中传播时,其一般分析方法是

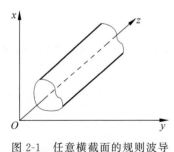

图 2-1 任意横截面的规则波导

求解满足边界条件的 Maxwell 方程组。规则波导壁是理想导体,电导率 $\sigma \to \infty$,波导内为无源空间,并充有无耗理想媒质,其介电常数和磁导率分别为 $\varepsilon = \varepsilon_r \varepsilon_0$,$\mu = \mu_r \mu_0$。电场强度矢量和磁场强度矢量满足波动方程

$$\nabla^2 \boldsymbol{E} + K^2 \boldsymbol{E} = 0 \tag{2-1}$$

$$\nabla^2 \boldsymbol{H} + K^2 \boldsymbol{H} = 0 \tag{2-2}$$

式中,

$$K = \omega \sqrt{\mu \varepsilon} = 2\pi/\lambda \tag{2-3}$$

是电磁波在无限大媒质中传播时的传播常数,又称波数。式(2-1)和式(2-2)是从 Maxwell 方程组推导出来的无源区的波动方程。三维正交坐标系中的拉普拉斯算子 ∇^2 可以写为

$$\nabla^2 = \nabla_t^2 + \nabla_z^2 \tag{2-4}$$

在直角坐标系中

$$\boldsymbol{\nabla}^2 = \frac{\partial^2}{\partial x^2} + \frac{\partial^2}{\partial y^2} + \frac{\partial^2}{\partial z^2} \tag{2-5}$$

式(2-1)和式(2-2)是两个矢量方程,分解在三维正交坐标系中,就是 6 个标量方程,可以用边界条件确定各有关常数,这是很烦琐的。实际上,电场强度矢量 $\boldsymbol{E}$ 和磁场强度矢量 $\boldsymbol{H}$ 的各个分量彼此并非完全独立,而是通过 Maxwell 方程相联系,求解这类问题通常采用纵向场法。下面首先介绍求解规则波导波动方程的分离变量法。

2.1.1 分离变量法

在规则波导中,可以认为场量($\boldsymbol{E}$ 和 $\boldsymbol{H}$)在横截面上分量的分布规律与 z 无关,场量在 z 方向上分量的分布与横向坐标无关。这样,就可以把电场强度 $\boldsymbol{E}$ 和磁场强度 $\boldsymbol{H}$ 写成分离变量的形式

$$\boldsymbol{E}(u,v,z) = \boldsymbol{E}_{\mathrm{t}}(u,v) E_z \hat{z} \tag{2-6}$$

$$\boldsymbol{H}(u,v,z) = \boldsymbol{H}_{\mathrm{t}}(u,v) H_z \hat{z} \tag{2-7}$$

其中,下标 t 在直角坐标系中是 x 向和 y 向,在柱坐标系中是 r 向和 ϕ 向。$\boldsymbol{E}_{\mathrm{t}}(u,v)$ 仅是横向坐标 (u,v) 的函数,它表示电场在横截面上的分布状态,决定波型(也叫模式、模)。$E_z(z)$ 仅是纵向坐标 z 的函数,表示场沿传播方向(z 向)的传播规律。关于 $\boldsymbol{H}$ 的公式也一样。

将式(2-4)和式(2-6)代入波动方程式(2-1),得到

$$-(\boldsymbol{\nabla}_{\mathrm{t}}^2 + K^2)\boldsymbol{E}_{\mathrm{t}}(u,v) E_z(z) = \boldsymbol{E}_{\mathrm{t}}(u,v)\,\boldsymbol{\nabla}_z^2 E_z(z) \tag{2-8}$$

即

$$-\frac{(\boldsymbol{\nabla}_{\mathrm{t}}^2 + K^2)\boldsymbol{E}_{\mathrm{t}}(u,v)}{\boldsymbol{E}_{\mathrm{t}}(u,v)} = \frac{\boldsymbol{\nabla}_z^2 E_z(z)}{E_z(z)} \tag{2-9}$$

该方程右边是关于函数 $E_z(z)$ 的运算,左边是关于另一个函数 $\boldsymbol{E}_{\mathrm{t}}(u,v)$ 的运算,要使两个不同的函数值相等,则它们必定都为一个常数,设这个常数为 γ^2,则有

$$\frac{1}{E_z(z)}\frac{\partial^2 E_z(z)}{\partial z^2} = \gamma^2 \tag{2-10}$$

其通解为

$$E_z(z) = A^+\,\mathrm{e}^{-\gamma z} + A^-\,\mathrm{e}^{\gamma z} \tag{2-11}$$

第一项是向 $+z$ 方向传播的波,第二项是向 $-z$ 方向传播的波,A^+ 和 A^- 分别是各自的复振幅,由边界条件确定;γ 是传播常数。

2.1.2 纵向场法求波动方程

纵向场法的基本思想是,首先求解纵向场的波动方程,然后通过横向场与纵向场之间的关系来求得横向场分量,从而得到全部场分量表达式。

1. 纵向场分量的波动方程

在规则波导中沿 $+z$ 方向传播的电磁波,在具体坐标系中,可以将场分量分解为横向矢量和纵向矢量之和:

$$\boldsymbol{E} = \boldsymbol{E}_t + \hat{z}\,E_z \tag{2-12}$$

$$\boldsymbol{H} = \boldsymbol{H}_t + \hat{z}H_z \tag{2-13}$$

将式(2-12)代入波动方程式(2-1),得到关于 E_z 的波动方程

$$\boldsymbol{\nabla}^2 E_z + K^2 E_z = 0 \tag{2-14}$$

因为

$$\boldsymbol{\nabla}^2 = \boldsymbol{\nabla}_t^2 + \frac{\partial^2}{\partial z^2} \tag{2-15}$$

所以式(2-14)可以写为

$$\left(\boldsymbol{\nabla}_t^2 + \frac{\partial^2}{\partial z^2}\right) E_z + K^2 E_z = 0 \tag{2-16}$$

由式(2-11)得

$$\frac{\partial^2}{\partial z^2} = \gamma^2 \tag{2-17}$$

所以

$$\boldsymbol{\nabla}_t^2 E_z + (\gamma^2 + K^2) E_z = 0 \tag{2-18}$$

令

$$\gamma^2 + K^2 = K_c^2 \tag{2-19}$$

则

$$\boldsymbol{\nabla}_t^2 E_z + K_c^2 E_z = 0 \tag{2-20}$$

得到关于纵向场 E_z 的波动方程。K_c 叫作截止波数,由具体波导的物理尺寸决定。同理,可以得到关于纵向场 H_z 的波动方程

$$\boldsymbol{\nabla}_t^2 H_z + K_c^2 H_z = 0 \tag{2-21}$$

2. 横向场分量与纵向场分量的关系

首先分析这样一个矢量运算

$$\hat{z} \times (\boldsymbol{\nabla} \times \boldsymbol{E}) = \hat{z} \times \left[\left(\boldsymbol{\nabla}_t + \hat{z}\frac{\partial}{\partial z}\right) \times (\boldsymbol{E}_t + \hat{z}E_z)\right] \tag{2-22}$$

$$= \hat{z} \times \left[\boldsymbol{\nabla}_t \times \boldsymbol{E}_t + \boldsymbol{\nabla}_t E_z \times \hat{z} + \hat{z} \times \frac{\partial \boldsymbol{E}_t}{\partial z}\right]$$

由矢量运算

$$\boldsymbol{A} \times (\boldsymbol{B} \times \boldsymbol{C}) = (\boldsymbol{A} \cdot \boldsymbol{C})\boldsymbol{B} - (\boldsymbol{A} \cdot \boldsymbol{B})\boldsymbol{C} \tag{2-23}$$

式(2-22)右边括号中的 3 项分别为

$$\hat{z} \times (\boldsymbol{\nabla}_t \times \boldsymbol{E}_t) = (\hat{z} \cdot \boldsymbol{E}_t)\boldsymbol{\nabla}_t - (\hat{z} \cdot \boldsymbol{\nabla}_t)\boldsymbol{E}_t = 0$$

$$\hat{z} \times (\boldsymbol{\nabla}_t E_z \times \hat{z}) = (\hat{z} \cdot \hat{z})\boldsymbol{\nabla}_t E_z - (\hat{z} \cdot \boldsymbol{\nabla}_t E_z)\times\hat{z} = \boldsymbol{\nabla}_t E_z$$

$$\hat{z} \times \left(\hat{z} \times \frac{\partial \boldsymbol{E}_t}{\partial z}\right) = \left(\hat{z} \cdot \frac{\partial \boldsymbol{E}_t}{\partial z}\right)\hat{z} - (\hat{z} \cdot \hat{z})\frac{\partial \boldsymbol{E}_t}{\partial z} = -\frac{\partial \boldsymbol{E}_t}{\partial z}$$

所以式(2-22)可化简为

$$\hat{z} \times (\boldsymbol{\nabla} \times \boldsymbol{E}) = \nabla_t E_z - \frac{\partial \boldsymbol{E}_t}{\partial z} \tag{2-24}$$

由式(2-11),取沿 $+z$ 方向的解 $A^+ e^{-\gamma z}$,有

$$\frac{\partial}{\partial z} = -\gamma \tag{2-25}$$

因此,式(2-24)又可以写为

$$\hat{z} \times (\mathbf{\nabla} \times \mathbf{E}) = \mathbf{\nabla}_t E_z + \gamma \mathbf{E}_t \tag{2-26}$$

将上式代入 Maxwell 方程

$$\mathbf{\nabla} \times \mathbf{E} = -\mathrm{j}\omega\mu\mathbf{H} \tag{2-27}$$

得

$$\mathbf{\nabla}_t E_z + \gamma \mathbf{E}_t = -\mathrm{j}\omega\mu\hat{z} \times \mathbf{H} = -\mathrm{j}\omega\mu\hat{z} \times \mathbf{H}_t \tag{2-28}$$

同理可得其对偶方程

$$\mathbf{\nabla}_t H_z + \gamma \mathbf{H}_t = \mathrm{j}\omega\varepsilon\hat{z} \times \mathbf{E}_t \tag{2-29}$$

如果求得纵向场 E_z 或者 H_z,那么由横向场与纵向场的关系式(2-28)和式(2-29),就可以确定横向场。下面讨论具体波型。

2.1.3 波型

规则波导中的波型有 4 种,即 E 波/TM 波、H 波/TE 波、EH 混合波型和 TEM 波。这里讨论的是具有因子 $\mathrm{e}^{\mathrm{j}\omega t}$ 的简谐场,因为 $\mathrm{d}(\mathrm{e}^{\mathrm{j}\omega t})/\mathrm{d}t = \mathrm{j}\omega\mathrm{e}^{\mathrm{j}\omega t}$,所以对求积分和微分运算很方便。

1. E 波/TM 波

E 波(电波)就是电场强度有 3 个分量、磁场强度只有横向分量的波型,即 $H_z = 0$,所以也叫 TM 波(横磁波)。

由式(2-29),得

$$\mathbf{H}_t = \frac{\mathrm{j}\omega\varepsilon}{\gamma}\hat{z} \times \mathbf{E}_t = \frac{1}{Z_{\mathrm{TM}}}\hat{z} \times \mathbf{E}_t \tag{2-30}$$

式中,定义

$$Z_{\mathrm{TM}} = \frac{\gamma}{\mathrm{j}\omega\varepsilon} \tag{2-31}$$

是 TM 波的波阻抗,表示横向电场与垂直于它的横向磁场之比。若波导无耗,则 $\gamma = \mathrm{j}\beta$,波阻抗为

$$Z_{\mathrm{TM}} = \frac{\beta}{\omega\varepsilon} \tag{2-32}$$

将式(2-30)代入式(2-28),得

$$\mathbf{\nabla}_t E_z + \gamma \mathbf{E}_t = -\frac{\omega^2\varepsilon\mu}{\gamma}\mathbf{E}_t \tag{2-33}$$

即

$$\mathbf{E}_t = -\frac{\gamma}{\gamma^2 + \omega^2\varepsilon\mu}\mathbf{\nabla}_t E_z \tag{2-34}$$

因为 $K = \omega\sqrt{\mu\varepsilon}$,所以由式(2-19)得

$$\mathbf{E}_t = -\frac{\gamma}{K_c^2}\mathbf{\nabla}_t E_z \tag{2-35}$$

如果求出了 TM 波的纵向电场强度 E_z,则由式(2-35)可以得到电场强度的横向分量,进而由式(2-30)可以得到磁场强度的横向分量,从而得到 TM 波的所有场分量。该方法对于任

何坐标系都适用。

在直角坐标系中,有

$$
\begin{cases}
E_x = -\dfrac{\gamma}{K_c^2}\dfrac{\partial E_z}{\partial x} \\[2mm]
E_y = -\dfrac{\gamma}{K_c^2}\dfrac{\partial E_z}{\partial y} \\[2mm]
H_x = \dfrac{j\omega\varepsilon}{K_c^2}\dfrac{\partial E_z}{\partial y} \\[2mm]
H_y = -\dfrac{j\omega\varepsilon}{K_c^2}\dfrac{\partial E_z}{\partial x}
\end{cases}
\tag{2-36}
$$

在柱坐标系中,有

$$
\begin{cases}
E_r = -\dfrac{\gamma}{K_c^2}\dfrac{\partial E_z}{\partial r} \\[2mm]
E_\varphi = -\dfrac{\gamma}{K_c^2}\dfrac{1}{r}\dfrac{\partial E_z}{\partial \varphi} \\[2mm]
H_r = \dfrac{j\omega\varepsilon}{K_c^2}\dfrac{1}{r}\dfrac{\partial E_z}{\partial \varphi} \\[2mm]
H_\varphi = -\dfrac{j\omega\varepsilon}{K_c^2}\dfrac{\partial E_z}{\partial r}
\end{cases}
\tag{2-37}
$$

因此,剩下的问题就是求解关于纵向场分量 E_z 的波动方程式(2-20)。

2. H 波/TE 波

H 波(磁波)就是磁场强度有 3 个分量,电场强度只有横向分量的波型,即 $E_z=0$,所以也叫 TE 波(横电波)。

利用电磁场的对偶原理或类似上述方法,可得到 H 波用纵向场分量表示的横向场分量表达式

$$
\boldsymbol{H}_t = -\frac{\gamma}{K_c^2}\nabla_t\boldsymbol{H}_z
\tag{2-38}
$$

$$
\boldsymbol{E}_t = -\frac{j\omega\mu}{\gamma}\hat{z}\times\boldsymbol{H}_t
\tag{2-39}
$$

$$
Z_{TE} = \frac{j\omega\mu}{\gamma}
\tag{2-40}
$$

Z_{TE} 是 TE 波的波阻抗。

将式(2-38)和式(2-39)在直角坐标系中展开,得

$$
\begin{cases}
E_x = -\dfrac{j\omega\mu}{K_c^2}\dfrac{\partial H_z}{\partial y} \\[2mm]
E_y = \dfrac{j\omega\mu}{K_c^2}\dfrac{\partial H_z}{\partial x} \\[2mm]
H_x = -\dfrac{\gamma}{K_c^2}\dfrac{\partial H_z}{\partial x} \\[2mm]
H_y = -\dfrac{\gamma}{K_c^2}\dfrac{\partial H_z}{\partial y}
\end{cases}
\tag{2-41}
$$

在柱坐标系中为

$$\begin{cases} E_r = -\dfrac{j\omega\mu}{K_c^2}\dfrac{1}{r}\dfrac{\partial H_z}{\partial \varphi} \\[3mm] E_\varphi = \dfrac{j\omega\mu}{K_c^2}\dfrac{\partial H_z}{\partial r} \\[3mm] H_r = -\dfrac{\gamma}{K_c^2}\dfrac{\partial H_z}{\partial r} \\[3mm] H_\varphi = -\dfrac{\gamma}{K_c^2}\dfrac{1}{r}\dfrac{\partial H_z}{\partial \varphi} \end{cases} \tag{2-42}$$

纵向场分量 H_z 由波动方程(2-21)求解。

3. 混合波型

对于纵向场分量均不为 0 的波型,其场分量是 TM 波和 TE 波场分量的叠加,叫作混合波型。例如,直角坐标系中 E_x 分量为

$$E_x = -\frac{1}{K_c^2}\left(j\omega\mu\frac{\partial H_z}{\partial y} + \gamma\frac{\partial E_z}{\partial x}\right) \tag{2-43}$$

由纵向场分量 E_z、H_z,用式(2-43)可求出横向场 E_x。用同样的方法可以得到 E_y、H_x、H_y 分量的表达式。

4. TEM 波

对于无纵向场分量的横电磁波,$E_z = 0$、$H_z = 0$,此方法中的表示式将变为不定式,横向场分量仍然需要求解二维波动方程

$$\begin{cases} \boldsymbol{\nabla}_t^2 \boldsymbol{E}(u,v) = 0 \\[2mm] \boldsymbol{\nabla}_t^2 \boldsymbol{H}(u,v) = 0 \end{cases} \tag{2-44}$$

实际上,当 $E_z = 0$、$H_z = 0$ 时,横向场分量的波动方程的求解变得极为容易。

以上讨论了电磁波在规则波导中传播时的横向问题。规则波导中有 4 种波型,亦称模式或模。下面讨论纵向问题,即传输特性。

2.1.4 传输特性

所谓传输特性是指电磁波在规则波导中传播时的传播常数、传输条件、相速度、群速、波导波长、波阻抗,以及传输功率、损耗、衰减等。

1. 传播常数

上面求出沿 z 方向传播的电磁波变化规律为

$$E_z(z) = A^+ e^{-\gamma z} + A^- e^{\gamma z}$$

上式右边两项,一个表示正向波,另一个表示反向波,其传播规律是相同的,与上一章传输线理论一样,参见式(1-10)。γ 是传播常数,一般情况下 γ 是复数,即

$$\gamma = \alpha + \mathrm{j}\beta \tag{2-45}$$

式中，α 为衰减常数；β 为相位常数。

2. 传输条件

在规则波导中可以传输 TM 波和 TE 波，但不是任意的规则波导都可以传播任意的 TM 波和 TE 波。无耗情况下，有

$$\gamma = \mathrm{j}\beta \tag{2-46}$$

代入式(2-19)，得

$$-\beta^2 + K^2 = K_c^2$$

即

$$\beta^2 = K^2 - K_c^2 \tag{2-47}$$

式中，K_c 由波导的几何尺寸和波型决定；波数 $K = \omega\sqrt{\mu\varepsilon}$ 与波导内填充的介质和工作频率有关。因此对于一定波导来说，相位常数 β 与工作频率有关。当频率变化时，有 3 种情况。

(1) $K > K_c$。这时 $\beta = \pm|\beta|$，即正负实数。这就是波导中所传播的正向行波和反向行波，所以 $K > K_c$ 是波导的传播条件。

根据波数、波长、频率之间的关系 $K = 2\pi/\lambda$，$f = v/\lambda (v = 1/\sqrt{\varepsilon\mu}$，是 TEM 波在无界空间的传播速度)，也可以写出由波长和频率表示的传输条件：

$$\begin{cases} K > K_c \\ \lambda < \lambda_c \\ f > f_c \end{cases} \tag{2-48}$$

式中，λ_c、f_c 分别为相应于 K_c 的截止波长和截止频率，由波导物理尺寸及其填充媒质决定。任意媒质中的工作波长与真空中的波长有这样的关系：

$$\lambda = \lambda_0/\sqrt{\varepsilon_r} \tag{2-49}$$

(2) $K < K_c$。由式(2-47)知 $\beta^2 < 0$，则 $\beta = \pm\mathrm{j}|\beta|$，即正负虚数。这时沿 z 向的变化规律 $A^+\mathrm{e}^{-\mathrm{j}\beta z}$ 的指数项变为实数，说明随 z 的增加，波的幅度或者衰减或者增大。但是已经假定是无耗媒质，而且随着波的传播，幅度不可能越来越大，所以 $K < K_c$ 是波导的截止状态。

(3) $K = K_c$。这时，$\beta^2 = 0$，这是传输状态与截止状态的分界点。

3. 相速度、群速和波导波长

与传输线理论类似，等相位面沿轴向移动的速度即为相速度

$$v_p = \frac{\mathrm{d}z}{\mathrm{d}t} = \frac{\omega}{\beta} \tag{2-50}$$

由式(2-47)，以及 $K = 2\pi/\lambda$，$K_c = 2\pi/\lambda_c$，$\omega = 2\pi f = 2\pi v/\lambda$，得

$$v_p = \frac{v}{\sqrt{1 - (\lambda/\lambda_c)^2}} \tag{2-51}$$

在传输条件 $\lambda < \lambda_c$ 下，相速度 $v_p > v$。

由式(2-51)可见，相速度与工作波长 λ 有关，也就是与工作频率 f 有关。在电磁场理论中已经知道，相速度与频率有关的媒质是色散媒质。但是这里"相速度与工作频率 f 有关"

的原因不是媒质产生的,而是由波导本身的边界条件所产生的,这里沿用"色散"这个概念。把这种相速度与工作频率 f 有关的波型叫作色散波型,TE 波和 TM 波是色散波型。

当 $\lambda_c = \infty$ 时,$v_p = v$,为 TEM 波的相速度,与工作频率无关,所以 TEM 波是非色散波型。

根据群速的定义

$$v_g = \frac{\mathrm{d}\omega}{\mathrm{d}\beta} \tag{2-52}$$

由式(2-47)得

$$\beta = \sqrt{\omega^2 \mu \varepsilon - K_c^2} \tag{2-53}$$

$$\frac{\mathrm{d}\beta}{\mathrm{d}\omega} = \frac{1}{2} \frac{2\omega\varepsilon\mu}{\sqrt{K^2 - K_c^2}} = \frac{K^2/\omega}{\sqrt{K^2 - K_c^2}} = \frac{v_p}{v^2}$$

于是

$$v_g = \frac{v^2}{v_p} = v\sqrt{1 - (\lambda/\lambda_c)^2} \tag{2-54}$$

在传输条件下 $\lambda < \lambda_c$,$v_g < v$,而且

$$v_g v_p = v^2 \tag{2-55}$$

对于 TEM 波,$v_g = v_p = v$。当频带较窄时,群速就是能量的传播速度 $v_g = v_e$。

波导波长是电磁波在波导内沿轴向传播时,相邻两个同相位点的距离,相速度决定波导波长,即

$$\lambda_g = \frac{v_p}{f} = \frac{\lambda}{\sqrt{1 - (\lambda/\lambda_c)^2}} \tag{2-56}$$

由波导波长可以计算相位常数

$$\beta = \frac{2\pi}{\lambda_g} = \frac{2\pi}{\lambda}\sqrt{1 - \left(\frac{\lambda}{\lambda_c}\right)^2} \tag{2-57}$$

4. 波阻抗/波型阻抗

在前面曾经对 TM 波和 TE 波分别定义了波阻抗

$$Z_{TM} = \frac{\gamma}{\mathrm{j}\omega\varepsilon}, \quad Z_{TE} = \frac{\mathrm{j}\omega\mu}{\gamma}$$

对于无耗波导 $\gamma = \mathrm{j}\beta$,将式(2-57)代入以上波阻抗公式,得

$$Z_{TM} = \frac{\beta}{\omega\varepsilon} = \sqrt{\frac{\mu}{\varepsilon}}\sqrt{1 - (\lambda/\lambda_c)^2} = \sqrt{\frac{\mu}{\varepsilon}}\frac{\lambda}{\lambda_g} \tag{2-58}$$

$$Z_{TE} = \frac{\omega\mu}{\beta} = \sqrt{\frac{\mu}{\varepsilon}} \bigg/ \sqrt{1 - (\lambda/\lambda_c)^2} = \sqrt{\frac{\mu}{\varepsilon}}\frac{\lambda_g}{\lambda} \tag{2-59}$$

在传输状态下 $\lambda < \lambda_c$,波阻抗为实数,相当于一个纯电阻,传播行波,说明波导传输能量;在传输截止状态下 $\lambda > \lambda_c$,波阻抗为虚数,相当于一个纯电抗,波导不传输能量,成为存储能量的元件。

TEM 波的波阻抗是个特例,它也是电磁波在均匀无耗媒质中的波阻抗

$$Z_{\mathrm{TEM}} = \sqrt{\frac{\mu}{\varepsilon}} = \eta \tag{2-60}$$

已知波导中的场分量,便可计算出传输功率、损耗、衰减等,这些参量在下面分析具体波导的波型时再作详细讨论。

2.2 矩形波导

矩形波导是横截面为矩形的空心金属波导管,如图 2-2 所示。宽壁和窄壁边长分别为 a、b,设波导中所填充媒质的介电常数、磁导率和电导率分别为 ε、μ、σ。一般认为波导管是理想导体,其电导率无穷大,而且填充媒质是无耗的。

建立如图 2-2 所示直角坐标系,波沿 $+z$ 方向传播。根据上一节的纵向场法,再结合矩形波导的边界条件,便可求得矩形波导中的场分量表示式。

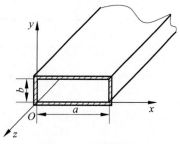

图 2-2 矩形波导

2.2.1 矩形波导中的 TM 波

TM 波的纵向磁场强度为 0,即 $H_z = 0$。由式(2-20),纵向电场满足波动方程

$$\nabla_t^2 E_z + K_c^2 E_z = 0 \tag{2-61}$$

在直角坐标系中

$$\frac{\partial^2 E_z}{\partial x^2} + \frac{\partial^2 E_z}{\partial y^2} + K_c^2 E_z = 0 \tag{2-62}$$

利用分离变量法,设

$$E_z = X(x)Y(y)\mathrm{e}^{-\mathrm{j}\beta z} \tag{2-63}$$

代入式(2-62),得

$$-\frac{1}{X}\frac{\partial^2 X}{\partial x^2} - \frac{1}{Y}\frac{\partial^2 Y}{\partial y^2} = K_c^2 \tag{2-64}$$

式(2-64)左端两项分别仅对 $X(x)$,$Y(y)$ 作运算,且为一常数 K_c^2,故有

$$\frac{1}{X}\frac{\partial^2 X}{\partial x^2} + K_x^2 = 0 \tag{2-65}$$

$$\frac{1}{Y}\frac{\partial^2 Y}{\partial y^2} + K_y^2 = 0 \tag{2-66}$$

且

$$K_x^2 + K_y^2 = K_c^2 \tag{2-67}$$

式(2-65)和式(2-66)的解为

$$X = c_1 \sin K_x x + c_2 \cos K_x x \tag{2-68}$$

$$Y = c_3 \sin K_y y + c_4 \cos K_y y \tag{2-69}$$

也可以写成下面的形式：

$$X = A\cos(K_x x + \varphi_x) \tag{2-70}$$

$$Y = B\cos(K_y y + \varphi_y) \tag{2-71}$$

当考虑纵向行波传输规律时，E_z 的通解为

$$E_z(x,y,z) = X(x)Y(y)E(z) = E_0\cos(K_x x + \varphi_x)\cos(K_y y + \varphi_y)e^{-j\beta z} \tag{2-72}$$

其中，$E_0 = AB$。其余 4 个待定常数 φ_x、φ_y、K_x 和 K_y，由边界条件，即金属壁的切向电场强度为 0 求得。

$x = 0$	$E_z = 0$	$\varphi_x = \dfrac{\pi}{2}$
$x = a$	$E_z = 0$	$K_x = \dfrac{m\pi}{a}$
$y = 0$	$E_z = 0$	$\varphi_y = \dfrac{\pi}{2}$
$y = b$	$E_z = 0$	$K_y = \dfrac{n\pi}{b}$

于是

$$E_z = E_0\sin\left(\frac{m\pi}{a}x\right)\sin\left(\frac{n\pi}{b}y\right)e^{-j\beta z} \tag{2-73}$$

E_0 是纵向电场的振幅，由激励条件决定，它对场分量之间的关系和场分布没有影响。

将纵向场表示式(2-73)代入式(2-36)，得到 E 波横向场分量表示式

$$\begin{cases} E_x = -\dfrac{j\beta}{K_c^2}\dfrac{m\pi}{a}E_0\cos\left(\dfrac{m\pi}{a}x\right)\sin\left(\dfrac{n\pi}{b}y\right)e^{-j\beta z} \\[3mm] E_y = -\dfrac{j\beta}{K_c^2}\dfrac{n\pi}{b}E_0\sin\left(\dfrac{m\pi}{a}x\right)\cos\left(\dfrac{n\pi}{b}y\right)e^{-j\beta z} \\[3mm] H_x = \dfrac{j\omega\varepsilon}{K_c^2}\dfrac{n\pi}{b}E_0\sin\left(\dfrac{m\pi}{a}x\right)\cos\left(\dfrac{n\pi}{b}y\right)e^{-j\beta z} \\[3mm] H_y = -\dfrac{j\omega\varepsilon}{K_c^2}\dfrac{m\pi}{a}E_0\cos\left(\dfrac{m\pi}{a}x\right)\sin\left(\dfrac{n\pi}{b}y\right)e^{-j\beta z} \end{cases} \tag{2-74}$$

其中，$m = 1,2,3,\cdots$；$n = 1,2,3,\cdots$，对应波型以 TM_{mn} 或 E_{mn} 表示，从而得到波导中 6 个全部场分量的解。其截止波数为

$$K_c^2 = K_x^2 + K_y^2 = \left(\frac{m\pi}{a}\right)^2 + \left(\frac{n\pi}{b}\right)^2 \tag{2-75}$$

2.2.2　矩形波导中的 TE 波

TE 波的纵向电场强度为 0，即 $E_z = 0$。纵向磁场满足方程

$$\boldsymbol{\nabla}_t^2 H_z + K_c^2 H_z = 0 \tag{2-76}$$

即

$$\frac{\partial^2 H_z}{\partial x^2} + \frac{\partial^2 H_z}{\partial y^2} + K_c^2 H_z = 0 \tag{2-77}$$

用分离变量法,得到 H_z 的通解

$$H_z = H_0 \cos(K_x x + \varphi_x) \cos(K_y y + \varphi_y) e^{-j\beta z} \qquad (2\text{-}78)$$

由 TE 波型的横向磁场分量与纵向场分量的关系式(2-38),有

$$\boldsymbol{H}_t = -\frac{j\beta}{K_c^2} \boldsymbol{\nabla}_t H_z = -\frac{j\beta}{K_c^2} \left(\hat{x} \frac{\partial}{\partial x} + \hat{y} \frac{\partial}{\partial y} \right) H_z \qquad (2\text{-}79)$$

从而得到磁场横向场分量表达式

$$H_x = -\frac{j\beta}{K_c^2} \frac{\partial H_z}{\partial x} = \frac{j\beta}{K_c^2} H_0 K_x \sin(K_x x + \varphi_x) \cos(K_y y + \varphi_y) e^{-j\beta z} \qquad (2\text{-}80)$$

$$H_y = -\frac{j\beta}{K_c^2} \frac{\partial H_z}{\partial y} = \frac{j\beta}{K_c^2} H_0 K_y \cos(K_x x + \varphi_x) \sin(K_y y + \varphi_y) e^{-j\beta z} \qquad (2\text{-}81)$$

4 个待定常数由金属壁的法向磁场为 0 边界条件求得:

$x = 0$	$H_x = 0$	$\varphi_x = 0$
$x = a$	$H_x = 0$	$K_x = \dfrac{m\pi}{a}$
$y = 0$	$H_y = 0$	$\varphi_y = 0$
$y = b$	$H_y = 0$	$K_y = \dfrac{n\pi}{b}$

所以

$$H_z(x, y, z) = H_0 \cos\left(\frac{m\pi}{a}x\right) \cos\left(\frac{n\pi}{b}y\right) e^{-j\beta z} \qquad (2\text{-}82)$$

由式(2-80)、式(2-81),以及式(2-39)得到所有横向场分量表示式,也可以由式(2-41)计算横向场分量

$$\begin{cases} H_x = \dfrac{j\beta}{K_c^2}\left(\dfrac{m\pi}{a}\right) H_0 \sin\left(\dfrac{m\pi}{a}x\right) \cos\left(\dfrac{n\pi}{b}y\right) e^{-j\beta z} \\[2mm] H_y = \dfrac{j\beta}{K_c^2}\left(\dfrac{n\pi}{b}\right) H_0 \cos\left(\dfrac{m\pi}{a}x\right) \sin\left(\dfrac{n\pi}{b}y\right) e^{-j\beta z} \\[2mm] E_x = \dfrac{j\omega\mu}{K_c^2}\left(\dfrac{n\pi}{b}\right) H_0 \cos\left(\dfrac{m\pi}{a}x\right) \sin\left(\dfrac{n\pi}{b}y\right) e^{-j\beta z} \\[2mm] E_y = -\dfrac{j\omega\mu}{K_c^2}\left(\dfrac{m\pi}{a}\right) H_0 \sin\left(\dfrac{m\pi}{a}x\right) \cos\left(\dfrac{n\pi}{b}y\right) e^{-j\beta z} \end{cases} \qquad (2\text{-}83)$$

其截止波数仍然是式(2-75)。

2.2.3 矩形波导中的波型

1. 波型

分析以上求出的 TM 波和 TE 波的场分量表示式,可以看出:

(1) 模式指数 m、n 分别表示场沿宽壁和窄壁分布的半驻波数,也是半周期数。一组 m、n 对应一个 TM 和 TE 波型,分别记为 TM_{mn}(或 E_{mn})、TE_{mn}(或 H_{mn})。

(2) 对于 TM_{mn} 波型,m、n 值均不能为 0,因为只要其中一个为 0,将导致场的消失,故

TM_{11} 波是 TM 波中的最低次波型。

（3）对于 TE_{mn} 波型，m 或 n 可以取 0，但是不能同时为 0，最低次波型是 TE_{10} 模（$a>b$），TE_{10} 模也是矩形波导所有波型中最低次的，叫作主模，其他波型叫作高次模。

（4）矩形波导中可能传播的波型是 TE_{m0}、TE_{0n}、TE_{mn}、TM_{mn}（m、n 均不为 0）。

（5）沿 z 向是行波，有实功率传输；沿 x、y 向是驻波，是虚功率，只存储能量。

2. 截止波长和简并波型

由式（2-75），TE、TM 波的截止波长和截止频率分别为

$$\lambda_c = \frac{2\pi}{K_c} = \frac{2}{\sqrt{\left(\dfrac{m}{a}\right)^2 + \left(\dfrac{n}{b}\right)^2}} \tag{2-84}$$

$$f_c = \frac{v}{\lambda_c} = \frac{v}{2}\sqrt{\left(\frac{m}{a}\right)^2 + \left(\frac{n}{b}\right)^2} = \frac{1}{2\sqrt{\mu\varepsilon}}\sqrt{\left(\frac{m}{a}\right)^2 + \left(\frac{n}{b}\right)^2} \tag{2-85}$$

表 2-1 列出部分波型的截止波长公式及横截面尺寸为 $a=7.2\mathrm{cm}$、$b=3.4\mathrm{cm}$ 的矩形波导（BJ-32）中各波型的截止波长，图 2-3 画出了其截止波长分布。

表 2-1　矩形波导中部分波型的截止波长

波型	TE_{10}	TE_{20}	TE_{30}	TE_{01}	TE_{02}	$\mathrm{TE}_{11}\ \mathrm{TM}_{11}$	$\mathrm{TE}_{12}\ \mathrm{TM}_{12}$
截止波长	$2a$	a	$\dfrac{2}{3}a$	$2b$	b	$\dfrac{2a}{\sqrt{1+\left(\dfrac{a}{b}\right)^2}}$	$\dfrac{2a}{\sqrt{1+\left(\dfrac{2a}{b}\right)^2}}$
λ_c/cm BJ-32	14.4	7.2	4.8	6.8	3.4	6.15	3.31

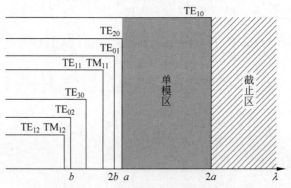

图 2-3　BJ-32 型矩形波导中波型的截止波长

截止波长不仅与波导尺寸有关，还与波型有关，TE_{10} 模的截止波长最长，也被称为波导的截止波长。截止频率不仅与波导尺寸和波型有关，还与所填充介质有关。

TM_{mn} 和 TE_{mn} 模具有相同的截止波长，叫作简并波型，简并波型的电磁场分布不同，但是它们的截止波长、截止频率、相速度、群速、波导波长都是相等的。

因为 TM_{mn} 波型的 m、$n\neq0$，所以 TE_{m0} 和 TE_{0n} 波型不可能有简并波型，是非简并波型。当 $a=2b$ 时，TE_{01}、TE_{20} 是简并波型；TE_{02}、TE_{40} 是简并波型；TE_{50}、TE_{32} 是简并波

型；无论 a、b 取何值，TE_{mn} 和 TM_{mn} 始终是简并波型。

矩形波导中的传输参量服从规则波导的一般规律。

3. 传输条件

由式(2-48)，矩形波导中各模式的传输条件为

$$\lambda < \frac{2}{\sqrt{\left(\dfrac{m}{a}\right)^2 + \left(\dfrac{n}{b}\right)^2}} \tag{2-86}$$

同样，亦可写出用截止频率或截止波数表示的传输条件。

参考图 2-3，当 $\lambda > 2a$ 时，波导处于截止状态，不能传输电磁波；当 $\lambda < 2a$ 时，波导中存在无穷多个波型。当波导尺寸满足以下条件时只传输 TE_{10} 波型：

$$\max(a, 2b) < \lambda < 2a \tag{2-87}$$

$\max(a, 2b)$ 意味着取 a 和 $2b$ 中的较大者。这个条件叫作单模传输条件，在分析波导传输特性和设计波导时具有重要意义。

2.2.4　矩形波导的主模——TE_{10}

主模 TE_{10} 是矩形波导中的常用波型，截止波长最长，最容易在波导中传播，而且没有简并波型。

1. 场表达式和场结构

将 $m=1, n=0$ 代入式(2-82)和式(2-83)，得到 TE_{10} 模的场表达式为

$$\begin{cases} E_y = -\mathrm{j}\dfrac{\omega\mu a}{\pi}H_0\sin\left(\dfrac{\pi}{a}x\right)\mathrm{e}^{-\mathrm{j}\beta z} \\[2mm] H_x = \mathrm{j}\dfrac{\beta a}{\pi}H_0\sin\left(\dfrac{\pi}{a}x\right)\mathrm{e}^{-\mathrm{j}\beta z} \\[2mm] H_z = H_0\cos\left(\dfrac{\pi}{a}x\right)\mathrm{e}^{-\mathrm{j}\beta z} \\[2mm] E_x = E_z = H_y = 0 \end{cases} \tag{2-88}$$

可见 TE_{10} 模有 3 个场分量为 0，是矩形波导中场结构最简单的一种波型。

场结构是波导中电力线和磁力线的分布图。通常只研究某一时刻的场结构，即将波导中的波终止下来并进行"拍照"所得到的结果。

首先明确一些关于力线图的基本法则和规律：

(1) 用力线的疏密表示场的强弱；力线上某点的切线就是该点的场量，它是 3 个场分量的矢量和。

(2) 电力线、磁力线和传播方向两两正交，且成右手关系。

(3) 电力线有两种情况，即从波导壁到波导壁(即从正电荷到负电荷)，或者环绕磁力线的闭合曲线。磁力线只有一种情况，即环绕电力线的闭合曲线。但是电力线本身不相交，磁

力线本身也不相交。

（4）在理想导体面上，只有法向电场和切向磁场，即在波导壁附近电力线应垂直于波导壁，或没有电力线，磁力线应与波导壁平行或相切。

（5）TE 波没有纵向电力线，TM 波没有纵向磁力线。

横截面上电力线和磁力线分布由 E_y 和 H_x 画出。电场 E_y 沿 x 以正弦规律变化。$x=0$、a 时，$E_y=0$，在 $x=a/2$ 时，E_y 最大；磁场 H_x 与 y 无关，在 y 向均匀分布，如图 2-4(a) 所示。其他两个截面电力线和磁力线可以同样分析得到，如图 2-4(b)和图 2-4(c)所示。由此可以画出 TE$_{10}$ 模的立体图如图 2-5 所示。

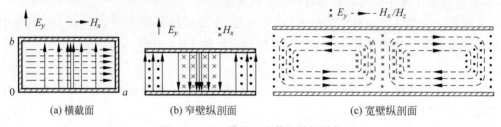

(a) 横截面　　　　　　(b) 窄壁纵剖面　　　　　　　(c) 宽壁纵剖面

图 2-4　TE$_{10}$ 模的 3 个截面的场结构

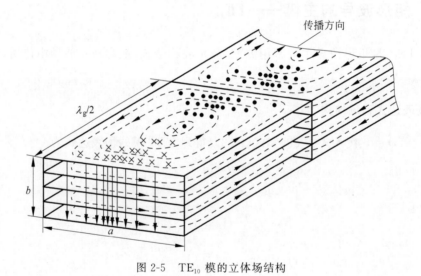

图 2-5　TE$_{10}$ 模的立体场结构

2. 传输参量

将 TE$_{10}$ 模的截止波长 $\lambda_c=2a$ 代入式(2-51)、式(2-54)、式(2-56)、式(2-57)、式(2-59)，得到空气填充的金属矩形波导中 TE$_{10}$ 模的各传输参量。

相速度
$$v_p = \frac{v}{\sqrt{1-(\lambda/2a)^2}} \tag{2-89}$$

群速
$$v_g = v\sqrt{1-\left(\frac{\lambda}{2a}\right)^2} \tag{2-90}$$

波导波长
$$\lambda_g = \frac{\lambda}{\sqrt{1-(\lambda/2a)^2}} \tag{2-91}$$

相移常数
$$\beta = \frac{2\pi}{\lambda_g} = \frac{2\pi}{\lambda}\sqrt{1-\left(\frac{\lambda}{2a}\right)^2} \tag{2-92}$$

波阻抗
$$Z_{TE_{10}} = \frac{120\pi}{\sqrt{1-(\lambda/2a)^2}} \tag{2-93}$$

3. 壁电流分布

电磁波在波导中传播时会在波导壁上产生高频感应电流,此电流的大小和分布取决于波导壁附近磁场强度的大小和方向。根据边界条件,波导内壁上的高频面电流密度等于导体表面附近媒质内的切向磁场,即面电流密度为

$$J_S = \hat{n} \times H_\tau \tag{2-94}$$

式中,H_τ 为表面上的切向磁场强度;$\hat{n}$ 为内壁的法向单位矢量;面电流密度 J_S 为矢量,其方向由右手螺旋法则决定。显然,纵向磁场产生横向电流,横向磁场产生纵向电流。

对于 TE_{10} 模,各波导壁上的面电流密度为

$$J_S = \hat{n} \times H_\tau = \hat{x} \times \hat{z}H_z = -\hat{y}H_0 e^{-j\beta z} \quad (在 x=0 \, 窄壁上)$$

$$J_S = \hat{n} \times H_\tau = -\hat{x} \times \hat{z}H_z = \hat{y}H_0 e^{-j\beta z} \quad (在 x=a \, 窄壁上)$$

$$J_S = \hat{n} \times H_\tau = \hat{y} \times (\hat{x}H_x + \hat{z}H_z) \quad (在 y=0 \, 宽壁上)$$

$$= -\hat{z}j\frac{\beta a}{\pi}H_0 \sin\left(\frac{\pi}{a}x\right)e^{-j\beta z} + \hat{x}H_0 \cos\left(\frac{\pi}{a}x\right)e^{-j\beta z}$$

$$J_S = \hat{n} \times H_\tau = -\hat{y} \times (\hat{x}H_x + \hat{z}H_z) \quad (在 y=b \, 宽壁上)$$

$$= \hat{z}j\frac{\beta a}{\pi}H_0 \sin\left(\frac{\pi}{a}x\right)e^{-j\beta z} - \hat{x}H_0 \cos\left(\frac{\pi}{a}x\right)e^{-j\beta z}$$

将计算出的这些壁电流画在各波导壁上,就得到 TE_{10} 模的壁电流分布图,见图 2-6。

在实际应用中,若要进行测量,则应尽可能不割断电流,选择与电流平行的方向开缝隙,如图 2-7 中的缝隙 1、2;若要形成缝隙天线,辐射能量,则应尽可能多地割断电流,选择与电流相垂直的方向开缝隙,如图 2-7 中的缝隙 3、4。

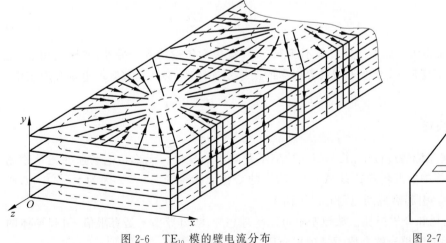

图 2-6 TE_{10} 模的壁电流分布

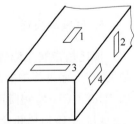

图 2-7 波导壁上的缝隙

4. 传输功率

矩形波导中沿纵向呈行波状态,传输实功率;沿横向呈驻波状态,只存储能量。功率流密度的纵向分量是通过波导横截面单位面积的功率流,沿纵向的传输功率为

$$P = \frac{1}{2}\text{Re}\int_0^a\int_0^b (E_x H_y^* - E_y H_x^*)\mathrm{d}x\mathrm{d}y = ab\frac{E_m^2}{4\eta_{H_{10}}}$$

$$= \frac{ab}{480\pi}E_m^2\sqrt{1-\left(\frac{\lambda}{2a}\right)^2} \tag{2-95}$$

式中,$E_m = \frac{\omega\mu}{K_c}|H_0|$ 为电场最大幅度,位于 $x = \frac{a}{2}$ 处。若波导中通过的功率很高,则最有可能在该处发生高频放电,产生"电击穿",影响传输功率和安全工作,因此要设法避免这种现象。

用击穿电场强度 E_{br} 替代式(2-95)的最大电场强度 E_m,得到矩形波导中传输 TE_{10} 模时的最大允许功率,叫作功率容量,即

$$P_{max} = \frac{ab}{480\pi}E_{br}^2\sqrt{1-\left(\frac{\lambda}{2a}\right)^2} \tag{2-96}$$

因此,波导横截面尺寸越大、频率越高(即波长越小)、击穿电场强度越大,功率容量 P_{br} 越大。P_{br} 有个极限值,这个极限值发生在截止频率上,当 $\lambda = \lambda_c$ 时,$P_{max} = 0$;当 $\lambda/\lambda_c > 0.9$ 时,P_{max} 急剧下降;当 $\lambda/\lambda_c < 0.5$ 时,可能出现高次模,参见图 2-8。兼顾到功率容量和 TE_{10} 单模传输,工作波长取值范围为

$$a \leqslant \lambda \leqslant 1.8a \tag{2-97}$$

实际情况是,波导中不是理想的行波,存在反射波,可以证明驻波的功率容量为

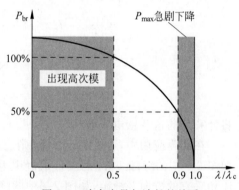

图 2-8 功率容量与波长的关系

$$P_{max,\rho} = \frac{P_{max}}{\rho} \tag{2-98}$$

式中,ρ 为电压驻波比。如果波导负载不匹配,会降低最大传输功率。另外,波导内潮湿,或者加工毛刺、局部变形、波导壁不清洁等引起的波导不连续性,会使局部区域电场强度集中,容易击穿。

5. 衰减和损耗

损耗是指波在传播过程中,其幅值或功率不断减小的现象。无论是电场强度还是磁场强度,在传播过程中的变化规律是 $Ae^{-j\gamma z}$,功率的变化规律是 $P_0 e^{-j2\gamma z}$。因为 $\gamma = \alpha + j\beta$,所以 $P_0 e^{-2\alpha z}e^{-j2\beta z}$。引起衰减的原因有以下两个。

(1) 导体损耗和介质损耗。波导壁不可能是理想导体,电导率 σ 是有限值,引起导体的热损耗 α_c;波导内所填充的介质不是理想介质,产生介质热损耗 α_d。

(2) 截止状态所呈现的衰减特性。当 $\beta = \pm j|\beta|$(虚数)时,功率沿 z 向的变化规律

$e^{-j2\beta z}$ 变为实数,表现出衰减特性,这是波不满足传播条件所引起的,即截止状态。

实际上除了这两种损耗外,还有其他形式的损耗。比如,在波导系统中,某处稍不均匀,就会产生反射损耗;而连接不理想或者波导壁上有缝隙将引起辐射损耗。这些损耗是很难进行理论计算的,因为它们与具体条件有关,如加工工艺、安装技术、实验技术、孔的大小和位置等。

这里仅求导体和介质热损耗所引起的衰减。

在波导中传播的电磁波经过单位长度后,功率由 P 减小为 $Pe^{-2\alpha}$,那么损耗在单位长度波导管上的功率为

$$P_L = P - Pe^{-2\alpha} = (P_L)_c + (P_L)_d \tag{2-99}$$

式中,$(P_L)_c$ 和 $(P_L)_d$ 分别为经过单位长度波导后的导体损耗和介质损耗功率。一般来说 α 很小,有

$$1 - \frac{P_L}{P} = e^{-2\alpha} = 1 + \frac{-2\alpha}{1} + \frac{(-2\alpha)^2}{2} + \cdots + \frac{(-2\alpha)^n}{n} + \cdots$$

忽略 α 的高次项,得

$$\alpha = \frac{P_L}{2P} = \frac{(P_L)_c}{2P} + \frac{(P_L)_d}{2P} = \alpha_c + \alpha_d \tag{2-100}$$

它包括由导体损耗和介质损耗所引起的衰减,并分别以导体衰减常数 α_c 和介质衰减常数 α_d 表示。

1) 导体衰减常数 α_c

在波导壁上的损耗功率可以用壁上高频电流的焦耳热损耗功率求得。在波导两窄壁上的损耗功率为

$$(P_L)_b = 2\int_0^b \frac{1}{2}[|J_y|^2 R_s]dy = R_s H_0^2 b$$

式中,$R_s = \sqrt{\pi f \mu_1 / \sigma_1}$ 为导体的表面电阻,由工作频率、磁导率和电导率决定。

在波导两宽壁上的损耗功率为

$$(P_L)_a = 2\int_0^a \frac{1}{2}[|J_{Sx}|^2 + |J_{Sz}|^2]R_s dx = R_s\left[H_0^2 \frac{a}{2} + \left(\frac{\beta a H_0}{\pi}\right)^2 \frac{a}{2}\right]$$

利用已经得到的传输功率式(2-95),TE_{10} 波的导体衰减常数为

$$\alpha_c = \frac{(P_L)_c}{2P} = \frac{4\omega\mu R_s H_0^2[b + a/2 + \beta^2 a^3/(2\pi^2)]}{\beta ab E_0^2} \tag{2-101}$$

2) 介质衰减常数 α_d

当波导中所填充媒质的损耗不能忽略时,其介电常数为复数,并表示为

$$\varepsilon = \varepsilon' - j\frac{\sigma}{\omega} = \varepsilon'\left(1 - j\frac{\sigma}{\omega\varepsilon'}\right) = \varepsilon'(1 - j\tan\delta) \tag{2-102}$$

式中,$\tan\delta = \dfrac{\sigma}{\omega\varepsilon'}$,称为介质损耗角正切。于是由式(2-19),有

$$\gamma^2 = \left(\frac{2\pi}{\lambda_c}\right)^2 + j\omega\mu \cdot j\omega\varepsilon = \left(\frac{2\pi}{\lambda_c}\right)^2 - \left(\frac{2\pi}{\lambda}\right)^2(1 - j\tan\delta)$$

$$= -\left(\frac{2\pi}{\lambda}\right)^2\left[1 - \left(\frac{\lambda}{\lambda_c}\right)^2\right]\left[1 - j\frac{\tan\delta}{1 - \left(\frac{\lambda}{\lambda_c}\right)^2}\right]$$

故传播常数

$$\gamma = j\left(\frac{2\pi}{\lambda}\right)\sqrt{1-\left(\frac{\lambda}{\lambda_c}\right)^2}\sqrt{1-j\,\frac{\tan\delta}{1-\left(\frac{\lambda}{\lambda_c}\right)^2}}$$

$$\approx j\left(\frac{2\pi}{\lambda}\right)\sqrt{1-\left(\frac{\lambda}{\lambda_c}\right)^2}\left[1-\frac{1}{2}j\,\frac{\tan\delta}{1-\left(\frac{\lambda}{\lambda_c}\right)^2}\right]$$

于是,相移常数

$$\beta = \frac{2\pi}{\lambda}\sqrt{1-\left(\frac{\lambda}{\lambda_c}\right)^2} = \frac{2\pi}{\lambda_g} \tag{2-103}$$

介质衰减常数

$$\alpha_d = \frac{\pi\tan\delta}{\lambda\sqrt{1-\left(\frac{\lambda}{\lambda_c}\right)^2}} \quad (\text{Np/m}) \tag{2-104}$$

可见,α_d 取决于波导内所填充介质的特性,即 ε、μ、σ。如果 $\sigma=0$,则 $\alpha_d=0$。α_d 还与工作波长和截止波长的比值有关,对于一定尺寸的波导,使用主模较为有利。

6. TE_{10} 模的波阻抗与等效阻抗

由式(2-93)得

$$Z_{TE_{10}} = \sqrt{\frac{\mu}{\varepsilon}}\,\frac{1}{\sqrt{1-(\lambda/2a)^2}} \tag{2-105}$$

TE_{10} 模的波阻抗与窄边 b 的尺寸无关,因此,如果它完全与传输线的特性阻抗相当,则当两个宽边相等而窄边不等的波导相接时,无反射存在,但是实验否定了这一结论。相反,这种情况下将发生很大反射。从而说明与传输线不同,两个波导的波阻抗并不能保证它们相匹配。为了寻求波导匹配问题,必须寻求另一个关于阻抗的量。

传输线的特性阻抗可由电压与电流、功率与电流、功率与电压这 3 种关系来定义,在低频电路和 TEM 波传输线中,这 3 种方法都给出相同结果,但在波导电路中,电压、电流的非单值性使得 3 种定义所得的数值相差较大,但其形式相同。对于 TE_{10} 模,定义在两宽边 $x=a/2$ 两点间的电压为传输 TE_{10} 模的电压。沿纵向电流为其等效电流。则

$$U(z) = \int_0^b E_y\bigg|_{x=a/2}\mathrm{d}y = -j\,\frac{\omega\mu ab}{\pi}H_0\mathrm{e}^{-j\beta z}$$

$$I(z) = \int_0^a J_z\bigg|_{y=0}\mathrm{d}x = \int_0^a -H_x\bigg|_{y=0}\mathrm{d}x = -j\,\frac{2\beta a^2}{\pi^2}H_0\mathrm{e}^{-j\beta z}$$

传输功率式(2-95)亦可表示为

$$P = \frac{\omega\mu a^3 b\beta}{4\pi^2}\mid H_0\mid^2$$

用等效电压和等效电流定义等效阻抗

$$Z_e = \frac{U}{I} = \frac{\pi}{2}\,\frac{b}{a}\sqrt{\frac{\mu}{\varepsilon}}\,\frac{1}{\sqrt{1-(\lambda/2a)^2}} \tag{2-106}$$

用等效电压和传输功率定义等效阻抗

$$Z_e = \frac{|U|^2}{2P} = 2\frac{b}{a}\sqrt{\frac{\mu}{\varepsilon}}\frac{1}{\sqrt{1-(\lambda/2a)^2}} \tag{2-107}$$

用等效电流和传输功率定义等效阻抗

$$Z_e = \frac{2P}{|I|^2} = \frac{\pi^2}{8}\frac{b}{a}\sqrt{\frac{\mu}{\varepsilon}}\frac{1}{\sqrt{1-(\lambda/2a)^2}} \tag{2-108}$$

可见不同定义的等效阻抗系数不同,这些系数并不影响解决匹配问题,因为在实际中,波导之间的匹配与否取决于等效阻抗之间的比值,而其绝对值并不重要,因此将 TE_{10} 模等效阻抗定义简化为

$$Z_e = \frac{b}{a}\sqrt{\frac{\mu}{\varepsilon}}\frac{1}{\sqrt{1-(\lambda/2a)^2}} \tag{2-109}$$

2.2.5 矩形波导中的高次模

将具体 m、n 值代入式(2-73)、式(2-74)和式(2-82)、式(2-83)便可得到矩形波导中任一 TM 模和 TE 模的场分量表示式,按照矩形波导中 TE_{10} 模的分析方法,完全可以讨论高次模的波型特征和传输特性。这里只分析其场结构分布规律。

1. TE_{m0} 模

当 $m=2,n=0$ 时,场分量在 a 边有"两个半驻波"的变化,在 b 边没有变化。故可将 TE_{20} 模的场结构视为由两个 TE_{10} 模的场结构拼接而成,只是电力线和磁力线方向相反,即成反对称,如图 2-9 所示。同理,TE_{30} 模的场结构视为由 3 个 TE_{10} 模的场结构拼接而成,相邻力线方向相反。

2. TE_{0n} 模

当 $m=0,n=1$ 时,场分量在 a 边没有变化,在 b 边有"1 个半驻波"的变化。故可将 TE_{01} 模的场结构视为由 TE_{10} 模的场结构以 z 为轴旋转 90°的结果,如图 2-10 所示。同理,TE_{02} 模的场结构可视为由两个 TE_{01} 模的场结构拼接而成,只是力线方向相反,即成反对称。TE_{03} 模的场结构以此类推。

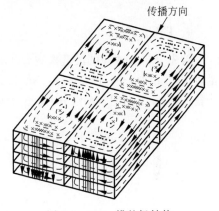

图 2-9 TE_{20} 模的场结构

3. TE_{mn} 模

将 $m=1,n=1$ 代入式(2-82)和式(2-83)便可得 TE_{11} 模的场分量表示式,只有 $E_z=0$,所以场结构比较复杂。立体场结构如图 2-11 所示。图 2-12 给出了 TE_{11} 模、TE_{21} 模和 TE_{22} 模的横截面场结构分布图,可以看出,TE_{mn} 模的场分布是由 $m\times n$ 个较小的 TE_{11} 模的场分布沿 a 边(m 个)和 b 边(n 个)拼接而成,相邻半周期的力线方向相反。

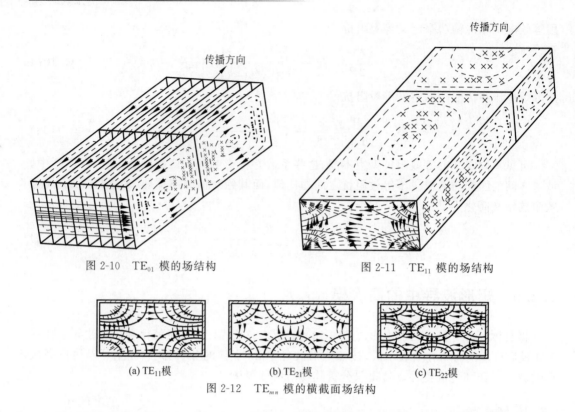

图 2-10 TE$_{01}$ 模的场结构   图 2-11 TE$_{11}$ 模的场结构

(a) TE$_{11}$模   (b) TE$_{21}$模   (c) TE$_{22}$模

图 2-12 TE$_{mn}$ 模的横截面场结构

4. TM$_{mn}$ 模

首先分析 TM 模的最低次波型 TM$_{11}$。将 $m=1,n=1$ 代入式(2-73)和式(2-74)求得场分量表达式,由此分析 TM$_{11}$ 波的场结构。场沿 a 边和 b 边都是半个驻波。磁场只有 H_x 和 H_y 分量,磁力线又是闭合曲线,因此磁力线是平行于 xOy 平面的一组闭合曲线,如图 2-13 所示。

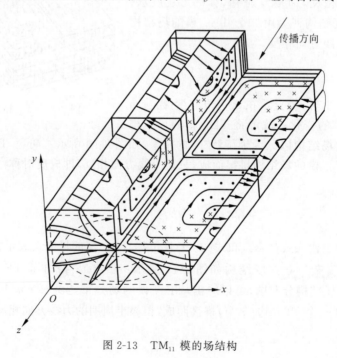

图 2-13 TM$_{11}$ 模的场结构

图 2-14 给出了 TM_{11} 模、TM_{21} 模和 TM_{22} 模的横截面场结构分布图,可以看出,TM_{mn} 模的场分布是由 $m\times n$ 个较小的 TM_{11} 模的场分布沿 a 边(m 个)和 b 边(n 个)拼接而成,相邻半周期的力线方向相反。

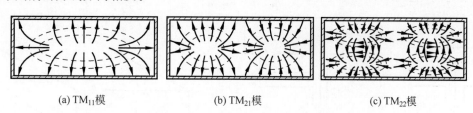

(a) TM_{11}模　　　　(b) TM_{21}模　　　　(c) TM_{22}模

图 2-14　TM_{mn} 模的横截面场结构

5. 场结构的应用

TE_{mn} 和 TM_{mn} 模的截止波长相同,是简并模,它们之间容易形成能量耦合,使信号在传输过程中产生畸变,必须消除简并模。利用场结构的差异可以消除简并模。

与电力线垂直方向放置金属板,不会改变场结构,因而不会影响该波型的传输,如图 2-15 所示;与电力线平行方向放置金属板,会抑制该模式,如图 2-16 所示。

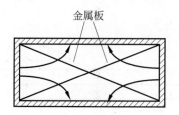

图 2-15　添加的金属板不影响 TE_{11} 模

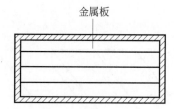

图 2-16　添加金属板抑制 TE_{01} 模

2.2.6　激励与耦合

所谓激励就是在波导内建立所需波型,耦合就是从波导中取出某种波型。激励与耦合是互易的,或称可逆的,除非有非互易的元件或介质存在。

在激励处的边界条件复杂,因此解决这类问题所需的数学方法是烦琐的,不容易得出严格的理论分析结果。在实际中,一般根据场结构来寻得一些激励 TE_{10} 波或其他波型的方法有以下几种。

1. 电耦合

电耦合也叫电场激励。在波导某一截面上建立起电力线,其方向与所需波型的电力线方向一致。探针就是这样的激励装置,通常放在波导中电场最强处,并与 TE_{10} 波的电力线方向平行。图 2-17 给出了探针激励 TE_{10} 模和 TE_{20} 模的装置。

2. 磁耦合

磁耦合也叫磁场激励。在波导某一截面上建立起磁力线,其方向和形状与所需波型一致,耦合环就是这样的激励装置。将同轴线内导体延长并弯曲成环状,然后将其顶端焊接在外导体上,便形成耦合环。通常将耦合环放在波导中磁场最强处,环平面与磁力线垂直。图 2-18 是线环激励 TE_{10} 模的装置。

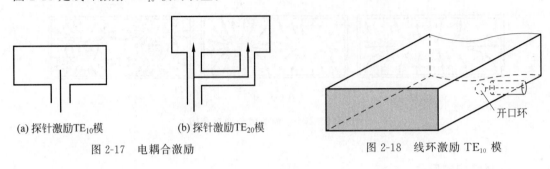

(a) 探针激励TE_{10}模　　　(b) 探针激励TE_{20}模

图 2-17　电耦合激励

图 2-18　线环激励 TE_{10} 模

3. 孔耦合

在波导公共壁上开一个或几个小孔,即构成小孔激励装置,如图 2-19 所示。激励孔可以开在两个波导的公共窄壁或宽壁上,前者是磁场激励,后者既有磁场激励又有电场激励。

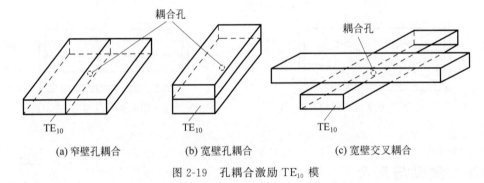

(a) 窄壁孔耦合　　　　(b) 宽壁孔耦合　　　　(c) 宽壁交叉耦合

图 2-19　孔耦合激励 TE_{10} 模

例 2-1　某 X-波段矩形波导,填充空气,尺寸 $a=22.86\text{mm}$,$b=10.16\text{mm}$,工作频率为 8.51GHz。判断存在的波型,并计算主模的相位常数 β。

解:工作频率对应波长 $\lambda=c/f=35.3\text{mm}$。矩形波导截止波长计算式:

$$\lambda_c=\frac{2}{\sqrt{\left(\dfrac{m}{a}\right)^2+\left(\dfrac{n}{b}\right)^2}}$$

计算前几个模式的截止波长:

波型	m	n	λ_c (mm)
TE	1	0	45.72
TE	2	0	22.86
TE	0	1	20.32
TE,TM	1	1	18.56

因此,存在的波型是 TE_{10}。

由公式

$$\beta = \frac{2\pi}{\lambda_g} = \frac{2\pi}{\lambda}\sqrt{1-\left(\frac{\lambda}{\lambda_c}\right)^2}$$

以及

$$\lambda_c = 2a = 45.72\text{mm}, \lambda = \frac{v}{f} = \frac{3\times10^{11}}{8.51\times10^9} = 35.25(\text{mm})$$

得

$$\beta = 113.5\text{rad/m}$$

或者由 $K = 2\pi f/c = 209.44\text{m}^{-1}$，以及 $\beta = \sqrt{K^2-(\pi/a)^2} = 158.08\text{m}^{-1}$，得 $\beta = 113.5\text{rad/m}$。

例 2-2 矩形波导的横截面尺寸为 $a = 22.86\text{mm}$，$b = 10.16\text{mm}$，将自由空间波长为 2cm、3cm 和 4cm 的信号接入此波导，问能否传输？若能传输，出现哪些波型？

解：当工作波长小于截止波长时，波才能在波导中传播。因此首先计算截止波长。

主模 TE_{10}　　$\lambda_c = 2a = 45.72\text{mm}$

TE_{01} 模　　$\lambda_c = 2b = 20.32\text{mm}$

TE_{20} 模　　$\lambda_c = a = 22.86\text{mm}$

TE_{11}、TM_{11} 模　　$\lambda_c = \dfrac{2}{\sqrt{1/22.86^2+1/10.16^2}} = 18.56(\text{mm})$

由此可见，波导中能传输波长为 4cm 的信号，为 TE_{10} 模；可以传输 3cm 波长的信号，也为 TE_{10} 模；可以传输 2cm 波长的信号，波的模式有 TE_{10} 模、TE_{01} 模和 TE_{20} 模。

2.3　圆形波导

普通圆形波导就是横截面为圆形的金属管。圆形波导可用于多路通信中的传输系统，也常用来构成圆柱谐振腔、旋转关节等元件。对于圆形波导的分析应该采用圆柱坐标系，如图 2-20 所示，也用纵向场法来求解 6 个场分量。

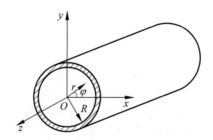

图 2-20　圆形波导及其坐标系

2.3.1　圆形波导中的 TM 波

1. TM 波的场表示式

由式(2-20)，纵向电场满足波动方程

$$\nabla_{t}^{2} E_z(r,\varphi) + K_c^2 E_z(r,\varphi) = 0 \tag{2-110}$$

在柱坐标系中二维拉普拉斯算子

$$\nabla_{t}^{2} = \frac{\partial^2}{\partial r^2} + \frac{1}{r}\frac{\partial}{\partial r} + \frac{1}{r^2}\frac{\partial^2}{\partial \varphi^2} \tag{2-111}$$

因此纵向波动方程可写成

$$\frac{\partial^2 E_z}{\partial r^2} + \frac{1}{r}\frac{\partial E_z}{\partial r} + \frac{1}{r^2}\frac{\partial^2 E_z}{\partial \varphi^2} + K_c^2 E_z = 0 \tag{2-112}$$

应用分离变量法求解,令

$$E_z = R(r)\phi(\varphi) \tag{2-113}$$

$R(r)$仅是 r 的函数,$\phi(\varphi)$仅是 φ 的函数,代入式(2-112)后,各项乘以 $r^2/[R(r)\phi(\varphi)]$,有

$$\frac{r^2}{R}\frac{\partial^2 R}{\partial r^2} + \frac{r}{R}\frac{\partial R}{\partial r} + K_c^2 r^2 = -\frac{1}{\phi}\frac{\partial^2 \phi}{\partial \varphi^2} \tag{2-114}$$

式(2-114)两边是两个独立函数,若使其相等,必是一个常量,设为 m^2,则得到两个微分方程

$$r^2\frac{\mathrm{d}^2 R}{\mathrm{d}r^2} + r\frac{\mathrm{d}R}{\mathrm{d}r} + [(K_c r)^2 - m^2]R = 0 \tag{2-115}$$

$$\frac{\mathrm{d}^2 \phi}{\mathrm{d}\varphi^2} + m^2\phi = 0 \tag{2-116}$$

将式(2-115)改写为

$$(K_c r)^2\frac{\mathrm{d}^2 R}{\mathrm{d}(K_c r)^2} + K_c r\frac{\mathrm{d}R}{\mathrm{d}(K_c r)} + [(K_c r)^2 - m^2]R = 0 \tag{2-117}$$

这是一个以截止波数 K_c 为参变量,以 r 为自变量的 Bessel 方程,通解为

$$R(r) = A_1 \mathrm{J}_m(K_c r) + A_2 \mathrm{N}_m(K_c r) \tag{2-118}$$

式中,A_1 和 A_2 是由边界条件决定的待定常数。第一项 $\mathrm{J}_m(K_c r)$ 是第一类 Bessel 函数,$m=0,1,2,\cdots$是其阶数。0~3 阶第一类 Bessel 函数曲线画在图 2-21 上。可以看出,在 $x=K_c r=0$ 时,Bessel 函数值

$$\begin{cases} \mathrm{J}_0(0) = 1, \\ \mathrm{J}_m(0) = 0, \quad m=1,2,3,\cdots \end{cases} \tag{2-119}$$

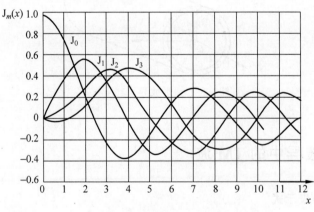

图 2-21 第一类 Bessel 函数

式(2-118)的第二项是第二类 Bessel 函数,也叫作 Neumann 函数,图 2-22 画出了 1 阶、2 阶和 3 阶 Neumann 函数曲线。从图中可以看出 $K_c r \to 0$ 时,$N_m(K_c r) \to -\infty$。这意味着,当 $r \to 0$ 时,接近圆形波导的轴线,其场强趋近于无穷大。这在实际中是不可能的,所以第二项不可能存在,即 $A_2 = 0$。函数 $R(r)$ 的解只有第一项,即

$$R(r) = A_1 J_m(K_c r) \tag{2-120}$$

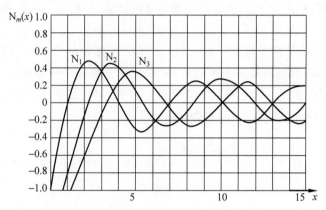

图 2-22 第二类 Bessel 函数(Neumann 函数)

关于角度 $\phi(\varphi)$ 的方程(2-116),是熟悉的二阶常微分方程,其通解为

$$\phi = C_1 \cos m\varphi + C_2 \sin m\varphi \tag{2-121}$$

一般写成常用的形式

$$\phi = B \frac{\cos m\varphi}{\sin m\varphi} \tag{2-122}$$

这个式子说明在 $m \neq 0$ 时,在圆形波导中存在两种波型,它们的截止波长和传输特性相同,但是 φ 方向(即横截面)的极化不同,这种现象叫作极化简并。当 $m = 0$ 时,自变量是常数,不存在极化简并现象。

由径向解式(2-120)和角向解式(2-122),得到纵向电场解

$$E_z = E_0 J_m(K_c r) \frac{\cos m\varphi}{\sin m\varphi} e^{-j\beta z} \tag{2-123}$$

以上解式中待定系数的乘积 $A_1 B$ 可以只用一个待定常数 E_0 表示。

由式(2-35)和式(2-30)分别求得横向电场和横向磁场,或者直接将式(2-123)代入式(2-37)得到 4 个横向场分量表示式

$$\begin{cases} E_r = -j \dfrac{\beta}{K_c} E_0 J_m'(K_c r) \dfrac{\cos m\varphi}{\sin m\varphi} e^{-j\beta z} \\[3mm] E_\varphi = \pm j \dfrac{\beta m}{r K_c^2} E_0 J_m(K_c r) \dfrac{\sin m\varphi}{\cos m\varphi} e^{-j\beta z} \\[3mm] H_r = \mp j \dfrac{\omega \varepsilon m}{r K_c^2} E_0 J_m(K_c r) \dfrac{\cos m\varphi}{\sin m\varphi} e^{-j\beta z} \\[3mm] H_\varphi = -j \dfrac{\omega \varepsilon}{K_c} E_0 J_m'(K_c r) \dfrac{\cos m\varphi}{\sin m\varphi} e^{-j\beta z} \end{cases} \tag{2-124}$$

其中,E_r 与 H_φ 的表示式中的因子 $J'_m(K_c r)$ 是第一类 Bessel 函数的导函数。

2. TM 波的传输条件

设 R 为波导半径,由边界条件,当 $r=R$ 时,$E_z=0,E_\varphi=0$,则必须

$$J_m(K_c R)=0 \tag{2-125}$$

由 Bessel 函数性质,使式(2-125)成立的只能是某些特定的 $(K_c R)$ 的值,即

$$K_c R=\mu_{mn} \quad (m=0,1,2,\cdots;\ n=1,2,3,\cdots) \tag{2-126}$$

参考图 2-21,曲线与横坐标有一些交点,这些交点也就是 Bessel 方程的根,记为 μ_{mn},μ_{mn} 为第 m 阶 Bessel 方程的第 n 个根的值,n 为任意正整数。一般地,μ_{mn} 有无穷多个值,不同的 m、n,有不同的 μ_{mn},对应不同的 TM 波,并用 TM_{mn} 或者 E_{mn} 表示。

由此,圆形波导中 TM 波的截止波数

$$K_c=\frac{\mu_{mn}}{R} \tag{2-127}$$

截止波长

$$(\lambda_c)_{TM}=\frac{2\pi}{K_c}=\frac{2\pi R}{\mu_{mn}} \tag{2-128}$$

表 2-2 列出了半径为 R 的圆形波导中部分 TM_{mn} 模的 μ_{mn} 值和截止波长 λ_c。小于截止波长的电磁波才可以在波导中传播,即

传输条件

$$\lambda<(\lambda_c)_{TM} \tag{2-129}$$

截止频率

$$(f_c)_{TM}=v/\lambda_c=v\mu_{mn}/2\pi R \tag{2-130}$$

表 2-2 圆形波导中部分 TM_{mn} 模的 μ_{mn} 和截止波长 λ_c

波 型	μ_{mn}	λ_c	波 型	μ_{mn}	λ_c
TM_{01}	2.406	2.61R	TM_{12}	7.016	0.90R
TM_{11}	3.832	1.64R	TM_{22}	8.417	0.75R
TM_{21}	5.135	1.22R	TM_{03}	8.650	0.72R
TM_{02}	5.520	1.14R	TM_{32}	9.76	0.634R
TM_{31}	6.380	0.984R	TM_{13}	10.173	0.62R

注:R 为半径。

2.3.2 圆形波导中的 TE 波

1. TE 波的场分量表示式

磁场强度纵向场分量的波动方程

$$\nabla_t^2 H_z(r,\varphi)+K_c^2 H_z(r,\varphi)=0 \tag{2-131}$$

与电场强度纵向场分量波动方程(2-110)完全类似,因此,用分离变量法可以求出 $R(r)$ 和

$\phi(\varphi)$的解式与式(2-118)和式(2-122)完全相同,所以方程(2-131)的通解为

$$H_z = H_0 J_m(K_c r) \genfrac{}{}{0pt}{}{\cos m\varphi}{\sin m\varphi} e^{-j\beta z} \tag{2-132}$$

由式(2-38)和式(2-39)分别求得横向磁场和横向电场,或者直接将式(2-132)代入式(2-42)得到4个横向场分量表示式

$$\begin{cases} E_r = \pm j \dfrac{\omega\mu m}{K_c^2 r} H_0 J_m(K_c r) \genfrac{}{}{0pt}{}{\sin m\varphi}{\cos m\varphi} e^{-j\beta z} \\[4mm] E_\varphi = j \dfrac{\omega\mu}{r K_c^2} H_0 J'_m(K_c r) \genfrac{}{}{0pt}{}{\cos m\varphi}{\sin m\varphi} e^{-j\beta z} \\[4mm] H_r = -j \dfrac{\beta}{K_c} H_0 J'_m(K_c r) \genfrac{}{}{0pt}{}{\cos m\varphi}{\sin m\varphi} e^{-j\beta z} \\[4mm] H_\varphi = \pm j \dfrac{\beta m}{K_c^2 r} H_0 J_m(K_c r) \genfrac{}{}{0pt}{}{\sin m\varphi}{\cos m\varphi} e^{-j\beta z} \end{cases} \tag{2-133}$$

2. TE 波的传输条件

根据边界条件,$r=R$ 处,$E_\varphi=0$,必有

$$J'_m(K_c R) = 0 \tag{2-134}$$

设 ν_{mn} 为 m 阶 Bessel 函数的导函数的第 n 个根,则

$$K_c R = \nu_{mn}, \quad m=0,1,2,\cdots; n=1,2,3,\cdots \tag{2-135}$$

由此圆形波导中 TE 波的截止波数

$$K_c = \frac{\nu_{mn}}{R} \tag{2-136}$$

截止波长

$$(\lambda_c)_{TE} = \frac{2\pi}{K_c} = \frac{2\pi R}{\nu_{mn}} \tag{2-137}$$

每一对 m、n 对应一种波型,记为 TE_{mn}(或者 H_{mn}),可见有无穷多个波型。表 2-3 列出部分 TE 波的 ν_{mn} 值和截止波长 λ_c。小于截止波长的电磁波才可以在波导中传播,即

传输条件

$$\lambda < (\lambda_c)_{TE} \tag{2-138}$$

截止频率

$$(f_c)_{TE} = v/\lambda_c = v\nu_{mn}/2\pi R \tag{2-139}$$

表 2-3 圆形波导中部分 TE_{mn} 模的 ν_{mn} 和截止波长 λ_c

波 型	ν_{mn}	λ_c	波 型	ν_{mn}	λ_c
TE_{11}	1.841	$3.412R$	TE_{22}	6.706	$0.94R$
TE_{21}	3.054	$2.06R$	TE_{02}	7.016	$0.90R$
TE_{01}	3.832	$1.64R$	TE_{32}	8.015	$0.783R$
TE_{31}	4.201	$1.50R$	TE_{13}	8.536	$0.74R$
TE_{12}	5.331	$1.18R$	TE_{23}	9.969	$0.63R$

注:R 为半径。

2.3.3　圆形波导中的波型特征

（1）TM_{mn}^{o} 或 TE_{mn}^{o} 波中，模式指数 m 表示场沿波导圆周分布的整驻波数；n 表示场沿半径 r 分布的最大值的个数。

（2）由场方程知，圆形波导中可存在无穷多个 TM_{mn}^{o} 波或 TE_{mn}^{o} 波，但是不存在 TM_{m0}^{o} 波和 TE_{m0}^{o} 波。

（3）圆形波导的截止波长分布图如图 2-23 所示。TE_{11} 模的截止波长最长，是圆形波导的最低次模，即是圆形波导的主模。最低次电波是 TM_{01} 模。当圆形波导半径 R 已定，工作波长 $2.62R < \lambda < 3.41R$ 时，波导中只能传输 TE_{11} 模；当工作波长 $1.64R < \lambda < 2.62R$ 时，波导中可以传输 TE_{11} 模、TE_{21} 模和 TM_{01} 模；如果要传播 TE_{01} 模，则须 $\lambda < 1.64R$，但此波导中还将同时存在 TM_{11}、TM_{01}、TE_{21} 和 TE_{11} 这 4 个波型。

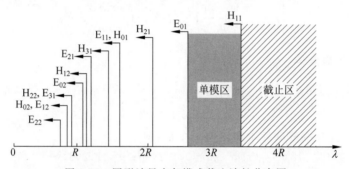

图 2-23　圆形波导中各模式截止波长分布图

（4）极化简并。从场分量表示式看，场分量沿圆周 φ 方向的分布存在着 $\sin(m\varphi)$ 和 $\cos(m\varphi)$ 两种可能性，对于同一对 m、n 值，在同一类波型（TM_{mn} 或 TE_{mn}）中有着极化面相互垂直的两种场分布形式，这种现象叫作"极化简并"。圆形波导中除了 TM_{0n} 和 TE_{0n} 波型外都存在极化简并现象。

（5）模式简并。其意义与矩形波导中的类似，具有相同截止波长的不同波型，叫作"模式简并"。因为$(\lambda_c)_{TE_{0n}^{o}} = (\lambda_c)_{TM_{1n}^{o}}$，所以 TM_{1n}^{o} 和 TE_{0n}^{o} 波型是模式简并波型，叫作 E-H 简并。其实质原因在于 Bessel 函数及其导函数的性质

$$J_0'(x) = -J_1(x)$$

从而

$$\mu_{1n} = \nu_{0n}, \quad n = 1, 2, 3, \cdots$$

（6）传输参量。由 2.1.4 节的公式，即可计算圆形波导中的传播常数、相速度、群速、波导波长、波阻抗及传输功率等。

下面分析圆形波导中常用的 3 种模式。

2.3.4　TE_{11} 波

由式（2-137），TE_{11} 模的截止波长为

$$(\lambda_c)_{TE_{11}^{o}} = 3.412R \tag{2-140}$$

将 $m = 1$、$n = 1$ 代入 TE 波的场分量表示式（2-132）和式（2-133），就得到 TE_{11} 波的场方程

$$
\left\{
\begin{aligned}
E_r &= \pm \mathrm{j}\, \frac{\omega \mu H_0 R^2}{(1.841)^2 r} \mathrm{J}_1\!\left(\frac{1.841}{R} r\right) \frac{\sin\varphi}{\cos\varphi} \mathrm{e}^{-\mathrm{j}\beta z} \\
E_\varphi &= \mathrm{j}\, \frac{\omega \mu H_0 R}{1.841} \mathrm{J}_1'\!\left(\frac{1.841}{R} r\right) \frac{\cos\varphi}{\sin\varphi} \mathrm{e}^{-\mathrm{j}\beta z} \\
H_r &= -\mathrm{j}\, \frac{\beta H_0 R}{1.841} \mathrm{J}_1'\!\left(\frac{1.841}{R} r\right) \frac{\cos\varphi}{\sin\varphi} \mathrm{e}^{-\mathrm{j}\beta z} \\
H_\varphi &= \pm \mathrm{j}\, \frac{\beta H_0 R^2}{(1.841)^2 r} \mathrm{J}_1\!\left(\frac{1.841}{R} r\right) \frac{\sin\varphi}{\cos\varphi} \mathrm{e}^{-\mathrm{j}\beta z} \\
H_z &= H_0 \mathrm{J}_1\!\left(\frac{1.841}{R} r\right) \frac{\cos\varphi}{\sin\varphi} \mathrm{e}^{-\mathrm{j}\beta z}
\end{aligned}
\right.
\tag{2-141}
$$

根据场方程可以绘制场结构图,其横截面、纵剖面和立体场结构如图 2-24 所示。可以明显看出,圆形波导中 TE_{11} 模场结构与矩形波导主模 TE_{10} 模相似,因而它们之间的波型转换是很方便的。常用作方-圆波导转换装置,如图 2-25 所示。

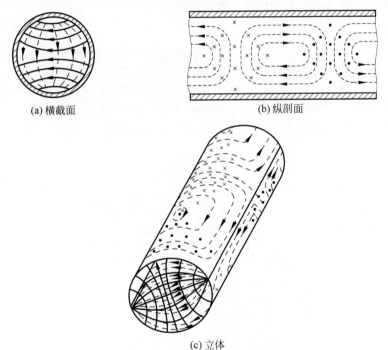

(a) 横截面　　　　　　(b) 纵剖面

(c) 立体

图 2-24　TE_{11} 模场结构

TE_{11} 波虽然是圆形波导中的主模式,但是它存在极化简并现象,所以在实际中不用圆形波导而用矩形波导来传输能量。圆形波导用在某些特殊情况下,在多路通信收、发共用天线中采用 TE_{11} 波的两个不同极化波,以避免收、发之间的耦合;利用 TE_{11} 波的极化简并特性可构成一些特殊波导元件,如铁氧体环形器、极化变换器、极化衰减器等。

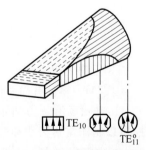

图 2-25　方-圆波导转换器

2.3.5 TM₀₁ 波

TM₀₁ 波是圆形波导中最低次的电波。其截止波长

$$(\lambda_c)_{TM_{01}^0} = 2.61R \tag{2-142}$$

将 $m=0$、$n=1$ 代入 TM 波的场分量表示式(2-123)、式(2-124),就得到 TM₀₁ 波的场分量表示式,只有 3 个分量

$$
\begin{cases}
E_r = j\dfrac{\beta R}{2.405}E_0 J_1\left(\dfrac{2.405}{R}r\right)e^{-j\beta z} \\[2mm]
E_z = E_0 J_0\left(\dfrac{2.405}{R}r\right)e^{-j\beta z} \\[2mm]
H_\varphi = j\dfrac{\omega\varepsilon R}{2.405}E_0 J_1\left(\dfrac{2.405}{R}r\right)e^{-j\beta z} \\[2mm]
E_\varphi = H_r = H_z = 0
\end{cases}
\tag{2-143}
$$

由场分量表示式分析其场结构和应用。场结构如图 2-26 所示。

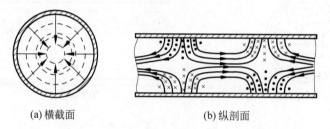

(a) 横截面   (b) 纵剖面

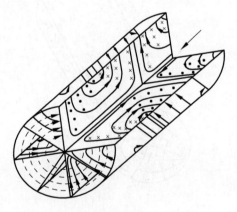

(c) 立体图

图 2-26　圆形波导 TM₀₁ 模的场结构

TM₀₁ 模有以下特点:

① TM₀₁ 模没有简并模。

② 电磁场沿 φ 方向不变化,即场分布具有轴对称性。利用 TM₀₁ 波的这种旋转对称性,可以制作雷达天线和馈电波导间的旋转接头,如图 2-27 所示。

③ 电场虽然有 r、z 两个方向,但它在轴线方向(z 向)较强。因此它可以有效地和轴向

运动的电子流交换能量。某些微波管和直线型电子加速器所用的谐振腔和慢波系统就是由这种波型演变而来的。

④ 磁场仅有 H_φ 分量,因而管壁电流只有纵向分量。

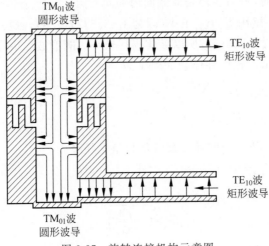

图 2-27　旋转连接机构示意图

2.3.6　TE$_{01}$ 波

TE$_{01}$ 波是圆形波导中的高次模,其截止波长

$$(\lambda_c)_{\text{TE}_{01}^o} = 1.64R \tag{2-144}$$

将 $m=0$、$n=1$ 代入 TE 波的场分量表示式(2-132)、式(2-133)就得到 TE$_{01}$ 波的场分量

$$\begin{cases} E_\varphi = -\mathrm{j}\,\dfrac{\omega\mu H_0 R}{3.832}\mathrm{J}_1\!\left(\dfrac{3.832}{R}r\right)\mathrm{e}^{-\mathrm{j}\beta z} \\[2mm] H_r = \mathrm{j}\,\dfrac{\beta H_0 R}{3.832}\mathrm{J}_1\!\left(\dfrac{3.832}{R}r\right)\mathrm{e}^{-\mathrm{j}\beta z} \\[2mm] H_z = H_0 \mathrm{J}_0\!\left(\dfrac{3.832}{R}r\right)\mathrm{e}^{-\mathrm{j}\beta z} \\[2mm] E_r = E_z = H_\varphi = 0 \end{cases} \tag{2-145}$$

截面场结构如图 2-28 所示。

(a) 横截面上场分布

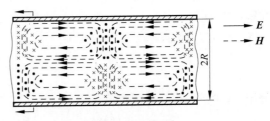

(b) 纵剖面上场分布

图 2-28　TE$_{01}$ 模场结构

TE$_{01}$ 波有以下一些特点：

① 电磁场沿 φ 方向均无变化，具有轴对称性，它不存在极化简并，但它与 TM$_{11}$ 模是简并的。

② 电场只有 φ 方向，电力线都是横截面内的同心圆。

③ 在 $r=R$ 的波导壁附近，H_r 很小(因为 J$_1$(3.832)很小)，磁场只有 H_z 分量，故只有 φ 方向的管壁电流，而无纵向电流，所以导体损耗较小。圆形波导中导体衰减常数的计算方法与矩形波导相同。TE$_{mn}$ 模的导体损耗因子为

$$\alpha_{cTE} = \frac{R_s}{\eta R \sqrt{1-\left(\frac{\lambda}{\lambda_c}\right)^2}} \left[\frac{m^2}{\nu_{mn}^2 - m^2} + \left(\frac{\lambda}{\lambda_c}\right)^2\right] \ (\text{Np/m}) \tag{2-146}$$

可见，随着频率的升高，TE$_{0n}$ 模的导体衰减常数呈下降趋势。

TM$_{mn}$ 模的导体损耗因子为

$$\alpha_{cTM} = \frac{R_s}{\eta R \sqrt{1-\left(\frac{\lambda}{\lambda_c}\right)^2}} \ (\text{Np/m}) \tag{2-147}$$

图 2-29 比较了半径为 25mm 的圆形波导中三种常用传播模式的导体衰减常数随频率的变化。随着频率的升高，TE$_{01}$ 模的衰减迅速降低，因而特别适于毫米波的长距离传输和用于设计高 Q 波导谐振腔。但由于 TE$_{01}$ 模不是圆形波导的主模，故在使用时需要设法抑制其他模。

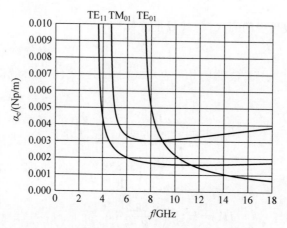

图 2-29　内半径为 25mm 的圆形波导的衰减常数

例 2-3　空气填充圆形波导，其内半径 $R=1.5$cm，工作频率 $f=10$GHz，问圆形波导中可能存在哪些波型？

解：空气填充，工作频率 $f=10$GHz，则工作波长

$$\lambda = \frac{c}{f} = \frac{3 \times 10^{10}}{10 \times 10^9} = 3\text{cm}$$

圆形波导中，几个较低模式的截止波长为

$$\text{TE}_{11} (\lambda_c)_{H_{11}} = 3.41R = 5.115\text{cm}$$

$$\mathrm{TM}_{01}(\lambda_c)_{E_{01}} = 2.62R = 3.93\mathrm{cm}$$

$$\mathrm{TE}_{01}(\lambda_c)_{H_{01}} = 1.64R = 2.46\mathrm{cm}$$

$$\mathrm{TM}_{11}(\lambda_c)_{E_{11}} = 1.64R = 2.46\mathrm{cm}$$

$$\mathrm{TE}_{21}(\lambda_c)_{H_{21}} = 2.06R = 3.09\mathrm{cm}$$

根据波在波导中的传输条件 $\lambda < \lambda_c$，则可能存在的波型有 3 个，即 TE_{11} 波、TM_{01} 波和 TE_{21} 波。

例 2-4 在矩形波导 BJ-32(横截面尺寸 $a \times b = 7.2\mathrm{cm} \times 3.4\mathrm{cm}$)中以主模传输工作波长为 $\lambda = 8\mathrm{cm}$ 的波，现欲转换为圆形波导中的 H_{01} 模传输，要求波的相速度不变，试计算圆形波导的直径 D；若转换为传输 H_{11} 模的圆形波导，其直径又等于多少？

解：矩形波导中 H_{10} 模的截止波长

$$\lambda_c = 2a = 14.4\mathrm{cm}$$

矩形波导、圆形波导其相速度为

$$v_p = \frac{v}{\sqrt{1 - \left(\sqrt{\dfrac{\lambda}{\lambda_c}}\right)^2}}, \quad v = \frac{1}{\sqrt{\mu\varepsilon}} (\text{媒质速度})$$

因此，由矩形波导 H_{10} 模转换为圆形波导 H_{01} 模，保持相速度不变，即截止波长保持不变，故圆形波导 H_{01} 模的截止波长应为 14.4cm。故有

$$(\lambda_c)_{H_{01}} = 1.64R = 14.4(\mathrm{cm})$$

所以圆形波导的直径为

$$D = 2R = 2 \times \frac{14.4}{1.64} = 17.56(\mathrm{cm})$$

同理，若转换为圆形波导 H_{11} 模，且保持相速度不变，则其 H_{11} 模的截止波长为

$$(\lambda_c)_{H_{11}} = 14.4\mathrm{cm} = 3.412R$$

所以圆形波导直径为

$$D = 2R = 2 \times \frac{14.4}{3.412} = 8.44(\mathrm{cm})$$

2.4 同轴线及其高次模

同轴线也叫同轴波导，如图 2-30 所示，内、外导体半径分别为 a、b，内、外导体之间填充相对介电常数为 ε_r 的介质。常见的同轴电缆就是一种软的同轴线，若填充的是空气，则为硬同轴线。

同轴线与空心金属波导相似，也能传输 TE 波和 TM 波，但由于同轴线内导体的存在，使之可以传输无纵向分量的 TEM 波。因此截止波长为无穷大的 TEM 模是同轴线中的主模，TM 波和 TE 波是其高次模。

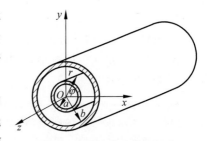

图 2-30 同轴线及其坐标系

在实际中,一般用同轴线的 TEM 主模传输功率,而不用其他高次模,即需要的是单模传输。为了达到单模传输,需要研究高次模产生的条件,以便于抑制。

2.4.1 同轴线中的 TEM 波

如图 2-30 所示,在柱坐标系中,当同轴线中传播 TEM 波时,$E_z = H_z = 0$,假设随时间按简谐规律变化。考虑到同轴线的边界条件,其横截面的场结构与静态场的是相同的,因此由电磁场理论可知 $E_\varphi = H_r = 0$。即同轴线的 6 个场分量只剩 E_r 和 H_φ,而且满足 Maxwell 方程组

$$-j\omega\mu H_\varphi = \frac{\partial E_r}{\partial z} = -\gamma E_r \tag{2-148}$$

$$j\omega\varepsilon E_r = -\frac{\partial H_\varphi}{\partial z} = \gamma H_\varphi \tag{2-149}$$

由于

$$\nabla \cdot \boldsymbol{B} = \nabla \cdot (\mu \boldsymbol{H}) = 0 \tag{2-150}$$

因此

$$rH_\varphi = C \tag{2-151}$$

式中,C 为常数,由边界条件确定。

在内导体上,$r = a$,则 $\qquad aH_\varphi = C$

同时,又有

$$H_\varphi = J_s = \frac{I_0}{2\pi a}$$

比较两式得 $\qquad C = I_0 / 2\pi$

其中,I_0 是沿同轴线的纵向电流,由激励条件(初始条件)决定。由此,同轴线中 TEM 波的磁场分量为

$$H_\varphi = \frac{I_0}{2\pi r} e^{-\gamma z} \tag{2-152}$$

由式(2-149),无耗媒质中电场分量为

$$E_r = \sqrt{\frac{\mu}{\varepsilon}} \frac{I_0}{2\pi r} e^{-\gamma z} \tag{2-153}$$

由场分量表达式可以画出其场结构,如图 2-31 所示。

对于 TEM 波做几点说明:

① 电场只有径向 $\hat{r}$ 分量,磁场只有角向 $\hat{\varphi}$ 分量。

② TEM 波是无色散波型,即其相速度不随工作频率而变化,而且相速度和群速相等,都等于波的传播速度,即 $v_p = v_g = v$。

③ 波导波长和工作波长相等,$\lambda_g = \lambda$。

由式(2-152),只有轴向电流

$$I = \oint_l H_\varphi \mathrm{d}l = \int_0^{2\pi} H_\varphi r \, \mathrm{d}\varphi = I_0 e^{-j\beta z} \tag{2-154}$$

由式(2-153),内、外导体间电压

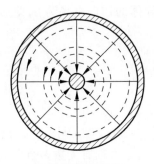

(a) 横截面上场分布　　　　　　　　(b) 纵剖面上场分布

图 2-31　同轴线 TEM 波场结构

$$U = \int_a^b E_r \, \mathrm{d}r = \int_a^b \sqrt{\frac{\mu}{\varepsilon}} \, \frac{I_0}{2\pi r} \mathrm{e}^{-\mathrm{j}\beta z} \, \mathrm{d}r = \sqrt{\frac{\mu}{\varepsilon}} \, \frac{I_0}{2\pi} \ln \frac{b}{a} \mathrm{e}^{-\mathrm{j}\beta z} \tag{2-155}$$

因此特性阻抗

$$Z_c = \frac{U}{I} = \frac{60}{\sqrt{\varepsilon_r}} \ln \frac{b}{a} = \frac{138}{\sqrt{\varepsilon_r}} \lg \frac{b}{a} \tag{2-156}$$

可见 Z_c 是唯一的，与 TE 波或 TM 波不同。值得说明的是，这里从场的角度得到的同轴线 TEM 的特性阻抗公式，与第 1 章中从等效电路理论出发得到的式(1-28)相同。

2.4.2　同轴线中的高次模

当同轴线横截面尺寸与波长可比拟时，同轴线中出现 TM 和 TE 高次模，即 E 波和 H 波。这时同轴线应当作为波导分析。与圆形波导相似，采用圆柱坐标系，它们满足同样的波动方程，只是边界条件不同。求解方法一样，在这里就不再重复。图 2-32 示出几个高次模的横截面场结构。

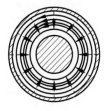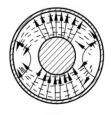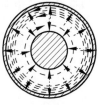

TE$_{01}$　　　　　　　　TE$_{11}$　　　　　　　　TM$_{01}$　　　　　　　　TM$_{11}$

图 2-32　同轴线中几个高次模的横截面场结构

下面主要讨论高次模的截止波长。

1. TM 波

对于 TM 波，$H_z = 0$。由圆形波导中纵向场分量 $E(z)$ 的关于 $R(r)$ 和 $\phi(\varphi)$ 的解式(2-118)和式(2-122)，可以写出同轴线的纵向场分量的通解

$$E_z = [C_1 \mathrm{J}_m(K_c r) + C_2 \mathrm{N}_m(K_c r)] \frac{\cos m\varphi}{\sin m\varphi} \mathrm{e}^{-\mathrm{j}\beta z} \tag{2-157}$$

利用同轴线的边界条件确定系数 C_1、C_2。内、外导体的切向电场为 0,即 $r=a$,$r=b$ 时,$E_z=0$,两式相比消去 C_1 和 C_2,可得

$$\frac{J_m(K_c a)}{N_m(K_c a)} = \frac{J_m(K_c b)}{N_m(K_c b)} \tag{2-158}$$

即

$$J_m(K_c a)N_m(K_c b) - J_m(K_c b)N_m(K_c a) = 0 \tag{2-159}$$

这个方程叫作本征方程,K_c 称为本征值。函数 $J_m(x)$ 与 $N_m(x)$ 意义同前。m 是 Bessel 函数和 Neumann 函数的阶数,$m=0,1,2,\cdots$。当 m 给定,这个方程有无数多个根 K_c,一个根对应一个波型,第 n 个根对应第 n 个波型,用 TM_{mn} 表示。

m、n 的物理意义是,m 表示场量沿圆周分布的整驻波的个数(即周期数);n 是场沿径向出现 0 值的数目,也表示场量沿半径分布的半个驻波的数目。

由方程(2-159)确定截止波数 K_c。这是一个超越方程,只能用图解法、数值解法,或者近似解析法得到近似解。

当 $K_c a$ 和 $K_c b$ 较大,且 a、b 相差不大时

$$K_c \approx \frac{n\pi}{b-a}, \quad n=1,2,3,\cdots \tag{2-160}$$

当 a、b 越接近,这个近似式的精确度越高。相应截止波长为

$$\lambda_c \approx \frac{2}{n}(b-a) \tag{2-161}$$

由式(2-161)可见截止波长与 m 无关,也就是说,在某同轴线中如果可以传输 TM_{01} 波,那么同时也可以传输 TM_{11}、TM_{21} 和 TM_{31} 等波型。需要说明的是,当 m 较大时此式不适用。最低次 TM_{01} 波的截止波长为

$$\lambda_c \approx 2(b-a) \tag{2-162}$$

当 $K_c a$ 和 $K_c b$ 较大时,可用数值法求出中间参量为 b/a,m、n 取不同值时 K_c 的值,结果从略。式(2-163)是这种情况下截止波长的近似计算公式,即

$$\lambda_c \approx \frac{2\pi a}{\left[\dfrac{n^2\pi^2}{(p-1)^2} - \dfrac{4m^2-1}{(p+1)^2}\right]^{1/2}} \tag{2-163}$$

2. TE 波

对于 TE 波,$E_z=0$。由圆形波导中纵向场分量 $H(z)$ 的关于 $R(r)$ 和 $\phi(\varphi)$ 的解式(2-132),可以写出同轴线的纵向场分量的通解

$$H_z = [D_1 J_m(K_c r) + D_2 N_m(K_c r)] \begin{matrix} \cos m\varphi \\ \sin m\varphi \end{matrix} e^{-j\beta z} \tag{2-164}$$

由式(2-42)

$$E_\varphi = \frac{j\omega\mu}{K_c^2}[D_1 J'_m(K_c r) + D_2 N'_m(K_c r)] \begin{matrix} \cos m\varphi \\ \sin m\varphi \end{matrix} e^{-j\beta z} \tag{2-165}$$

内、外导体的切向电场为 0,即 $r=a$,$r=b$ 时,$E_\varphi=0$,两式相比消去 D_1 和 D_2,可得

$$J'_m(K_c a)N'_m(K_c b) - J'_m(K_c b)N'_m(K_c a) = 0 \tag{2-166}$$

这是 TE 波的特征方程，也是一个超越方程。其中，m 指 m 阶 Bessel 函数的导数和 m 阶 Neumann 函数的导数，所以 $m = 0, 1, 2, \cdots$；当 m 给定，这个方程有无数多个根 K_c，一个根对应一个波型，第 n 个根对应第 n 个波型，用 TE_{mn} 表示。m、n 的意义与 TM_{mn} 波的意义完全相同。

这个超越方程的严格求解很困难。一般用近似解析法或数值法求解。

当同轴线尺寸 a、b 相差不大时，用近似法求得 $m \neq 0$ 和 $n = 1$ 时，TE_{m1} 模的截止波长

$$\lambda_c \approx \frac{\pi(a+b)}{m} \tag{2-167}$$

当 $m = 1$ 时，同轴线高次模的截止波长为

$$\lambda_c \approx \pi(a+b) \tag{2-168}$$

若 $m = 0$，因为

$$N_0'(K_c r) = -N_1(K_c r), \quad J_0'(K_c r) = -J_1(K_c r)$$

所以式(2-166)可以写成

$$J_1(K_c a)N_1(K_c a) - J_1(K_c a)N_1(K_c a) = 0 \tag{2-169}$$

这个方程与 $m = 1$ 的 TM 波的本征方程的形式完全一样，说明 TE_{0n} 波和 TM_{1n} 波具有相同的截止波数 K_c，所以可以直接用 TM_{1n} 波的公式，即式(2-160)和式(2-161)

$$K_c \approx \frac{n\pi}{b-a}, \quad n = 1, 2, 3, \cdots \tag{2-170}$$

截止波长

$$\lambda_c \approx \frac{2}{n}(b-a) \tag{2-171}$$

由此看出，TE_{01} 波、TM_{11} 波与 TM_{01} 波具有相同的截止波长 $2(b-a)$。从式(2-162)看出，TM_{21} 和 TM_{31} 等波型的截止波长亦是 $2(b-a)$，但是，m 较大时，已经不满足式(2-162)的近似条件了。

TE_{11} 是同轴线中高次模的最低次波型。

2.4.3　同轴线尺寸的选择

实际应用中一般要求同轴线只传输 TEM 波，即要抑制高次模。TE_{11} 是同轴线中最低次的高次模，所以只需最小工作波长大于 TE_{11} 模的截止波长

$$\lambda_{min} > (\lambda_c)_{TE_{11}} \approx \pi(a+b) \tag{2-172}$$

尺寸选择即

$$a + b \leqslant \frac{\lambda_{min}}{\pi} \tag{2-173}$$

这个公式只规定了同轴线内半径和外半径之和，具体 a 和 b 值的确定要考虑其他因素，如功率容量、损耗等。一般要求功率容量最大，而损耗又最小。

利用上面求出的同轴线中的场分量式(2-164)和式(2-165)，由同轴线的最大击穿电压，可以求出同轴线能够承受的最大功率。在 $(a+b)$ 满足式(2-173)的情况下，最大功率表示式对尺寸 a 或 b 求极值，便可得 $b/a \approx 1.65$。

同轴线衰减常数的计算方法与双导线类似。根据式(1-20),若介质损耗很小,则只需考虑导体损耗,即

$$\alpha_c \approx \frac{R}{2}\sqrt{\frac{C}{L}} = \frac{R}{2Z_c} \tag{2-174}$$

式中,Z_c 是同轴线的特性阻抗;R 是单位长度电阻,即

$$R = R_s\left(\frac{1}{2\pi a} + \frac{1}{2\pi b}\right) \tag{2-175}$$

将式(2-175)代入式(2-174),在 $(a+b)$ 满足式(2-173)的情况下,求 $\dfrac{\mathrm{d}\alpha_c}{\mathrm{d}a} = 0$,得 $b/a \approx 3.6$。

由上所述,若要功率容量 P_{max} 最大,则需 $b/a \approx 1.65$,填充空气介质时,相应于该尺寸的同轴线特性阻抗约 30Ω。若要导体衰减常数 α_c 最小,则需 $b/a \approx 3.6$,填充空气介质时,相应于该尺寸的同轴线特性阻抗约 77Ω。兼顾二者,选择一个折中值 $b/a \approx 2.3$,填充空气介质时,相应于该尺寸的同轴线特性阻抗约 50Ω。

2.5 平行板波导

平行板波导由两个宽度为 W 的金属平板平行叠放而成,两板间距为 d,两板间所填充媒质的介电常数和磁导率分别为 ε、μ,如图 2-33 所示,波沿 z 轴方向传播。金属板的宽度 W 远大于板间距 d,因而可忽略波导边缘效应。波导中存在 TEM 波、TM 波和 TE 波,下面分别讨论。

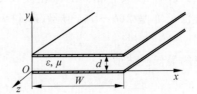

图 2-33 平行板波导几何结构图

2.5.1 平行板波导中的 TEM 波

TEM 波的解可以通过求解关于两板间的静电势 $\Phi(x,y)$ 的拉普拉斯方程得到:

$$\nabla_t^2 \Phi(x,y) = 0, \quad 0 \leqslant x \leqslant W, \quad 0 \leqslant y \leqslant d \tag{2-176}$$

假定下方金属板接地,即零电势,上板电势为 V_0,则有边界条件

$$\begin{cases} \Phi(x,0) = 0 \\ \Phi(x,d) = V_0 \end{cases} \tag{2-177}$$

由于场在 x 方向无变化,则式(2-176)的通解为

$$\Phi(x,y) = A + By \tag{2-178}$$

其中常数 A、B 由边界条件(2-177)确定,从而得到电势的解:

$$\Phi(x,y)=\frac{V_0(t)}{d}y \tag{2-179}$$

因此,各个电场强度分量为

$$\begin{cases} E_x=-\dfrac{\partial\Phi(x,y)}{\partial x}\mathrm{e}^{-\mathrm{j}Kz}=0 \\[2mm] E_y=-\dfrac{\partial\Phi(x,y)}{\partial y}\mathrm{e}^{-\mathrm{j}Kz}=-\dfrac{V_0(t)}{d}\mathrm{e}^{-\mathrm{j}Kz} \\[2mm] E_z=0 \end{cases} \tag{2-180}$$

由无源区 Maxwell 方程组 $\nabla\times\boldsymbol{E}=-\mathrm{j}\omega\mu\boldsymbol{H}$,得到磁场强度分量表达式:

$$\begin{cases} H_x=\dfrac{V_0(t)}{\omega\mu d}\mathrm{e}^{-\mathrm{j}Kz}=\dfrac{V_0(t)}{\eta d}\mathrm{e}^{-\mathrm{j}Kz} \\[2mm] H_y=0 \\[2mm] H_z=0 \end{cases} \tag{2-181}$$

可见,平行板波导中的 TEM 波只有与传播方向正交的电场强度分量和磁场强度分量,其截止波长亦为无穷大,能够传播任意波长的电磁波,是平行板波导的主模。图 2-34 画出了 TEM 模场结构的立体图。

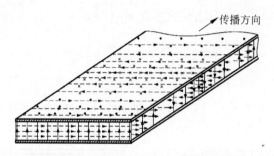

图 2-34　平行板波导 TEM 模的场结构

平行板波导之间的电位差:

$$V(t,z)=-\int_{y=0}^{d}E_y\mathrm{d}y=V_0(t)\,\mathrm{e}^{-\mathrm{j}Kz} \tag{2-182}$$

导体上的电流可用安培定律求得:

$$I(t,z)=\int_{x=0}^{w}H_x\mathrm{d}x=\frac{W}{\eta d}V_0(t)\,\mathrm{e}^{-\mathrm{j}Kz} \tag{2-183}$$

因此,平行板波导 TEM 模的特性阻抗是

$$Z_c=\frac{V(t,z)}{I(t,z)}=\frac{d}{W}\eta \tag{2-184}$$

其中,η 是介质中的波阻抗。可见,特性阻抗随平行板波导间距的增大而增大。

2.5.2　平行板波导中的 TM 波

TM 波的纵向磁场 H_z 为零,纵向电场 E_z 非零,满足波动方程(2-20)。忽略边缘效应,

即假定场在 x 方向无变化,有 $\dfrac{\partial^2 E_z}{\partial x^2}=0$,则波动方程简化为

$$\frac{\partial^2 E_z}{\partial y^2}+K_c^2 E_z=0 \tag{2-185}$$

其通解为

$$E_z=A\sin(K_c y)\mathrm{e}^{-\mathrm{j}\beta z}+B\cos(K_c y)\mathrm{e}^{-\mathrm{j}\beta z} \tag{2-186}$$

由边界条件,在 $y=0,d$ 处,$E_z=0$,得 $B=0$,且

$$K_c=\frac{n\pi}{d},\quad n=0,1,2,3,\cdots \tag{2-187}$$

TM 波的相位常数

$$\beta=\sqrt{K^2-K_c^2}=\sqrt{K^2-(n\pi/d)^2},\quad n=0,1,2,3,\cdots \tag{2-188}$$

因此,纵向电场的解为

$$E_z=E_0\sin\left(\frac{n\pi}{d}y\right)\mathrm{e}^{-\mathrm{j}\beta z} \tag{2-189}$$

根据式(2-36),得到横向分量的表示式

$$\begin{cases} E_x=0 \\[2mm] E_y=-\dfrac{\mathrm{j}\beta}{K_c}E_0\cos\left(\dfrac{n\pi}{d}y\right)\mathrm{e}^{-\mathrm{j}\beta z} \\[2mm] H_x=\dfrac{\mathrm{j}\omega\varepsilon}{K_c}E_0\cos\left(\dfrac{n\pi}{d}y\right)\mathrm{e}^{-\mathrm{j}\beta z} \\[2mm] H_y=0 \end{cases} \tag{2-190}$$

当 $n=0$ 时,上式与(2-180)、式(2-181)相同,即 TM_0 模退化为 TEM 模。TM 波的最低模为 TM_1,其场结构如图 2-35 所示。

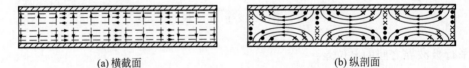

(a) 横截面   (b) 纵剖面

图 2-35　平行板波导 TM_1 模的场结构

平行板波导中 TM 波的波阻抗为

$$Z_{TM}=-\frac{E_y}{H_x}=\frac{\beta}{\omega\varepsilon} \tag{2-191}$$

由式(2-188)可求得 TM_n 模的截止频率

$$f_c=\frac{n}{2d\sqrt{\mu\varepsilon}},\quad n=1,2,3,\cdots \tag{2-192}$$

截止波长

$$\lambda_c=\frac{2d}{n} \tag{2-193}$$

只有小于截止波长的电磁波能够在波导中传播,因此也可以说平行板波导具有高通特性。TM_n 模式还具有快波效应,其相速度大于媒质中的光速

$$v_{\text{p}} = \frac{\omega}{\beta} > \frac{\omega}{K} = v_0 \tag{2-194}$$

相应的,波导波长大于媒质中的波长

$$\lambda_{\text{g}} = \frac{2\pi}{\beta} > \frac{2\pi}{K} = \lambda_0 \tag{2-195}$$

2.5.3　平行板波导中的 TE 波

TE 波的纵向电场 E_z 为零,纵向磁场 H_z 非零,满足波方程(2-21)。忽略边缘效应,即假定场在 x 方向无变化,即 $\dfrac{\partial^2 H_z}{\partial x^2} = 0$,则波方程简化为

$$\frac{\partial^2 H_z}{\partial y^2} + K_{\text{c}}^2 H_z = 0 \tag{2-196}$$

其通解为

$$H_z = A \sin(K_{\text{c}} y) \mathrm{e}^{-\mathrm{j}\beta z} + B \cos(K_{\text{c}} y) \mathrm{e}^{-\mathrm{j}\beta z} \tag{2-197}$$

由式(2-41)的第一式,得到

$$E_x = -\frac{\mathrm{j}\omega\mu}{K_{\text{c}}^2} (A \cos K_{\text{c}} y - B \sin K_{\text{c}} y) \mathrm{e}^{-\mathrm{j}\beta z} \tag{2-198}$$

由边界条件,在 $y = 0, d$ 处,$E_x = 0$,得 $A = 0$,且

$$K_{\text{c}} = \frac{n\pi}{d}, \quad n = 0, 1, 2, 3, \cdots \tag{2-199}$$

其相位常数与 TM 波的相同:

$$\beta = \sqrt{K^2 - K_{\text{c}}^2} = \sqrt{K^2 - (n\pi/d)^2}, \quad n = 0, 1, 2, 3, \cdots \tag{2-200}$$

因此,纵向磁场的解为

$$H_z = H_0 \cos\left(\frac{n\pi}{d} y\right) \mathrm{e}^{-\mathrm{j}\beta z} \tag{2-201}$$

根据式(2-41),得到所有横向场分量表示式

$$\begin{cases} E_x = \dfrac{\mathrm{j}\omega\mu}{K_{\text{c}}^2} H_0 \sin\left(\dfrac{n\pi}{d} y\right) \mathrm{e}^{-\mathrm{j}\beta z} \\ E_y = 0 \\ H_x = 0 \\ H_y = \dfrac{\mathrm{j}\beta}{K_{\text{c}}^2} H_0 \sin\left(\dfrac{n\pi}{d} y\right) \mathrm{e}^{-\mathrm{j}\beta z} \end{cases} \tag{2-202}$$

当 $n = 0$ 时,上式为 0,无任何场分布。因而 TE 的最低模为 TE_1,其横截面场结构如图 2-36 所示。

平行板波导中 TE 波的波阻抗为

$$Z_{\text{TE}} = \frac{E_x}{H_y} = \frac{\omega\mu}{\beta} \tag{2-203}$$

TE 模的截止频率、截止波长、相速度及波导波长与 TM 模完全相同,也具有高通特性。

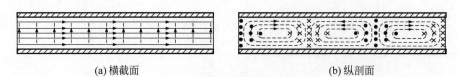

(a) 横截面   (b) 纵剖面

图 2-36   平行板波导 TE₁ 模的横截面场结构

2.6   特殊波导简介

2.6.1   脊波导

脊波导又称凸缘波导,通常有单脊波导和双脊波导两种形式。实际上,单脊波导是 Ⅱ 形金属波导管,双脊波导是 H 形金属波导管。单脊波导管是将一条金属条纵向放在矩形波导的一个宽壁上,如图 2-37 所示;双脊波导管是将两条金属条纵向分别放在矩形波导的两个宽壁上,如图 2-38 所示。

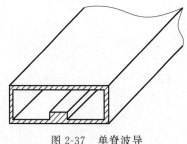

图 2-37   单脊波导

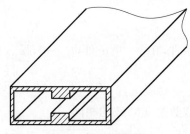

图 2-38   双脊波导

脊波导由矩形波发展而来,其场结构与矩形波导的场结构很相似。金属条的引入减小了波导的窄边尺寸,结果使波导的分布电容增大,其主模 TE_{10} 的相速度和特性阻抗将减小,场在金属条附近受到干扰,如图 2-39 所示。

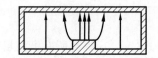

图 2-39   单脊波导横截面场结构

脊波导传输主模 TE_{10},与矩形波导相比有 3 个显著特点:

① 脊波导主模 TE_{10} 的截止波长要比矩形波导的长,因此单一传输 TE_{10} 模时,工作频带更宽;换句话说,在传输相同波长电磁波时,脊波导横截面的尺寸较小。

② 等效阻抗低,易与低阻抗同轴线、微带线匹配,可以作为矩形波导与同轴线、微带线的过渡装置。

③ 由于脊波导窄边尺寸减小,使其传输功率低、损耗大,而且加工也不方便,一般用于一些特殊场合。

脊波导求截止波长的方法与规则波导不同,不是用纵向场计算法,而是用等效电路法,这里从略。

2.6.2　椭圆波导

椭圆波导是一种很有实用价值的厘米波传输线,它容易制造、截面的微小变形不易引起极化面的旋转,容易与圆形波导和矩形波导连接,特别是具有能够制作成可弯曲性波导的优点,在长距离传输中发挥着重要作用。

椭圆波导中的波型、场结构、截止波长和传输特性等问题,采用本章介绍的规则波导理论能够求解,不过要用椭圆柱坐标系,其计算过程比较复杂,在这里不做进一步讨论。

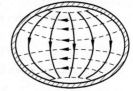

椭圆波导中有奇模和偶模之分,分别用"o"和"e"表示,所以有 4 种类型的模,即 oTM_{mn}、oTE_{mn}、eTM_{mn}、eTE_{mn}。其主模是 eTE_{11},场结构如图 2-40 所示,与矩形波导的 TE_{10} 模和圆形波导的 TE_{11} 模场结构类似,因此,这几种波导波型之间的转换比较方便。

图 2-40　椭圆波导 eTE_{11} 模横截面场结构

2.6.3　鳍线

鳍线有多种结构,图 2-41 是常见的 3 种鳍线,即单鳍线、双鳍线和正反对鳍线。在矩形金属波导中 E 面放置介质基片,金属鳍印制在介质基片上。这种印制电路可以做得很小,工作频率达到 40GHz 以上的毫米波段。

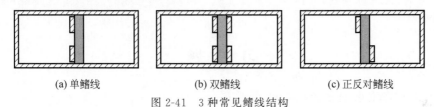

(a) 单鳍线　　　　　　(b) 双鳍线　　　　　　(c) 正反对鳍线

图 2-41　3 种常见鳍线结构

鳍线的优点有弱色散性、单模工作频带宽、损耗不太大、易于集成等,所以也用于构成混频器、振荡器、滤波器及阻抗变换器等元件。

2.6.4　槽波导

槽波导是一种毫米波传输线,由槽区和平板区构成,图 2-42 是矩形槽波导。根据槽区的形状,还有 V 形槽波导、梯形槽导、圆形槽波导、椭圆形槽波导和曲线形槽波导等。在 100GHz 以上波段,槽波导具有损耗低、频散小、频带宽、易制造等优点。槽波导除了作传输线外,还可做成微波器件。

槽波导的分析方法有横向谐振法、模匹配法、有限元法、保角变换法,以及一些电磁场的全波分析法。这里不做详细介绍。

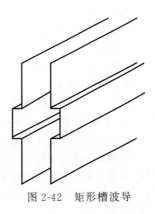

图 2-42　矩形槽波导

2.6.5　H 形金属介质波导

H 形金属介质波导,是在两块平行金属板的中间放置一块或者两块介质片构成,其横截面结构如图 2-43 所示。H 形波导具有两个优点:第一,导体衰减随频率的升高而下降;第二,在相同波段,其波导尺寸较矩形波导尺寸大,可用于毫米波传输系统。而双介质 H 形波导还有另外两个优点:介质损耗下降、工作频带增宽。

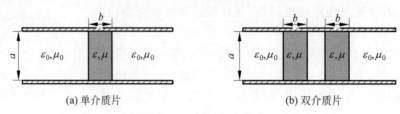

(a) 单介质片　　　　　　　　　　(b) 双介质片

图 2-43　H 形金属介质波导

2.6.6　过模波导

矩形波导和圆形波导一般工作于各自的主模(即 TE_{10} 模和 TE_{11} 模),进行单模传输,其他高次模都当作杂波而加以抑制。但是某些应用中却采用高次模,这类波导叫作过模波导。圆形波导中的 TE_{01} 模是经常采用的高次模,其优点是随着工作频率的升高,导体衰减常数反而下降。

习　　题

2-1　波导为什么不能传输 TEM 波?

2-2　什么叫波型?有哪几种波型?

2-3　何谓 TEM 波、TE 波和 TM 波?其波阻抗和自由空间波阻抗有什么关系?

2-4　试将关系式 $\dfrac{\partial H_z}{\partial y} - \dfrac{\partial H_y}{\partial z} = j\omega\varepsilon E_x$,推导为 $E_x = \dfrac{1}{j\omega\varepsilon}\left(\dfrac{\partial H_z}{\partial y} + j\beta H_y\right)$。

2-5　波导的传输特性是指哪些参量?

2-6　何谓波导的截止波长 λ_c?当工作波长 λ 大于或小于 λ_c 时,波导内的电磁波的特性有何不同?

2-7　矩形波导中的截止波长 λ_c 与波导波长 λ_g、相速度 v_p 和群速度 v_g 有什么区别和联系?它们与哪些因素有关?

2-8　在矩形波导中不存在 TM_{m0} 和 TM_{0n} 这两种波型,为什么?

2-9　在空气填充的矩形波导($a \times b$)中,要求只传输 TE_{10} 波型,其条件是什么?若波导尺寸不变,而填充 $\mu_r = 1, \varepsilon_r > 1$ 的介质,只传输 TE_{10} 波型的条件又是什么?

2-10　一空气填充的矩形波导,要求只传输 TE_{10} 波型,信号的工作频率为 10GHz,试确定波导的尺寸。

2-11　空气填充的矩形波导 BJ-100,其尺寸为 $a \times b = 22.86mm \times 10.16mm$,工作波长 $\lambda = 18mm$,问波导内可能存在哪几种波型?若波导的横截尺寸变为 $a \times b = 72.14mm \times 30.4mm$,情况又怎样?

2-12　在空气填充的矩形波导内,测得相邻两波节点之间的距离为 5.69mm,求 λ_g。

2-13　矩形波导 BJ-100,其横截面尺寸为 $a \times b = 22.86mm \times 10.16mm$,在波导中传输 TE_{10} 波,工作波长

$\lambda=3\text{cm}$,试求截止波长 λ_c、相速度 v_p、群速 V_g、传播常数 β、传输功率 P 和波阻抗 $Z_{\text{TE}_{10}}$。

2-14 矩形波导的横截面尺寸为 $a=23\text{mm}$,$b=10\text{mm}$,传输频率为 10GHz 的 TE_{10} 波,求截止波长、波导波长、相速度和波阻抗。如果频率稍微增大,上述参量如何变化? 如果波导尺寸 a 和 b 发生变化,上述参量又如何变化?

2-15 若矩形波导横截面尺寸 $a=2b=25\text{mm}$,有工作频率 $f=10\text{GHz}$ 的脉冲调制波通过 100m 长的波导,求中心频率上的时延 t。

2-16 已知空气填充 BJ-100 波导,工作波长 $\lambda=32\text{mm}$,当终端接负载 Z_L 时,测得驻波比 $\rho=3$,第一个电场波节点距负载 $d_1=9\text{mm}$,试求:
(1) 波导中传输的波型;
(2) 终端负载阻抗的归一化值。

2-17 已知一矩形波导馈电系统,$a\times b=22.86\text{mm}\times10.16\text{mm}$,空气填充,工作频率 $f_0=9.375\text{GHz}$,端接负载 Z_L,测得馈线上的驻波比 $\rho=2$,第一个电场最小点距负载 $d_1=5.6\text{mm}$,试求终端负载阻抗的归一化值。

2-18 什么叫作激励和耦合?

2-19 波导中的激励可以有哪几种方式? 激励装置是什么? 电磁场能否激励的判据是什么?

2-20 圆形波导中的波型指数 m 和 n 的意义是什么? 它们与矩形波导中的波型指数有何不同?

2-21 欲在圆形波导中得到单模传输,应选择哪种波? 为什么?

2-22 试述圆形波导中 TE_{11}、TE_{01} 及 TM_{01} 这 3 种模式的特点及其应用。

2-23 何谓波导的简并? 矩形波导与圆形波导的简并波有何不同?

2-24 圆形波导中最低次模是什么模式? 旋转对称模式中最低阶模是什么模式? 损耗最小的模式是什么模式?

2-25 空气填充的圆形波导,其半径 $R=2\text{cm}$,工作于 TE_{01} 波,它的截止频率是多少?

2-26 若对题 2-25 中的波导填充 $\varepsilon_r=2.1$ 的介质,并保持截止频率不变,问波导的半径应如何变化?

2-27 空气填充圆形波导内半径 $R=3\text{cm}$,求 TE_{01} 模、TE_{11} 模、TM_{01} 模和 TM_{11} 模的截止波长。

2-28 有一空气填充的圆形波导,其直径为 5cm,试求:
(1) TE_{11}、TE_{01}、TM_{01}、TM_{11} 等模式的截止波长;
(2) 当工作波长为 7cm、6cm、3cm 时,波导中可能出现哪些波?
(3) 当 $\lambda=7\text{cm}$ 时,其基模的波导波长是多少?

2-29 要求圆形波导只传输 TE_{11} 模,信号工作波长为 5cm,问圆形波导半径应取何值?

2-30 圆形波导工作于 TE_{01} 模,已知 $\lambda=0.8\lambda_c$,$f=5\text{GHz}$,问相移常数 β 为多少? 若半径增大一倍,相移常数有何变化?

2-31 某通信机的工作频率 $f=5\text{GHz}$,用圆形波导传输主模,选取 $\lambda/\lambda_c=0.9$,试计算圆形波导的直径、波导波长、相速度和群速度。

2-32 现用半径 $R=1\text{cm}$ 的圆形波导制成截止衰减器,问长度为多少时才能使 $\lambda=30\text{cm}$ 的波衰减 30dB?

2-33 同轴线内导体半径 2mm,外导体半径 4mm,填充空气,求同轴线主模的截止波长、导波波长、相速度和波阻抗。

2-34 如果题 2-33 中填充媒质 $\mu_r=1$,$\varepsilon_r=2.5$,求同轴线中主模的截止波长、导波波长、相速度和波阻抗。

2-35 一个空气填充的同轴线,其内导体外直径 $d=12.7\text{cm}$,外导体直径 $D=31.75\text{cm}$,传输 TEM 波,工作频率 $f=9.375\text{GHz}$,空气的击穿场强 $E_{\text{br}}=30\text{kV/cm}$,试求同轴线的最大可承受功率。

2-36 设计一同轴线,其传输的最短工作波长为 10cm,要求特性阻抗为 50Ω,试计算硬的(空气填充)和软的(聚乙烯填充 $\varepsilon_r=2.26$)两种同轴线的尺寸。

2-37 介质为空气的同轴线外导体内直径 $D=7\text{mm}$,内导体外直径为 $d=3.04\text{mm}$,要求同轴线只传输 TEM 波,问电磁波最短工作波长为多少?

2-38 空气填充的同轴线外导体内直径 $D=16\text{mm}$,内导体直径 $d=4.44\text{mm}$,电磁波的频率 $f=20\text{GHz}$,问

同轴线中可能出现哪些波?

2-39 一发射机工作波长的范围为 10～20cm,现用同轴线作馈线,在要求损耗最小的情况下求同轴线的尺寸为多少?

2-40 与矩形波导相比,脊波导有哪些特点? 在实际中根据什么选择它们的用途?

2-41 与矩形波导和圆形波导相比,椭圆波导具有哪些特点?

2-42 加鳍波导一般用在哪一个波段上? 鳍线在应用上有何特点?

第 3 章 平面传输线

平面传输线是 20 世纪 60 年代发展起来的一种微波传输线,随着微波集成电路(Microwave Integrated Circuits,MIC)的发展,这种体积小、重量轻、易于集成的平面传输线得到广泛应用。平面传输线还具有频带宽、成本低、可靠性高等优点。缺点是损耗较大、功率容量较低,适用于中、小功率。

平面传输线不仅在微波集成电路中充当连接各元件和器件的传输线,还可以用来构成电感、电容、谐振器、滤波器、功分器、耦合器等无源器件。

平面传输线有多种结构形式,如微带线、带状线、共面波导、槽线、基片集成波导等。这种平面结构通过调节平面上的二维尺寸即可控制其传输特性。微带传输线一般传输的是TEM 波,因此用等效电路来分析,但是其等效电路比较复杂,要用到复变函数的保角变换。在需要考虑传输线中的高次模时,用规则波导的场理论。

本章主要讨论带状线和微带线的主要特性和设计方法,介绍共面带状线、共面波导、槽线、基片集成波导等在平面集成电路中常用的平面传输线。

3.1 带状线

带状线(stripline),也叫带线,如图 3-1 所示,由上、下两块接地板和中间一条导体带条组成。中心导带一般位于上、下接地板的对称面上,其余部分填充均匀介质,一般介质的相对磁导率 $\mu_r = 1$,相对介电常数为 ε_r。上、下接地板间距 b,导体带宽度和厚度分别为 W、t,导体带宽度 W 远小于工作波长。

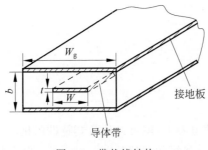

图 3-1 带状线结构

带状传输线可以看成是由同轴线演变而来的,如图 3-2 所示。带状线的主模也是 TEM模,所以是宽带传输线。图 3-3 是带状线 TEM 模的场结构,与同轴线的类似,电力线由金属导体带指向接地板,磁力线环绕导体带。

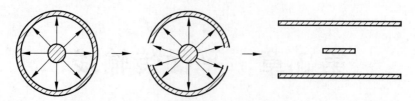

图 3-2 同轴线向带状线的演化

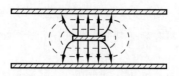

图 3-3 带状线的场结构

3.1.1 特性阻抗、传播常数和波导波长

与同轴线相同,描述带状线的特性参量有特性阻抗、相速度和波导波长等。

带状线所传输的主模是 TEM 模。在无耗情况下,其相速度

$$v_{\mathrm{p}} = \frac{1}{\sqrt{LC}} \tag{3-1}$$

式中,L、C 分别为带状线单位长度上的分布电感和分布电容。相速度也可用式(3-2)表示,即

$$v_{\mathrm{p}} = \frac{c}{\sqrt{\varepsilon_{\mathrm{r}} \mu_{\mathrm{r}}}} \tag{3-2}$$

式中,$c = 3 \times 10^{8} \,\mathrm{m/s}$,是电磁波在真空中的光速。因此,带状线的传播常数为

$$\beta = \frac{\omega}{v_{\mathrm{p}}} = \omega \sqrt{\mu_{0} \mu_{\mathrm{r}} \varepsilon_{0} \varepsilon_{\mathrm{r}}} \tag{3-3}$$

带状线的特性阻抗

$$Z_{\mathrm{c}} = \sqrt{\frac{L}{C}} \tag{3-4}$$

或

$$Z_{\mathrm{c}} = \frac{1}{v_{\mathrm{p}} C} \tag{3-5}$$

因此,只要求出带状线的等效电容 C,就可以确定其特性阻抗 Z_{c}。

用保角变换法可以得到带状线的单位长度分布电容,然而求解公式中含有复杂的特殊函数,为了应用方便起见,通过对于精确解的曲线拟合得到了简单的公式。下面分薄导体带和厚导体带两种情况进行讨论。

当导体带厚度很薄,即 $t \to 0$ 时,带状线特性阻抗计算公式为

$$Z_{\mathrm{c}} = \frac{30\pi}{\sqrt{\varepsilon_{\mathrm{r}}}} \frac{b}{W_{\mathrm{e}} + 0.441b} \tag{3-6}$$

式中，W_e 是带状线的有效宽度，根据宽度的不同，分两种情况计算：

$$\frac{W_e}{b} = \frac{W}{b} - \begin{cases} 0, & \frac{W}{b} > 0.35 \\ (0.35 - W/b)^2, & \frac{W}{b} < 0.35 \end{cases} \tag{3-7}$$

当金属导带厚度 t 不能忽略，即 $t \neq 0$ 时，导体带的宽度 W 对分布电容影响较大，因此分为宽导体带和窄导体带两种情况考虑。特性阻抗的具体计算公式比较烦琐，这里从略。根据公式绘制的特性阻抗曲线如图 3-4 所示。需要注意的是纵坐标是 $\sqrt{\varepsilon_r} Z_c$，横坐标是 W/b。图中还画出了 $t = 0$ 的特性阻抗曲线。

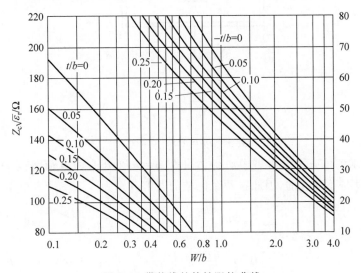

图 3-4 带状线的特性阻抗曲线

带状线的主模是 TEM 模，所以它的波导波长就是 TEM 模的波导波长，即

$$\lambda_g = \frac{\lambda_0}{\sqrt{\varepsilon_r}} \tag{3-8}$$

例 3-1 工作频率 4GHz，用相对介电常数 ε_r 为 2.25、厚度为 3.6mm 的介质基板。若 $t = 0$，设计特性阻抗为 50Ω 的带状线，并求带状线上的波导波长 λ_g 和相速度 v_p。

解：工作波长 $\lambda_0 = c/f = 7.5\text{cm}$，$\sqrt{\varepsilon_r} Z_c = 1.5 \times 50 = 75(\Omega)$。

查图 3-4 中 $t/b = 0$ 的曲线，得 $W/b = 0.8$，所以 $W = 3.6 \times 0.8 = 2.88(\text{mm})$。则

$$\lambda_g = \lambda_0 / \sqrt{\varepsilon_r} = 5\text{cm}$$

$$v_p = c / \sqrt{\varepsilon_r} = 2 \times 10^{10}\text{cm/s}$$

3.1.2 特性阻抗的数值解

带状线特性阻抗不能得到解析解，需要用数值方法求解。基本思路是首先利用单位长度上的电荷分布求得电容，再由式(3-5)得到其特性阻抗。下面介绍带状线特性阻抗的数值解法。

观察图 3-3 中带状线的场结构,可以看出电力线集中在中心导体带附近,因此可以在横向限定一个范围,如在导体带两侧$|x|=a/2$位置处放置两个金属壁。建立图 3-5 所示的数值求解模型,导体带厚度很薄,可忽略;且 $b \ll a$,使围绕导体带的场不受侧壁干扰。这样,在这一有限区域,电势满足拉普拉斯方程

$$\nabla_t^2 \Phi(x,y)=0, \quad -a/2 \leqslant x \leqslant a/2, \quad 0 \leqslant y \leqslant b \tag{3-9}$$

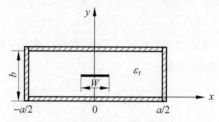

图 3-5　带状线特性阻抗数值求解模型

及边界条件

$$\begin{cases} \Phi(x,y)=0, & x=\pm a/2 \\ \Phi(x,y)=0, & y=0,b \end{cases} \tag{3-10}$$

用分离变量法求解该齐次方程。中心导体带在 $y=b/2$ 处有面电荷密度 $\boldsymbol{D}=-\varepsilon_0 \varepsilon_r \nabla_t \Phi$,$D$ 在 $y=b/2$ 处是不连续的,因此在两个区域的通解分别为

$$\Phi(x,y)=\begin{cases} \sum_{n=1}^{2n-1} A_n \cos \dfrac{n\pi x}{a} \sinh \dfrac{n\pi y}{a}, & 0 \leqslant y \leqslant b/2 \\[4mm] \sum_{n=1}^{2n-1} B_n \cos \dfrac{n\pi x}{a} \sinh \dfrac{n\pi (b-y)}{a}, & b/2 \leqslant y \leqslant b \end{cases} \tag{3-11}$$

这个解是 x 的偶函数,因此只有奇次项,并且满足边界条件式(3-10)。

电势在 $y=b/2$ 处必须连续,因此若式(3-11)中 $A_n=B_n$,则 A_n 可通过求解导体带上的电荷密度得到。因为 $E_y=-\partial \Phi/\partial y$,所以有 $\qquad (3\text{-}12)$

$$E_y=\begin{cases} -\sum_{n=1}^{2n-1} A_n \dfrac{n\pi}{a} \cos \dfrac{n\pi x}{a} \cosh \dfrac{n\pi y}{a}, & 0 \leqslant y \leqslant b/2 \\[4mm] \sum_{n=1}^{2n-1} A_n \dfrac{n\pi}{a} \cos \dfrac{n\pi x}{a} \cosh \dfrac{n\pi (b-y)}{a}, & b/2 \leqslant y \leqslant b \end{cases} \tag{3-13}$$

$y=b/2$ 处导体带上的面电荷密度为

$$\begin{aligned} \rho_S &= D_y(x,y=b/2^+) - D_y(x,y=b/2^-) \\ &= \varepsilon_0 \varepsilon_r [E_y(x,y=b/2^+) - E_y(x,y=b/2^-)] \\ &= 2\varepsilon_0 \varepsilon_r \sum_{n=1}^{2n-1} A_n \dfrac{n\pi}{a} \cos \dfrac{n\pi x}{a} \cosh \dfrac{n\pi b}{a} \end{aligned} \tag{3-14}$$

导体带上的面电荷密度近似为常数

$$\rho_S = \begin{cases} 1, & |x| < W/2 \\ 0, & |x| > W/2 \end{cases} \tag{3-15}$$

由式(3-14)、式(3-15),以及函数 $\cos(n\pi x/a)$ 的正交性,得到常数 A_n 为

$$A_n = \frac{2a\sin(n\pi W/2a)}{(n\pi)^2 \varepsilon_0 \varepsilon_r \cosh(n\pi b/2a)} \tag{3-16}$$

中心导体带上的电压为

$$V = -\int_0^{b/2} E_y(x=0,y)\mathrm{d}y = \sum_{n=1}^{2n-1} A_n \sinh\frac{n\pi b}{2a} \tag{3-17}$$

中心导体带上单位长度的总电荷为

$$Q = -\int_{-W/2}^{W/2} \rho_S(x)\mathrm{d}x = W(\mathrm{C/m}) \tag{3-18}$$

因此,带状线上单位长度电容为

$$C = \frac{Q}{V} = \frac{W}{\displaystyle\sum_{n=1}^{2n-1} \frac{2a\sin(n\pi W/2a)\sinh(n\pi b/2a)}{(n\pi)^2 \varepsilon_0 \varepsilon_r \cosh(n\pi b/2a)}}(\mathrm{F/m}) \tag{3-19}$$

于是,特性阻抗为

$$Z_c = \sqrt{\frac{L}{C}} = \frac{1}{v_p C} = \frac{\sqrt{\varepsilon_r}}{cC} \tag{3-20}$$

例 3-2 计算带状线特性阻抗 Z_c。图 3-5 中,$a=100b$,$\varepsilon_r=2.55$,$W/b=0.25\sim5.0$,比较数值法和近似公式法的计算结果。

解:编写计算机程序计算特性阻抗的数值解式(3-20),式(3-19)中的级数截断到 500 项。根据不同的 W/b,用近似公式(3-6)计算带状线的特性阻抗,结果列于表 3-1 中。

表 3-1 例 3-2 用表

W/b	Z_c 数值解/Ω	Z_c 近似公式解/Ω
0.25	98.8	86.6
0.5	73.3	62.7
1.0	49.0	41.0
2.0	28.4	24.2
3.5	16.8	15.0
5.0	11.8	10.8

可以看出,数值解与近似公式解比较一致,特别是对于导体带较宽的带状线。为了提高数值解的精度,可以采用更为精确的面电荷密度 ρ_S 的估计值。

3.1.3 损耗和功率容量

带状线中有导体损耗、介质损耗和导体带的辐射损耗,一般导体带的宽度远小于接地板的宽度,而且接地板的间距 b 比工作波长小很多,所以将辐射损耗忽略不计。那么就只有导体损耗和介质损耗,用损耗常数表示为

$$\alpha = \alpha_c + \alpha_d \tag{3-21}$$

根据传输线理论,由式(1-20)得

$$\alpha_c = \frac{1}{2}\frac{R}{Z_c} \tag{3-22}$$

$$\alpha_d = \frac{1}{2}GZ_c \tag{3-23}$$

式中，R 为带状线单位长度上的电阻；G 为带状线单位长度上的漏电导；Z_c 为特性阻抗。

因为带状线的场分布是不均匀的，具体计算电流和 α_c 比较烦琐，这里略去中间过程，只给出结果供参考。

对于宽导体带，即 $W/(b-t) \geqslant 0.35$

$$\alpha_c = \frac{2.02 \times 10^{-6} \sqrt{f} Z_c \varepsilon_r}{b} \times \left\{ \frac{1}{1 - \frac{t}{b}} + \frac{2W/b}{(1-t/b)^2} + \frac{1}{\pi} \left[\frac{1+t/b}{(1-t/b)^2} \right] \ln \left(\frac{\frac{1}{1-t/b} + 1}{\frac{1}{1-t/b} - 1} \right) \right\} (\mathrm{dB/m}) \tag{3-24}$$

式中，f 以 GHz 计。

对于窄导体带，即 $W/(b-t) < 0.35$。在 $t/b \leqslant 0.25$ 和 $t/W \leqslant 0.11$ 条件下

$$\alpha_c = \frac{0.011\,402 \sqrt{f \varepsilon_r}}{\sqrt{\varepsilon_r} Z_c b} \times \left[1 + \frac{b}{d} \left(0.5 + 0.669 \frac{t}{W} \right) - 0.255 \left(\frac{t}{W} \right)^2 + \frac{1}{2\pi} \ln \frac{4W\omega}{t} \right] (\mathrm{dB/m}) \tag{3-25}$$

式中，f 同样以 GHz 计。d 为窄导体带的等效圆柱形导体截面的直径，d 的值可查有关微波手册。

这组式中 α_c 是铜导体的衰减常数，若导体为其他材料，其 α_c 值可由式(3-26)得到，即

$$\frac{\alpha_c}{\alpha_{Cu}} = \frac{R_S}{R_{Cu}} \tag{3-26}$$

式中，α_{Cu} 为铜的衰减常数；R_S 为其他导体材料的表面电阻率；R_{Cu} 为铜导体的表面电阻率。

根据传输线理论，介质衰减常数 α_d 为

$$\alpha_d = \frac{1}{2}G\sqrt{\frac{L}{C}} = \frac{1}{2}\frac{G}{\omega C}\omega\sqrt{LC} = \frac{\pi\sqrt{\varepsilon_r}}{\lambda_0}\tan\delta \, (\mathrm{NP/m})$$

$$= \frac{27.3\sqrt{\varepsilon_r}}{\lambda_0}\tan\delta \, (\mathrm{dB/m}) \tag{3-27}$$

式中，λ_0 为自由空间波长；$\tan\delta = \dfrac{G}{\omega C}$ 为介质损耗角的正切。

带状线传输的功率容量主要受两个因素的制约：一是介质本身的击穿强度(与峰值功率相对应)；二是介质本身所能承受的最高温升(与平均功率相对应)。这两点决定了带状线难以传输比较大的功率，尤其是中心导体带的棱角处最易发生电击穿。若把棱角改为光滑圆角，则其功率容量会有所提高。

3.1.4　带状线的设计

带状线传输主模为 TEM 模，但若尺寸选择不当，或制作精度低等原因造成结构上的不

均匀,则会产生高次模 TE 和 TM。在选择尺寸时,应尽量避免高次模的出现。

带状线中 TE 模的最低次模是 TE_{10} 模,其场结构如图 3-6 所示。沿导带宽度 W 有半个驻波,沿介质的厚度方向场不变化。其截止波长为

$$(\lambda_c)_{TE_{10}} \approx 2W\sqrt{\varepsilon_r} \qquad (3\text{-}28)$$

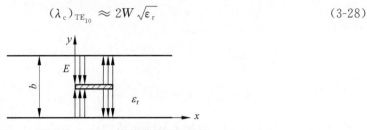

图 3-6 带状线中 TE_{10} 模的横截面场结构

TM 模的最低次模是 TM_{10} 模。它的场沿导带宽度方向没有变化,沿介质厚度方向有半个驻波的分布。其介质波长为

$$(\lambda_c)_{TM_{01}} \approx 2b\sqrt{\varepsilon_r} \qquad (3\text{-}29)$$

考虑所传输电磁波向两侧泄漏,上、下接地板的宽度不小于 $3W \sim 6W$。以上公式是在介质基板厚度远小于工作波长的情况下近似推导出来的。综上所述,带状线的尺寸选择为

$$\begin{cases} \lambda_{min} > 2W\sqrt{\varepsilon_r} \\ \lambda_{min} > 2b\sqrt{\varepsilon_r} \\ W_g = (3 \sim 6)W \\ b \ll \lambda_0/2 \end{cases} \qquad (3\text{-}30)$$

3.1.5 耦合带状线

如果在带状线中再加一个中心导体带,而且两个导体带相距很近,则它们之间将有电磁能量的耦合,这就构成了耦合带状线,如图 3-7(a)所示。金属导体带距离为 s,其他几何参数同带状线。根据这两个导体带位置的不同,耦合带状线有多种形式。这里仅分析导带关于上、下接地板对称,且两个导体带宽度相等的耦合带状线的情况。

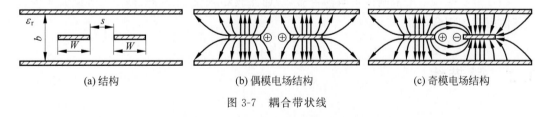

(a) 结构   (b) 偶模电场结构   (c) 奇模电场结构

图 3-7 耦合带状线

耦合带状线上的主模是 TEM 模,用奇、偶模理论分析耦合带状线。图 3-7(b)是偶模电场结构,图 3-7(c)是奇模电场结构。下面给出 Cohn 计算奇模与偶模特性阻抗的公式,公式的近似条件是 $t/b < 0.1$、$W/b > 0.35$。

$$\sqrt{\varepsilon_r}\,Z_{co} = 30\pi(b-t)\bigg/\left(W + \frac{bC}{2\pi}A_o\right) \tag{3-31}$$

$$\sqrt{\varepsilon_r}\,Z_{ce} = 30\pi(b-t)\bigg/\left(W + \frac{bC}{2\pi}A_e\right) \tag{3-32}$$

其中，

$$A_o = 1 + \frac{\ln(1+\coth\theta)}{0.6932}, \quad A_e = 1 + \frac{\ln(1+\tanh\theta)}{0.6932}$$

$$\theta = \frac{\pi s}{2b}, \quad C = 2\ln\left(\frac{2b-t}{b-t}\right) - \frac{t}{b}\ln\left[\frac{t(2b-t)}{(b-t)^2}\right]$$

式中，$\tanh(\cdot)$ 和 $\coth(\cdot)$ 分别是双曲正切函数和双曲余切函数。

若已知奇模特性阻抗和偶模特性阻抗，需要设计耦合带状线时，用以下一组公式：

$$\frac{W}{b} = \frac{2}{\pi}\text{arctanh}(k_o k_e) \tag{3-33}$$

$$\frac{s}{b} = \frac{2}{\pi}\text{arctanh}\left(\frac{1-k_o}{1-k_e}\sqrt{\frac{k_e}{k_o}}\right) \tag{3-34}$$

式中，$\text{arctanh}(\cdot)$ 是反双曲正切函数。其中参量 k_o、k_e 的表示式为

$$k_{o,e} = \left[1 - \left(\frac{\exp(\pi x_{o,e})-2}{\exp(\pi x_{o,e})+2}\right)^4\right]^{1/2}$$

$$= \left[\frac{\exp(\pi/x_{o,e})-2}{\exp(\pi/x_{o,e})+2}\right]^2, \quad 0 \leqslant x_{o,e} \leqslant \infty$$

$$x_{o,e} = \frac{Z_{co,e}\sqrt{\varepsilon_r}}{30\pi}$$

耦合带状线中的奇模和偶模，虽然场分布不同，但主模都是 TEM 模，而且它们又同时在均匀介质中传播，所以它们的传播速度，即相速度是相同的，即

$$v_{po} = v_{pe} = v_p = v_0\big/\sqrt{\varepsilon_r} \tag{3-35}$$

同样，两者的波导波长也相等，即

$$\lambda_g = \lambda_0\big/\sqrt{\varepsilon_r} \tag{3-36}$$

耦合带状线可以用来制作定向耦合器、带通滤波器、带阻滤波器、移相器等微波元件，以及其他用途的耦合电路。

3.2　微带线

微带线是应用最多的一种传输线，其几何结构如图 3-8 所示。这是一种非对称的双导体平面传输系统，W 是金属导体带宽度，t 是厚度；ε_r 和 h 分别是介质基片的相对介电常数和厚度；介质基片和接地板宽度均为 D。这种结构便于与其他传输线连接，也便于外接微波固体器件，以构成各种微波有源电路，其加工非常简单。

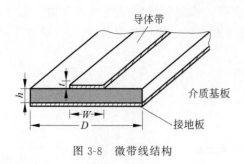

图 3-8 微带线结构

3.2.1 微带线的主模

微带线可以看成是由平行双导线演变而来的,图 3-9 是其演化过程。在图 3-9(a)所示的双导线的对称面上放置极薄金属板,这样就不会影响其场结构,然后抽去下方导线,并将上方导线压扁,在导体板之间再填充介质基片,即构成微带线。介质基片应采用损耗小、黏附性强、均匀性和热传导性好的材料,并且要求介质的相对介电常数随频率和温度变化也较小。

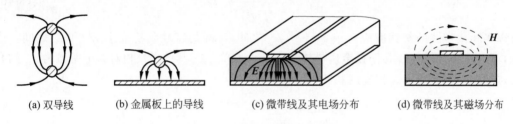

(a) 双导线　　(b) 金属板上的导线　　(c) 微带线及其电场分布　　(d) 微带线及其磁场分布

图 3-9 双导线向微带线的演变

图 3-9(c)、(d)中画出了微带线的电力线和磁力线分布,其形状大体上是双导线场结构的一半。但由于金属导带处于空气和介质基片组成的"混合"介质之间,场分量除了满足金属边界条件之外,还要满足不同介质分界面上的边界条件。因而电磁场可能存在纵向分量 E_z 和 H_z,所以也可能传输 TE 模或 TM 模。不过可以证明在基片厚度 $h \ll \lambda$ 的条件下,场纵向分量很小,可以近似地看成是 TEM 波,人们把微带线中传输的主模叫作"准TEM 波"。

3.2.2 特性阻抗、传播常数和波导波长

微带线的介质包括空气和介质基片,因此相对介电常数不能只用空气的或者基片的,这里引入等效相对介电常数的概念。等效相对介电常数用 ε_{re} 表示,定义为实际微带线的单位长度等效电容 C_1 与相同结构的只填充空气的单位长度微带线的等效电容 C_0 之比,即

$$\varepsilon_{re} = \frac{C_1}{C_0} \tag{3-37}$$

其意义可用图 3-10 予以说明。若金属导体带周围介质均为空气，$\varepsilon_r = 1$，则传输系统传输 TEM 波，相速度就是电磁波在空气中的传播速度，$v_p = c$，且特性阻抗为

$$Z_c^0 = \sqrt{\frac{L_0}{C_0}} = \frac{1}{c\,C_0} \tag{3-38}$$

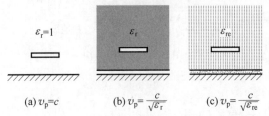

$$(a)\ v_p = c \qquad (b)\ v_p = \frac{c}{\sqrt{\varepsilon_r}} \qquad (c)\ v_p = \frac{c}{\sqrt{\varepsilon_{re}}}$$

图 3-10   微带线的有效相对介电常数

若金属导带周围介质均为相对介电常数为 ε_r 的介质，则传输系统仍传输 TEM 波，且相速度和特性阻抗分别为

$$v_p' = \frac{c}{\sqrt{\varepsilon_r}} \tag{3-39}$$

$$Z_c' = \frac{1}{c\,\sqrt{\varepsilon_r}\,C_0} \tag{3-40}$$

所以实际微带线的相速度应介于 c 与 $c/\sqrt{\varepsilon_r}$ 之间，实际的特性阻抗介于 Z_c^0 和 Z_c' 之间。由此，可以将实际微带线看作在金属导体带周围填充单一的、均匀的、相对介电常数为 ε_{re} 的介质，如图 3-10(c)所示。相速度和特性阻抗分别为

$$v_p = \frac{c}{\sqrt{\varepsilon_{re}}} \tag{3-41}$$

$$Z_c = \frac{1}{c\,\sqrt{\varepsilon_{re}}\,C_0} = \frac{Z_c^0}{\sqrt{\varepsilon_{re}}} \tag{3-42}$$

同时，其波导波长为

$$\lambda_g = \frac{\lambda_0}{\sqrt{\varepsilon_{re}}} \tag{3-43}$$

3.2.3   特性阻抗的近似公式

只要求得微带线的有效相对介电常数 ε_{re}，然后求出同样结构的填充空气的单位长度分布电容 C_0 或者特性阻抗 Z_c^0，便可由式(3-37)、式(3-38)和式(3-42)计算微带线的特性阻抗。其中等效电容可由保角变换法得到，具体步骤从略。下面直接给出特性阻抗值的近似公式。

在导体带厚度趋于 0，即 $t \approx 0$，且 $0.05 < W/h < 20$，$\varepsilon_r < 16$ 的条件下，有

$$\varepsilon_{re} = \frac{\varepsilon_r + 1}{2} + \frac{\varepsilon_r - 1}{2}\Big(1 + \frac{10h}{W}\Big)^{-\frac{1}{2}} \tag{3-44}$$

或

$$\varepsilon_{re} = 1 + q(\varepsilon_r - 1) \tag{3-45}$$

式中,

$$q = \frac{1}{2}\left[1 + \left(1 + \frac{10h}{W}\right)^{-\frac{1}{2}}\right] \tag{3-46}$$

称为有效填充因子,表征 $\varepsilon_r > 1$ 的介质的填充程度。当 $q = 0$, $\varepsilon_{re} = 1$ 时,表示导体带周围全部填充空气;当 $q = 1$ 时,$\varepsilon_{re} = \varepsilon_r$ 时,表示导体带周围全部填充相对介电常数为 ε_r 的介质。通常 $0 < q < 1$。

以下 Wheeler 公式在工程应用中已经足够。根据 W/h 的值,分为以下 3 种情况。

当 $W/h \le 1$ 时($t \approx 0$)

$$Z_c = \frac{60}{\sqrt{\varepsilon_{re}}}\ln\left(\frac{8h}{W} + \frac{W}{4h}\right) \tag{3-47}$$

当 $W/h > 1$ 时($t \approx 0$)

$$Z_c = \frac{120\pi}{\sqrt{\varepsilon_{re}}}\frac{1}{\frac{W}{h} + 2.42 - 0.44\frac{h}{W} + \left(1 - \frac{h}{W}\right)^6} \tag{3-48}$$

当 $W \gg h$ 时($t \approx 0$)

$$Z_c = \frac{60\pi^2}{\sqrt{\varepsilon_{re}}}\frac{1}{1 + \frac{\pi W}{2h} + \ln\left(1 + \frac{\pi W}{2h}\right)} \tag{3-49}$$

或用更精确的公式

$$Z_c = \frac{60\pi}{\sqrt{\varepsilon_{re}}}\frac{1}{\frac{W}{2h} + \frac{1}{h}\ln 2\pi e\left(\frac{W}{2h} + 0.94\right)} \tag{3-50}$$

从这些近似公式可以定性地看出,随着 W/h 的增大,有效相对介电常数逐渐增大,特性阻抗 Z_c 逐渐减小。

有时已知参数 ε_r 和所需微带线的特性阻抗,要求尺寸比值 W/h。这时用到另一组公式。首先计算中间参量 A 和 B:

$$A = \frac{Z_c}{60}\left(\frac{\varepsilon_r + 1}{2}\right)^{\frac{1}{2}} + \frac{\varepsilon_r - 1}{\varepsilon_r + 1}\left(0.23 + \frac{0.11}{\varepsilon_r}\right) \tag{3-51}$$

$$B = \frac{377\pi_c}{2Z_c\sqrt{\varepsilon_r}} \tag{3-52}$$

对于 $A \le 1.52$,有

$$\frac{W}{h} = \frac{8e^A}{e^{2A} - 2} \tag{3-53}$$

对于 $A > 1.52$,有

$$\frac{W}{h} = \frac{2}{\pi}\left\{B - 1 - \ln(2B - 1) + \frac{\varepsilon_r - 1}{2\varepsilon_r}\left[\ln(B - 1) + 0.39 - \frac{0.61}{\varepsilon_r}\right]\right\} \tag{3-54}$$

当导体带厚度不趋于 0,即 $t \ne 0$ 时,相当于导体带的边缘电容增加了,等效为导体带宽度增加了 ΔW,只要导体带宽度加上 ΔW,用 $W + \Delta W$ 代替 W,以上计算公式均可用。ΔW 的计算公式为

$$\Delta W = \begin{cases} \dfrac{t}{\pi}\left(\ln\dfrac{4\pi W}{t} + 1\right), & W/h < \dfrac{1}{2\pi} \\[3mm] \dfrac{t}{\pi}\left(\ln\dfrac{2h}{t} + 1\right), & W/h \geqslant \dfrac{1}{2\pi} \end{cases} \tag{3-55}$$

以上公式的运用比较烦琐,首先要判断用哪一个公式,然后用相应公式计算。为了避免烦琐的重复计算,将 Wheeler 公式的计算结果绘成图或制成表以供查用,这里从略。

图解法和查表法在微带线发展初期曾起过重要作用。随着数值计算方法的不断改进和计算机技术的提高,专用软件成为微波电路设计的一般方法,专用软件使用方便、精度高,成为工程设计和科学研究的有力工具。下面介绍一种较为精确的计算微带线特性阻抗的数值方法。

3.2.4 特性阻抗的近似静电解

与上一节带状线分析的处理方法类似,微带线接地板宽度为 a,建立如图 3-11 所示的直角坐标系,在 $|x|=a/2$ 处放置导电壁,y 向趋于无穷远。由于 $a \gg h$,所以 $x = \pm a/2$ 处电力线分布对微带线影响很小,可以忽略不计。两侧壁之间区域的拉普拉斯方程为

$$\nabla_t^2 \Phi(x,y) = 0, \quad -a/2 \leqslant x \leqslant a/2, \quad 0 \leqslant y < \infty \tag{3-56}$$

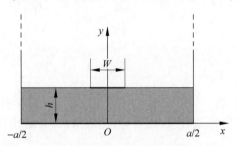

图 3-11　建立直角坐标系

边界条件为

$$\begin{cases} \Phi(x,y) = 0, & x = \pm a/2 \\[2mm] \Phi(x,y) = 0, & y = 0, \infty \end{cases} \tag{3-57}$$

因为存在空气-介质分界面,在导体带上有电荷不连续性,所以在这些区域分别有 $\Phi(x,y)$ 的表达式。用分离变量法求解该齐次方程,并利用以上边界条件,得到这两个区域的通解为

$$\Phi(x,y) = \begin{cases} \displaystyle\sum_{n=1}^{2n-1} A_n \cos\dfrac{n\pi x}{a}\sinh\dfrac{n\pi y}{a}, & 0 \leqslant y \leqslant h \\[4mm] \displaystyle\sum_{n=1}^{2n-1} B_n \cos\dfrac{n\pi x}{a}\mathrm{e}^{-n\pi y/a}, & d \leqslant y < \infty \end{cases} \tag{3-58}$$

电势在 $y = h$ 处必须连续,因此此式(3-58)中

$$A_n \sinh\dfrac{n\pi h}{a} = B_n \mathrm{e}^{-n\pi h/a} \tag{3-59}$$

A_n 通过求解导体带上的电荷密度得到。

首先计算 $E_y = -\partial\Phi/\partial y$,然后求得在 $y = h$ 处的电荷密度为

$$
\begin{aligned}
\rho_S &= D_y(x, y = h^+) - D_y(x, y = h^-) \\
&= \varepsilon_0 [E_y(x, y = h^+) - E_y(x, y = h^-)] \\
&= \varepsilon_0 \sum_{n=1}^{2n-1} A_n \frac{n\pi}{a} \cos\frac{n\pi x}{a}\left(\sinh\frac{n\pi h}{a} + \varepsilon_r \cosh\frac{n\pi h}{a}\right)
\end{aligned}
\tag{3-60}
$$

导体带上的面电荷密度近似为常数

$$
\rho_S = \begin{cases} 1, & |x| < W/2 \\ 0, & |x| > W/2 \end{cases}
\tag{3-61}
$$

令式(3-60)和式(3-61)相等,并利用函数 $\cos(n\pi x/a)$ 的正交性,得到常数 A_n 为

$$
A_n = \frac{4a\sin(n\pi W/2a)}{(n\pi)^2 \varepsilon_0 [\sinh(n\pi d/2a) + \varepsilon_r \cosh(n\pi d/2a)]}
\tag{3-62}
$$

导体带与接地面之间的电压为

$$
U = -\int_0^d E_y(x=0, y)\,\mathrm{d}y = \sum_{n=1}^{2n-1} A_n \sinh\frac{n\pi h}{2a}
\tag{3-63}
$$

中心导体带上单位长度的总电荷为

$$
Q = \int_{-W/2}^{W/2} \rho_S(x)\,\mathrm{d}x = W(\mathrm{C/m})
\tag{3-64}
$$

因此,带状线上单位长度电容为

$$
C = \frac{Q}{U} = \frac{W}{\displaystyle\sum_{n=1}^{2n-1} \frac{4a\sin(n\pi W/2a)\sinh(n\pi h/a)}{(n\pi)^2 \varepsilon_0 [\sinh(n\pi h/a) + \varepsilon_r \cosh(n\pi h/a)]}} \quad (\mathrm{F/m})
\tag{3-65}
$$

令 C_0 表示填充空气($\varepsilon_r = 1$)的微带线的单位长度电容;C 表示填充相对介电常数为 ε_r 的微带线的单位长度电容,则由式(3-37)可得有效相对介电常数,由式(3-42)计算特性阻抗。

例 3-3 计算微带线的特性阻抗 Z_c。图 3-11 中,$a = 100b$,$\varepsilon_r = 2.55$,$W/h = 0.25 \sim 10.0$,比较近似数值解和近似公式解的计算结果。

解:编写计算机程序计算特性阻抗的数值解式。分别将 $\varepsilon_r = 1$ 和 $\varepsilon_r = 2.55$ 代入式(3-65)计算 C_0 和 C_1,由式(3-37)计算有效相对介电常数 ε_{re},由式(3-42)计算特性阻抗。式(3-65)中的级数截断到 50 项,计算结果列于表 3-2 中。

表 3-2 例 3-3 表

W/h	数 值 解		近似公式解	
	ε_{re}	Z_c/Ω	ε_{re}	Z_c/Ω
0.5	1.977	100.9	1.938	119.8
1.0	1.989	94.9	1.990	89.9
2.0	2.036	75.8	2.068	62.2
4.0	2.179	45.0	2.163	39.3
7.0	2.287	29.5	2.245	25.6
10.0	2.351	21.7	2.198	19.1

数值解与近似公式解比较一致,采用更为精确的面电荷密度 ρ_S 的估计值,可以提高数值解的精度。

3.2.5 损耗

微带线的损耗主要包括导体损耗、介质损耗和辐射损耗,其衰减常数分别为 α_c、α_d 和 α_r。若微带线的尺寸选择得当,当频率不很高时,辐射损耗很小,可以忽略不计。微带线的损耗主要表现为导体损耗和介质损耗,其衰减常数为

$$\alpha = \alpha_c + \alpha_d \tag{3-66}$$

1. 导体损耗

微带线中高频电流沿导体带及接地板周界是非均匀分布的,精确的闭合解析式很难得到。在特殊情况下,可用数值方法求解,实践证明,工程上可以用以下近似公式计算。

当 $W/h \leqslant \dfrac{1}{2\pi}$ 时

$$\frac{\alpha_c Z_c h}{R_S} = \frac{8.68}{2\pi} \left[1 - \left(\frac{W_e}{4h} \right)^2 \right] \left[1 + \frac{h}{W_e} + \frac{h}{\pi W_e} \left(\ln \frac{4\pi W}{t} + \frac{t}{W} \right) \right] \tag{3-67}$$

当 $\dfrac{1}{2\pi} < W/h \leqslant 2$ 时

$$\frac{\alpha_c Z_c h}{R_S} = \frac{8.68}{2\pi} \left[1 - \left(\frac{W_e}{4h} \right)^2 \right] \left[1 + \frac{h}{W_e} + \frac{h}{\pi W_e} \left(\ln \frac{2h}{t} - \frac{t}{h} \right) \right] \tag{3-68}$$

当 $W/h > 2$ 时

$$\frac{\alpha_c Z_c h}{R_S} = \frac{8.68}{\left\{ \dfrac{W_e}{h} + \dfrac{2}{\pi} \ln \left[2\pi e \times p \left(\dfrac{W_e}{2h} + 0.94 \right) \right] \right\}^2} \left(\frac{\dfrac{W_e}{h} + \dfrac{W_e/\pi h}{\dfrac{W_e}{2h} + 0.94}}{} \right) \times$$

$$\left[1 + \frac{h}{W_e} + \frac{h}{\pi W_e} \left(\ln \frac{2h}{t} - \frac{t}{h} \right) \right] \tag{3-69}$$

其中,$W_e = \Delta W + W$,将这些公式的计算结果绘成曲线,图 3-12 画出了 3 条不同 t/h 值时,$\alpha_c Z_c h / R_S$ 随 W/h 的变化曲线。可见随着微带线宽度 W 的增加,其特性阻抗 Z_c 是减小的,导体损耗 α_c 也是减小的。

2. 介质损耗

设电磁场全部处于介质基片中,介质的介电常数为 ε,磁导率为 μ_0,电导率为 σ。根据坡印廷矢量,通过功率为

$$P = \int_s \frac{1}{2} \text{Re}(\boldsymbol{E} \times \boldsymbol{H}^*) \cdot \mathrm{d}\boldsymbol{s} = \frac{1}{2\eta} \int_s |\boldsymbol{E}|^2 \cdot \mathrm{d}\boldsymbol{s} \tag{3-70}$$

式中,η 为 TEM 波的波阻抗。单位长度中的损耗功率为

$$(P_L)_d = \frac{\int_v \dfrac{1}{2} \sigma \boldsymbol{E} \cdot \boldsymbol{E}^* \cdot \mathrm{d}v}{L} = \frac{1}{2} \sigma \int_s |\boldsymbol{E}|^2 \cdot \mathrm{d}\boldsymbol{s} \tag{3-71}$$

由式(2-100),介质损耗常数为

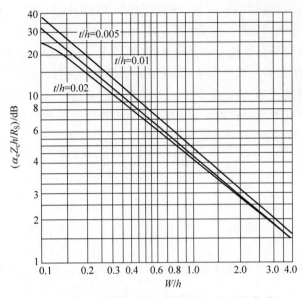

图 3-12 微带线中导体损耗随 W/h 的变化曲线

$$\alpha_{\mathrm{d}} = \frac{(P_{\mathrm{L}})_{\mathrm{d}}}{2P} = \frac{\sigma}{2}\sqrt{\frac{\mu_0}{\varepsilon}} = \frac{\sigma}{2\omega\varepsilon}(\omega\sqrt{\mu_0\varepsilon}) = \frac{\tan\delta}{2}k \tag{3-72}$$

式中，$\tan\delta = \sigma/(\omega\varepsilon)$ 是介质损耗角正切；$k = 2\pi\lambda_{\mathrm{g}}$，为 TEM 波的传播常数，其中 $\lambda_{\mathrm{g}} = \lambda_0/\sqrt{\varepsilon_{\mathrm{r}}}$ 为介质中的波导波长，简称介质波长。若采用 cm 为单位，则

$$\alpha_{\mathrm{d}} = 27.3\frac{1}{\lambda_{\mathrm{g}}}\tan\delta \tag{3-73}$$

实际上，微带线中的场并非全部集中在介质内，因此 α_{d} 的值要比式(3-73)的近似值略小，可以证明介质衰减常数为

$$\alpha_{\mathrm{d}} = 27.3\left(\frac{q\varepsilon_{\mathrm{r}}}{\varepsilon_{\mathrm{re}}}\right)\frac{\tan\delta}{\lambda_{\mathrm{g}}} \tag{3-74}$$

式中，$q = (\varepsilon_{\mathrm{e}}-1)/(\varepsilon_{\mathrm{r}}-1)$ 叫作填充因子，α_{d} 的单位为 dB/cm。

α_{c} 和 α_{d} 主要由介质基板的材料决定，还与工作频率等因素有关。

3.2.6 微带线的色散

上面分析的结论都是基于基片厚度 $h \ll \lambda$ 的条件下微带线传输 TEM 波而得到的，在频率较低时是正确的。当频率较高时，微带线中的 TE 模和 TM 模所组成的混合模是不能忽略的，微带线的波导波长 λ_{g}、相速度 v_{p} 和特性阻抗 Z_{c} 会随频率而变化，即必须考虑色散效应。这些参数的变化主要通过有效相对介电常数 $\varepsilon_{\mathrm{re}}$ 体现出来。

对于给定的微带线，存在一个临界频率 f_{c}，低于这一频率时色散现象可以忽略。临界频率的近似计算公式是

$$f_{\mathrm{c}} = \frac{0.95}{(\varepsilon_{\mathrm{r}}-1)^{1/4}}\sqrt{\frac{Z_{\mathrm{c}}}{h}}\quad(\mathrm{GHz}) \tag{3-75}$$

式中,介质基片厚度 h 的单位以 mm 计。例如,对于特性阻抗为 50Ω、介质相对介电常数为 9、厚度为 1mm 的微带线,按式(3-75)计算得到 $f_c = 4\text{GHz}$。

当微带线的工作频率高于这一临界频率时,必须考虑色散效应。根据近似理论和近似方法的不同,有多种结论和公式可供参考,这里介绍其中的一种。

当微带线的几何尺寸 W 和 h 不小于 $1/4$ 波长或半波长时,准 TEM 波将有明显的色散特性。色散特性可用有效相对介电常数 ε_{re} 随频率的变化来表示。在 $f \leqslant 100\text{GHz}, 2 < \varepsilon_r < 16, 0.06 \leqslant W/h \leqslant 16$ 条件下,修正公式为

$$\varepsilon_{re}(f) = \left[\frac{\sqrt{\varepsilon_r} - \sqrt{\varepsilon_{re}}}{1 + 4F^{-1.5}} + \sqrt{\varepsilon_{re}} \right]^2 \tag{3-76}$$

式中,

$$F = \frac{4h\sqrt{\varepsilon_r - 1}}{\lambda_0} \left\{ 0.5 + \left[1 + 2\ln\left(1 + \frac{W}{h}\right) \right]^2 \right\}$$

ε_{re} 是不考虑色散效应的有效相对介电常数。相应的特性阻抗修正公式为

$$Z_c(f) = Z_c \frac{\varepsilon_{re}(f) - 1}{\varepsilon_{re} - 1} + \sqrt{\frac{\varepsilon_{re}}{\varepsilon_{re}(f)}} \tag{3-77}$$

3.2.7 微带线的高次模和微带线的设计

如果微带线的工作频率比较高,其工作波长与尺寸可比拟时,微带线中就会出现高次模。微带线中的高次模有两种:波导模和表面波模,为了实现主模 TEM 模传输,就必须抑制波导模和表面波模。

1. 波导模

波导模存在于导体带与接地板之间所填充的介质中,这时导体带与接地板之间实际构成了宽 W、高 h、填充相对介电常数为 ε_r 的平行板波导,有 TE 模和 TM 模。最低次模为 TE_{10} 模,其截止波长为

$$(\lambda_c)_{\text{TE}_{10}} = \begin{cases} 2W\sqrt{\varepsilon_r}, & t = 0 \\ (2W + 0.8h)\sqrt{\varepsilon_r}, & t \neq 0 \end{cases} \tag{3-78}$$

TE_{10} 模的场结构如图 3-13 所示。场沿 x 方向是半个驻波,电场 E_y 在 $x = W/2$ 处为 0,在 $x = 0$ 处,W 相对于开路,是波腹点;沿 y 方向没有变化,呈均匀分布。

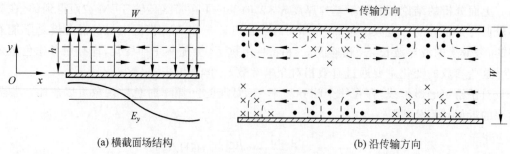

(a) 横截面场结构   (b) 沿传输方向

图 3-13 TE_{10} 模的场结构

微带线中 TM 模的最低模是 TM_{01} 模,其场结构如图 3-14 所示。场沿 x 方向均匀分布,沿 y 方向呈半驻波分布,电场 E_y 在 $y=0,h$ 是波腹点,$y=h/2$ 是波节点。TM_{01} 模的截止波长为

$$(\lambda_c)_{TM_{01}} = 2h \sqrt{\varepsilon_r} \tag{3-79}$$

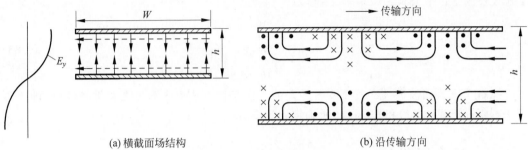

(a) 横截面场结构　　　　　　　　　　　(b) 沿传输方向

图 3-14　TM_{01} 模的场结构

为了抑制波导模,微带线的最小工作波长应该满足

$$\lambda_{min} > \max\left[(\lambda_c)_{TE_{10}},(\lambda_c)_{TM_{01}}\right] \tag{3-80}$$

已知工作波长,由式(3-78)~式(3-80)确定微带线的几何尺寸 W 和 h。

2. 表面波模

表面波大部分分布在靠近接地板的填充介质中,并且沿着接地板表面传播,也分 TE 模和 TM 模。TE 模没有纵向(z 向)电场分量,横向电场只有 E_x 分量,磁场有 H_y 和 H_z 分量;TM 模没有纵向磁场分量,横向磁场只有 H_x 分量,电场有 E_y、E_z 分量。对于表面波模来说,可以假定所有的场分量在 x 方向无变化,而只在 y 方向有变化,因此只用一个表示 y 方向的下标即可,如 TE_0、TE_1、TE_2、$\cdots$、TM_0、TM_1、TM_2 等。下标 0 表示在微带线横截面内,场量沿 y 方向的完整的"半个驻波"数为 0,不足一个,但有一个最大值;下标 1 表示在微带线横截面内,场量沿 y 方向的完整的"半个驻波"数为 1,有 2 个最大值;以此类推。

表面波中 TE 模的最低次模为 TE_0 模,其截止波长为

$$\lambda_c = 4h \sqrt{\varepsilon_r - 1} \tag{3-81}$$

表面波中 TM 模的最低次模为 TM_0 模,其截止波长为

$$\lambda_c = \infty \tag{3-82}$$

可见,对于 TE_0 模,用设计尺寸的办法容易抑制,只要工作波长大于截止波长。但是 TM_0 模不易抑制。实际上在微带线中,只有当表面波的相速度与准 TEM 波的相速度相同时,这两种模才会发生强耦合,使准 TEM 波不能正常传播。因此只要避免这两种情况即可。

TE 模与准 TEM 模的相速度相同,两者之间发生强耦合的频率为

$$f_{TE} = \frac{3\sqrt{2}c}{8h \sqrt{\varepsilon_r - 1}} \tag{3-83}$$

TM 模与准 TEM 模的相速度相同,两者之间发生强耦合的频率为

$$f_{TM} \approx \frac{\sqrt{2}c}{4h \sqrt{\varepsilon_r - 1}} \tag{3-84}$$

式中，c 为自由空间电磁波的传播速度。在微带线的设计中，为了避免准 TEM 模与高次模发生强耦合，工作频率应低于 f_{TE} 和 f_{TM} 两者中的较低者；若工作频率较高，可采用 ε_r 和 h 较小的介质基片，借以提高 f_{TE} 和 f_{TM}，从而达到避免强耦合的目的。

综上所述，抑制 TE、TM 波导模和 TE 表面波模，可以采用选择合适尺寸的方法。最小工作波长满足以下公式：

$$\lambda_{min} > \begin{cases} 2W\sqrt{\varepsilon_r} \\ 2h\sqrt{\varepsilon_r} \\ 4h\sqrt{\varepsilon_r - 1} \end{cases} \tag{3-85}$$

抑制 TM 表面波和 TE 表面波模最好的方法是使 TEM 波不与之发生强耦合，即工作频率不要选择式(3-83)和式(3-84)所确定的频率。

3.2.8 耦合微带线

在微带线旁边再加一条导体带即构成耦合微带线，如图 3-15 所示。耦合微带线的间距为 S，其他几何参量意义同微带线。耦合微带线被广泛应用于定向耦合器、滤波器、阻抗匹配网络及移相器中。

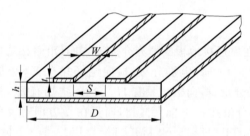

图 3-15 耦合微带线

对于这样的三导体系统，精确计算其传输参量将更为复杂。常用的方法与微带线一样，是准静态场法，即把耦合微带线中传输的模看作准 TEM 模，采用奇模激励和偶模激励两种状态对它进行分析，其他激励状态可以看作是这两种状态的叠加。

所谓奇模激励，就是在耦合线的两个中心导体带上加幅度相等、相位相反的电压，其场结构如图 3-16 所示。耦合线对称面上电场强度的切向分量为 0，此对称面称为电壁。偶模激励，就是在耦合线的两个中心导体带上加幅度相等、相位相同的电压，其场结构如图 3-17 所示。耦合线对称面上磁场强度的切向分量为 0，此对称面称为磁壁。用保角变换法可分别求出相应于奇模激励和偶模激励的电容、有效相对介电常数、相速度、特性阻抗及波导波长。下面给出的是导体带厚度 $t \rightarrow 0$ 时耦合微带线特性参数。

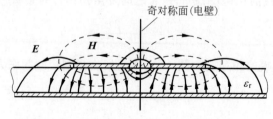

图 3-16 对称微带线奇模激励的电场分布

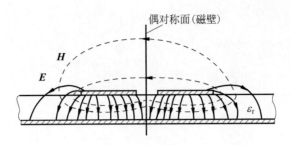

图 3-17　对称微带线偶模激励的电场分布

若耦合微带线填充的完全是空气介质,单根导体带对接地板的奇模电容为 $C_o(1)$,偶模电容为 $C_e(1)$;若耦合微带线填充的完全是相对介电常数为 ε_r 的介质,单根导体带对接地板的奇模电容为 $C_o(\varepsilon_r)$,偶模电容为 $C_e(\varepsilon_r)$。那么耦合微带线的奇模和偶模有效相对介电常数分别为

$$\varepsilon_{eo} = \frac{C_o(\varepsilon_r)}{C_o(1)} = 1 + q_o(\varepsilon_r - 1) \tag{3-86}$$

$$\varepsilon_{ee} = \frac{C_e(\varepsilon_r)}{C_e(1)} = 1 + q_e(\varepsilon_r - 1) \tag{3-87}$$

式中,q_o 和 q_e 分别是奇、偶模的填充系数。由此奇模相速度和偶模相速度的表示式为

$$v_{po} = \frac{c}{\sqrt{\varepsilon_{eo}}} \tag{3-88}$$

$$v_{pe} = \frac{c}{\sqrt{\varepsilon_{ee}}} \tag{3-89}$$

c 为自由空间电磁波的传播速度。奇模和偶模特性阻抗的表示式分别为

$$Z_{co} = \frac{1}{v_{po}C_o(\varepsilon_r)} = \frac{Z_{co}(1)}{\sqrt{\varepsilon_{eo}}} \tag{3-90}$$

$$Z_{ce} = \frac{1}{v_{pe}C_e(\varepsilon_r)} = \frac{Z_{ce}(1)}{\sqrt{\varepsilon_{ee}}} \tag{3-91}$$

根据这些公式的计算结果绘制成曲线,可粗略估计有效相对介电常数和特性阻抗。在 W/h、S/h 相同的情况下偶模特性阻抗总是大于奇模特性阻抗。目前有很多商业软件可以方便而精确地计算奇、偶模有效介电常数和特性阻抗。

奇模和偶模的波导波长分别为

$$\lambda_{ge} = \frac{\lambda_0}{\sqrt{\varepsilon_{ee}}} \tag{3-92}$$

$$\lambda_{go} = \frac{\lambda_0}{\sqrt{\varepsilon_{eo}}} \tag{3-93}$$

耦合微带线损耗主要是导体损耗和介质损耗,导体衰减常数和介质衰减常数近似公式如下。

对于奇模

$$(\alpha_c)_o \approx 27.3 \frac{R_S}{WZ_{co}} \tag{3-94}$$

$$(\alpha_d)_o \approx 27.3 \frac{q_o \varepsilon_r}{\varepsilon_{eo}} \tag{3-95}$$

对于偶模

$$(\alpha_c)_e \approx 27.3 \frac{R_S}{W Z_{ce}} \tag{3-96}$$

$$(\alpha_d)_e \approx 27.3 \frac{q_e \varepsilon_r}{\varepsilon_{ee}} \tag{3-97}$$

衰减常数的单位 dB/cm。

3.3 其他平面传输线

除了以上介绍的微带线、带状线及其耦合结构,目前还出现了许多适用于微波集成电路的平面传输线,如共面波导、共面带状线、槽线等。有专门的分析设计软件对这些传输线特性进行分析,或者反过来,根据需要设计传输线的几何尺寸,使用非常方便。下面对这些常用平面传输线及其特性作简要介绍,而略去复杂的公式推导。

3.3.1 共面波导

共面波导结构如图 3-18 所示。介质基片一面是导体面,在导体面上,中间是导体带,宽度 W,两侧是接地板,中间有两条缝隙,宽度均为 G;另一面可以是介质面[图 3-18(a)],也可以是接地面[图 3-18(b)];介质厚度 h。这种金属导体带和接地面位于同一平面的结构适合用于集成电路,可免去通孔。

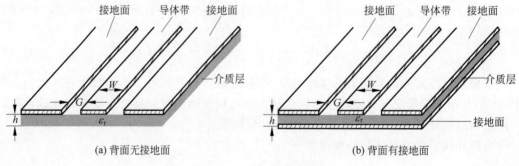

(a) 背面无接地面　　　　　　　　(b) 背面有接地面

图 3-18 共面波导结构

图 3-19 是用商业软件计算的不同导体带宽度 W 下,共面波导的特性阻抗随缝隙 G 的变化趋势图,其中介质基片相对介电常数 $\varepsilon_r = 2.65$,厚度 0.8mm,中心频率 10GHz。由图可见,相同结构尺寸情况下,背面不接地共面波导的特性阻抗受 G 和 W 尺寸影响很大,而背面接地共面波导的特性阻抗 Z_c 在 $G > 0.5$mm 后变化很小;而且在结构尺寸相同时,前者的特性阻抗 Z_c 比后者的要大。一般情况下,G、W、h 的尺寸小于 1/4 波导波长。

在具体应用中,根据不同要求选择不同特性的共面波导形式和介质基片,并设计结构尺寸。

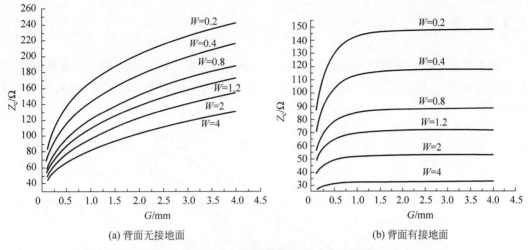

(a) 背面无接地面　　　　　　(b) 背面有接地面

图 3-19　共面波导特性阻抗与几何参量的关系 $(\varepsilon_r=2.65,h=0.8\mathrm{mm})$

3.3.2　共面带线

共面带线是共面波导的互补结构,如图 3-20 所示,背面一般是介质面。共面带线是比较实用的单面传输线,它的平衡对称结构适合应用在滤波器、平面印制偶极子天线的馈线、平面混频器等。

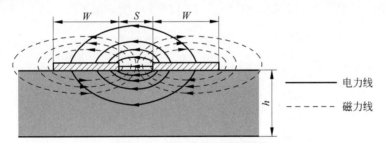

图 3-20　共面带线及其场结构

若有效相对介电常数为 ε_{re}。共面带线的特性阻抗计算公式为

$$Z_c=\frac{120\pi}{\sqrt{\dfrac{\varepsilon_{re}+1}{2}}}\frac{\pi}{\ln\!\left(2\,\dfrac{1+\sqrt{k'}}{1-\sqrt{k'}}\right)} \tag{3-98}$$

其中,

$$k'=\sqrt{1-\left(\frac{S}{S+2W}\right)^2} \tag{3-99}$$

例如,介质板厚度 $h=0.8\mathrm{mm}$,相对介电常数 $\varepsilon_r=2.65$,损耗角正切为 0.001。共面带线的几何尺寸设计为 $S=0.4\mathrm{mm},W=0.8\mathrm{mm}$,由式(3-98)计算得到共面带线的特性阻抗为 160Ω。

3.3.3 槽线

在介质基片敷有导体层的一面上开出一个槽,便是槽线,如图 3-21 所示。介质厚度 h,相对介电常数 ε_r,槽宽 G,另一面没有导体。为了使电磁场更集中于槽附近,并减少电磁能量的辐射,一般采用高介电常数的基片。

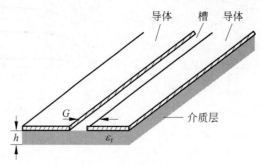

图 3-21 槽线结构

槽线中传输的既不是 TEM 波,也不是准 TEM 波,而是一种波导模,它没有截止频率,但是具有色散性质,因此,其相速度和特性阻抗均随频率而变。由于槽线的接地板与槽处于同一面,因此易于与二极管、三极管等有源器件集成。图 3-22 是用软件计算的两种介质基片上槽线的特性阻抗随槽缝隙 G 的变化趋势,工作频率 10GHz,介质厚度均为 0.8mm。可见 Z_c 随 G 的增大而增大。G 和 h 的尺寸一般小于 1/4 波导波长。

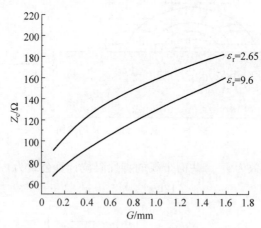

图 3-22 槽线特性阻抗 Z_c 与槽缝隙 G 的关系

3.3.4 基片集成波导

前面介绍的带状线、微带线、共面波导、共面带线等平面传输线,具有重量轻、易共形、造价低、易与射频集成电路(RFIC)和其他平面电路集成等优点,在各类通信系统的发射、中继和接收射频前端得到广泛应用。但是这类平面传输线在毫米波段损耗大,一般只适用于工作频率在 30GHz 以下的微波器件和系统。2002 年吴柯等提出的基片集成波导(Substrate Integrated Waveguide, SIW),既保留了平面传输线的优点,又具有金属波导损耗小的优点,在现有加工技术条件下工作频率可达 F 波段(110GHz)。

1. 基片集成波导结构和特性

基片集成波导就是在上下表面敷有金属的介质板上开两排金属通孔,如图 3-23 所示。介质板厚度为 h,两排金属通孔之间的间距为 w,形成了一个类似矩形波导的结构,电磁波在两排金属通孔之间的介质中传播。

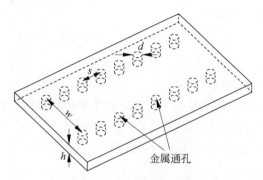

图 3-23 基片集成波导结构

介质板的相对介电常数为 ε_r,金属通孔的直径和间距分别为 d 和 s,两排金属通孔的圆心之间的距离 w 称作基片集成波导的宽度。通过实验曲线拟合推导出基片集成波导等效宽度关系式:

$$w_{eff} = w - \frac{d^2}{0.95s} \tag{3-100}$$

将这个等效宽度 w_{eff} 作为矩形波导的实际宽度 a,便可用矩形波导的截止频率计算公式(2-85)来分析基片集成波导中的传播模式和频率。后来又得到更为精确的等效宽度 w_{eff} 计算式:

$$w_{eff} = w - \frac{1.08d^2}{s} + \frac{0.1d^2}{w} \tag{3-101}$$

对于基片集成波导结构,由于一般情况下介质基板的高度 h 远小于工作波长,所以式(2-85)中的 n 取 0,那么可以得到其近似截止频率:

$$f_c = \frac{cm}{2w_{eff}\sqrt{\mu_r\varepsilon_r}} \tag{3-102}$$

其中,c 是自由空间电磁波的传播速度,m 是波导宽度上半驻波的数目。如果利用基片集成波导等效宽度近似式(3-100),则其类 TE_{10} 模的截止频率:

$$f_{c(TE_{10})} = \frac{c}{2\sqrt{\mu_r\varepsilon_r}}\left(w - \frac{d^2}{0.95s}\right)^{-1} \tag{3-103}$$

用实验曲线拟合得到类 TE_{20} 模的截止频率:

$$f_{c(TE_{20})} = \frac{c_0}{\sqrt{\mu_r\varepsilon_r}}\left(w - \frac{d^2}{1.1s} - \frac{d^3}{6.6s}\right)^{-1} \tag{3-104}$$

基片集成波导的两排金属通孔造成侧壁的不连续性。通孔间的缝隙切割电流而产生辐射,在侧壁上不能形成稳定的连续电流。因此,基片集成波导中不存在类 TM_{mn} 模。

基片集成波导的损耗除了导体损耗、介质损耗和表面波辐射损耗之外,还有由金属通孔引起的漏波损耗和反射损耗,这里不再详述。

2. 基片集成波导设计

一般来说,基片集成波导的介质基板厚度小于工作波长和其宽度,即 $h<\lambda, h<w$。工作频率主要由宽度 w 决定。通孔直径 d 和间距和 s 影响其漏波损耗和反射损耗,经实验和数值计算,得出以下设计近似公式:

$$\begin{cases} d < \min(0.2\lambda_c, 0.4w) \\ d < s < 2d \end{cases} \tag{3-105}$$

其中,λ_c 为工作模式的截止波长。

在设计基片集成波导时,首先根据工作频率和单模传输条件计算普通矩形波导宽度 a,然后根据式(3-105)设计金属通孔直径和间距,最后利用式(3-100)或者式(3-101)计算出对应 SIW 的结构尺寸。精确的实际宽度 w 可用多次迭代法获得。

3.4 平面传输线的激励与耦合

微带线的激励方法有同轴线激励和波导激励。图 3-24 是同轴线激励微带线示意图,也叫微带线的同轴线馈电结构。将同轴线的内导体延长与微带线的导体带平行焊接在一起,同轴线外导体与微带线的接地板相连,同轴线内导体的另一端接信号源。

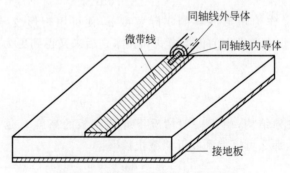

图 3-24 同轴线对微带线的激励结构

同轴线内导体与微带线导体带的搭接部分一般大于同轴线内导体直径的 2 倍以上,以减小连接处的不均匀性而引起的反射。这种激励结构在 X 波段以下,一般可以得到 1.15 的电压驻波比,完全能够满足一般的工程需要。

微带线的同轴线馈电方法是平面传输线和平面电路中最基本和最常用的馈电方法。一般测试设备和信号源的输出都是同轴线,为了测试平面电路或给平面电路馈电,有标准的 SMA(small microstrip axial)接头供直接使用。

共面波导的馈电方式与微带线类似,同轴线的内导体延长线与共面波导的导体带平行焊接,外导体与共面波导的接地面相接。

基片集成波导可通过微带线馈电,图 3-25 是两种馈电形式的俯视图。图 3-25(a)是梯形渐变式,梯形过渡的作用是匹配微带线的特性阻抗与基片集成波导的等效阻抗,使其在不连续处的反射最小,但是体积较大;图 3-25(b)是通过共面波导过渡,少了渐变结构,体积较前者小。

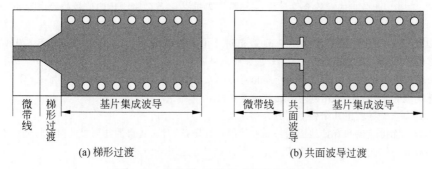

(a) 梯形过渡　　　　　　　　　　　　(b) 共面波导过渡

图 3-25　微带线-基片集成波导转换结构

习　题

3-1 一根以聚四氟乙烯 $\varepsilon_r=2.10$ 为填充介质的带状线,已知其厚度 $b=5\text{mm}$,金属导体带厚度和宽度分别为 $t=0$、$W=2\text{mm}$,求此带状线的特性阻抗及其不出现高次模式的最高频率。

3-2 对于特性阻抗为 50Ω 的铜导体带状线,介质厚度 $b=0.32\text{cm}$,有效相对介电常数 $\varepsilon_r=2.20$,求线的宽度 W。若介质的损耗角正切为 0.001,工作频率为 10GHz,计算单位为 dB/λ 的衰减,假定导体的厚度 $t=0.01\text{mm}$。

3-3 已知带状线两接地板间距 $b=6\text{cm}$,中心导体带宽度 $W=2\text{cm}$,厚度 $t=0.55\text{cm}$,试求填充 $\varepsilon_r=2.25$ 和 $\varepsilon_r=2.55$ 介质时的特性阻抗。

3-4 已知带状线介质厚度 $b=2\text{mm}$,金属导体带厚度 $t=0.1\text{mm}$,宽度 $W=1.7\text{mm}$,计算 $\varepsilon_r=2.1$ 的聚四氟乙烯敷铜带状线的特性阻抗。

3-5 求特性阻抗为 50Ω 的陶瓷基片($\varepsilon_r=9$)的带状线的宽高比 $W/b(t\approx0)$。

3-6 已知带状线两导体平板之间的距离 $b=1\text{mm}$,中心导体带的宽带 $W=2\text{mm}$,厚度 $t=0.5\text{mm}$,填充介质的相对介电常数为 $\varepsilon_r=2$,求该带状线主模的相速度和带状线的特性阻抗。

3-7 有两个带状线,一个填充介质的相对介电常数为 ε_{r1},图 3-1 中各个尺寸为 b_1、t_1、W_1;另一个填充介质的相对介电常数为 ε_{r2},尺寸 b_2、t_2、W_2;试问:
(1) 当 $\varepsilon_{r1}=\varepsilon_{r2}$,$b_1=b_2$,$t_1=t_2$,$W_1>W_2$ 时,哪一个带状线的特性阻抗大?为什么?
(2) 当 $b_1=b_2$,$t_1=t_2$,$W_1=W_2$,$\varepsilon_{r1}<\varepsilon_{r2}$ 时,哪一个带状线的特性阻抗大?为什么?

3-8 已知带状线厚度 $b=3.16\text{mm}$,相对介电常数 $\varepsilon_r=2.20$,计算特性阻抗为 100Ω 带状线的导体带宽度,并求 4.0GHz 时此线的波导波长。

3-9 带状线的相速度与电磁波在自由空间的相速度是什么关系?波长之间又是什么关系?对于微带线(准 TEM 波),上述各量间又是什么关系?

3-10 计算微带线的宽度和长度,要求在 2.5GHz 有 50Ω 特性阻抗和 $90°$ 相移。基片厚度 $h=1.27\text{mm}$,有效相对介电常数 $\varepsilon_r=2.20$。

3-11 已知某微带线的导体宽带为 $W=2\text{mm}$,厚度 $t\rightarrow0$,介质基片厚度 $h=1\text{mm}$,相对介电常数 $\varepsilon_r=9$,求此微带线的有效填充因子 q、有效介电常数 ε_e 及特性阻抗 Z_0。(设空气微带特性阻抗 $Z_0^a=88\Omega$)。

3-12 已知某耦合微带线,介质为空气时,奇、偶特性阻抗分别为 $Z_{0o}^a = 40\Omega$,$Z_{0e}^a = 100\Omega$,实际介质 $\varepsilon_r = 10$ 时,奇、偶模填充因子分别为 $q_o = 0.4$,$q_e = 0.6$,工作频率 $f = 10\text{GHz}$。试求介质填充耦合微带线的奇、偶模特性阻抗、相速度和波导波长各为多少?

3-13 一微带线特性阻抗 $Z_0 = 50\Omega$,基板介电常数 $\varepsilon_r = 4.3$,厚度为 $h = 0.8\text{mm}$,中心频率 $f_0 = 1.8\text{GHz}$。试求微带线的有效介电常数 ε_e、传播波长 λ_g 及相位速度 v_p。

3-14 已知某微带线的导带宽度 $W = 2\text{mm}$、厚度 $t = 0.01\text{mm}$,介质基片厚度 $h = 0.8\text{mm}$,相对介电常数 $\varepsilon_r = 9.6$,求:此微带的有效介电常数 ε_e 和特性阻抗 Z_c;若微带中传输信号的频率为 6GHz,求相速度和波导长度。

3-15 已知微带线的特性阻抗为 50Ω,介质是相对介电常数为 $\varepsilon_r = 9.6$ 的氧化铝陶瓷。设损耗角正切 $\tan\delta = 0.0002$,工作频率 $f = 10\text{GHz}$,求介质衰减常数 α_d。

3-16 设介质基片的厚度 $h = 1.58\text{mm}$,介质相对介电常数 $\varepsilon_r = 2.55$。设计特性阻抗为 100Ω 的微带线,并计算此线在 4.0GHz 工作频率时的波导波长。

3-17 什么是介质波导?按其结构形式分为哪几类?

3-18 比较背面无接地面和有接地面的共面波导的特性阻抗特性,各自的几何尺寸对特性阻抗有何影响?

3-19 共面波导与槽线中所传输的模式是什么?针对二者应用举例说明。

第 4 章 微波谐振腔

本章主要讨论常用微波谐振腔的基本特性及其设计方法。首先介绍微波谐振腔的基本特性参数,然后分析矩形谐振腔、圆柱谐振腔、同轴线谐振腔,以及微带线谐振腔、介质谐振腔的工作原理和设计方法,最后介绍微波谐振腔的等效电路。

4.1 引言

微波谐振腔也叫微波谐振器,相当于低频电路中的 LC 振荡回路。在 LC 振荡回路中,电感存储磁能,电容存储电能。但是在微波波段,谐振回路的长度与电磁波的波长相比拟,由此产生一些不利因素,如产生辐射、介质损耗和导体损耗急剧增加、集总参数的 LC 谐振回路性能变得很差,所以到分米波段就不能运用集总参数谐振回路了,而要用微波谐振腔。

微波波段的谐振一般用微波谐振腔实现,微波谐振腔是用短路面、开路面,以及其他措施将电磁场约束于一定空间的装置。谐振腔中的电能和磁能区域是无法截然分开的。

实际上,可以把微波谐振腔看成低频 LC 回路随频率升高时的自然过渡。图 4-1 表示 LC 谐振回路向矩形谐振腔和圆柱谐振腔的过渡过程。为了提高工作频率,必须减小 L 和 C,因此就要增加电容器极板间的距离,减小电感线圈的匝数,直到减小到一根直导线。然后数根导线并接,在极限情况下便得到封闭式谐振空腔。

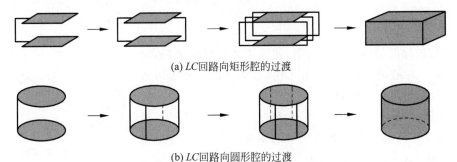

(a) LC回路向矩形腔的过渡

(b) LC回路向圆形腔的过渡

图 4-1　由集总参数 LC 谐振回路向微波谐振腔的过渡

与 LC 谐振回路比较,微波谐振腔有许多显著特点:①由于电场和磁场分布在腔体的整个空间,谐振腔是分布参数谐振电路;②微波谐振腔具有多模性和多谐性,与金属波导类似,一个谐振腔内可存在多个工作模,即存在多个谐振频率;③微波谐振腔具有损耗小、Q 值高、频率选择性好、功率容量大及结构坚固等优点。

微波谐振腔是微波技术中的基本元件,用于微波信号源、微波滤波器、振荡器、频率计、调谐放大器和微波测量中。按照工作机理可分为传输线型和非传输线型两类。将微波传输线两端接短路面或开路面便形成传输线型谐振腔,如矩形谐振腔、圆柱谐振腔、同轴线谐振腔、微带谐振腔和介质谐振腔等;非传输线型谐振腔是一些特殊形状的谐振腔,在腔体的一个或几个方向上存在不均匀性,如电容加载同轴线谐振腔、注入式环形谐振腔等。根据不同用途,选择不同形式的谐振腔。如微波集成电路中,主要采用微带谐振腔和介质谐振腔。不同类型的微波谐振腔有不同的分析方法。

4.2　谐振腔的主要特性参数

谐振腔的主要特性参数有谐振频率 f_0(或者谐振波长 λ_0)、品质因数 Q_0 和谐振电导 G_0(或电阻 R_0)。如同在规则波导中那样,谐振腔中也有 TM 模和 TE 模,不同工作模式的 f_0、Q_0 和 G_0 一般是不同的。

4.2.1　谐振频率

对于低频 LC 谐振回路,只要电感、电容一定,谐振频率就是唯一的。微波谐振腔则不同,它可以在一系列频率下产生电磁振荡。电磁振荡的频率称为谐振频率 f_0,也叫固有频率,对应的波长为谐振波长 λ_0。谐振频率(或谐振波长)是微波谐振腔的重要参数之一。

不同种类的微波谐振腔,产生谐振的条件不同,因而求解谐振频率的方法也不同。由规则波导形成的空腔是一种最基本,也是最重要的微波谐振腔,这里首先介绍这种微波谐振腔的谐振频率的计算方法。一种方法是场解法,同分析规则波导的方法类似,将边界条件用于场方程来求谐振频率;另一种方法叫相位法,利用相位的周期性来求谐振频率。下面首先介绍场解法和相位法,其他求解谐振频率的方法在分析具体谐振腔时再作介绍。

1. 场解法

将规则波导两端用金属板封闭,便构成波导型谐振腔,如图 4-2 所示。一般地,规则波导是无耗的,电场横向分量可表示为两个反向行波的叠加,即

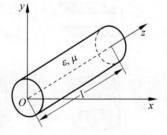

图 4-2　波导型谐振腔

$$E_t(z) = AE(T)e^{j(\omega t - \beta z)} + BE(T)e^{j(\omega t + \beta z)} \qquad (4\text{-}1)$$

式中,$E(T)$ 是 $E_t(z)$ 关于横向变量的函数;A、B 是待定常数。传输相位 β 为

$$\beta = \sqrt{K^2 - K_c^2} \qquad (4\text{-}2)$$

式中,K_c 为截止波数;$K = \omega \sqrt{\varepsilon\mu}$ 为介质中的工作波数。在纵向位置应用边界条件便可得谐振频率。

波导壁的切向电场强度为 0,即 $z=0$ 时 $E_t=0$。由式(4-1),$A=-B$,则

$$E_t(z) = -2jAE(T)\sin(\beta z)e^{j\omega t} \qquad (4\text{-}3)$$

$z=l$ 时 $E_t=0$,由上式得

$$\sin\beta l=0$$

故

$$\beta=\frac{p\pi}{l}, \quad p=\begin{cases}1,2,3,\cdots, & \text{对 TE 波}\\0,1,2,\cdots, & \text{对 TM 波}\end{cases} \tag{4-4}$$

式中,常数 p 对 TE 波而言不能为 0,否则所有场分量为 0,该波型不存在。这在下面分析具体谐振腔时很容易理解。

由式(4-2)和式(4-4)可求出谐振频率的一般表达式为

$$f_0=Kc/2\pi=c\sqrt{\left(\frac{1}{\lambda_c}\right)^2+\left(\frac{p}{2l}\right)^2} \tag{4-5}$$

谐振波长

$$\lambda_0=\frac{c}{f_0}=\frac{1}{\sqrt{\left(\frac{1}{\lambda_c}\right)^2+\left(\frac{p}{2l}\right)^2}} \tag{4-6}$$

注意,c 是电磁波在无界空间填充空气的传播速度,如果填充的不是空气,c 要除以 $\sqrt{\varepsilon_r}$。

微波谐振腔在横向和纵向均呈驻波状态,当条件合适时便产生振荡。当谐振腔的形状、几何尺寸和填充介质确定后,由式(4-5),谐振腔中存在多个谐振频率,这叫作谐振腔的多谐性。对于简并模而言,同一谐振频率对应不同工作模式。

2. 相位法

相位法适用于传输线型谐振腔。如果电磁波在一段传输线的两端之间均产生全反射,那么波就来回传播,这段传输线就如同一个谐振腔使电磁波来回振荡。产生全反射的条件是终端短路、开路,或者负载是纯电抗性。因此终端接有符合这 3 种情况的负载时,传输线就是一种谐振腔,这种谐振腔叫作传输线型谐振腔。

这类谐振腔可等效为一段长为 l,两端分别接有短路、开路、纯电抗性负载 Z_1 和 Z_2 的传输线,其等效电路如图 4-3 所示。在 Z_1 和 Z_2 之间发生全反射,即传输线 l 上是纯驻波。在这段传输线上的任意位置处,电磁波经过一个来回,回到原来位置后相位应该相同,或者说相差整数倍的 2π。

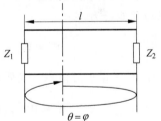

图 4-3 传输线型谐振腔的
一般等效电路

设在 Z_1 处的反射系数的相角为 θ_1,在 Z_2 处的反射系数的相角为 θ_2,假设任意位置处的电场为 $Ee^{j\varphi}$,电场强度经过一个来回后的相位为

$$(\varphi+\theta_1+2\beta l+\theta_2)-\varphi=\theta_1+2\beta l+\theta_2$$

所以,谐振条件为

$$\theta_1+2\beta l+\theta_2=2p\pi, \quad p=0,1,2,\cdots \tag{4-7}$$

当 θ_1、θ_2、l 已知时,便可由式(4-7)计算相位常数 β。根据 β 即可求谐振频率,对于非色散波型,则

$$\beta=\frac{2\pi}{\lambda_0}=\frac{2\pi f_0}{v} \tag{4-8}$$

式中,v 是传输线中的传播速度。对于色散波型,则

$$\beta = \frac{2\pi}{\lambda_g} = \frac{2\pi}{v}\sqrt{f_0^2 - f_c^2} = 2\pi\sqrt{\left(\frac{1}{\lambda_0}\right)^2 - \left(\frac{1}{\lambda_c}\right)^2} \qquad (4\text{-}9)$$

式中,f_c 是色散波型的截止频率。

由此,当谐振腔的 Z_1、Z_2、l,以及所填充介质一定时,一个 p 对应一个 β,对应一个谐振频率 f_0。所以微波谐振腔具有多谐性,与低频的 LC 谐振回路有着本质的不同。

4.2.2 品质因数

品质因数是谐振腔的另一个重要特性参数,它表征谐振腔选择性的优劣和能量损耗程度,包括固有品质因数 Q_0 和有载品质因数 Q_L。

1. 固有品质因数 Q_0

固有品质因数是对孤立的谐振腔而言的,与外界其他器件和电路没有联系,也叫空载状态。在谐振腔被适当地激励后会达到稳定的谐振状态,这时的品质因数叫作固有品质因数,其定义为

$$Q_0 = 2\pi\frac{\text{腔内总储能}}{\text{一周期内腔的耗能}} = 2\pi\frac{W}{W_T} \qquad (4\text{-}10)$$

式中,W、W_T 分别表示腔内总储能与一周期内腔体的耗能。谐振腔损耗主要来自波导壁的导体损耗和所填充介质的介质损耗。一般可以求出一周期内的平均损耗功率 P,那么耗能 $W_T = PT = P/f_0$,则

$$Q_0 = \omega_0\frac{W}{P} \qquad (4\text{-}11)$$

谐振腔内总储能是电能和磁能之和,即 $W = W_e + W_m$。当电场强度最大时,磁能为 0,所以总能量为

$$W = W_e = W_{emax} = \frac{\varepsilon}{2}\int_V (\boldsymbol{E} \cdot \boldsymbol{E}^*)\mathrm{d}V = \frac{\varepsilon}{2}\int_V |\boldsymbol{E}|^2\mathrm{d}V \qquad (4\text{-}12)$$

式中,V 是谐振腔体积。当磁场强度最大时,电能为 0,总能量为

$$W = W_m = W_{mmax} = \frac{\mu}{2}\int_V (\boldsymbol{H} \cdot \boldsymbol{H}^*)\mathrm{d}V = \frac{\mu}{2}\int_V |\boldsymbol{H}|^2\mathrm{d}V \qquad (4\text{-}13)$$

由以上两式计算的总储能是相等的。

下面计算平均损耗功率。谐振腔损耗主要来自波导壁的导体损耗和所填充介质的介质损耗。如果填充的是空气(大多数情况),介质损耗可以忽略,那么只需计算导体损耗,导体损耗来自壁上的感应电流。设壁上的面电流密度为 $\boldsymbol{J}_S$,若表面电阻为 R_S,则功率损耗为

$$P = \frac{1}{2}R_S\oint_S |\boldsymbol{J}_S|^2\mathrm{d}S \qquad (4\text{-}14)$$

感应电流由切向磁场强度来计算:

$$\boldsymbol{J}_S = \hat{n} \times \boldsymbol{H}_\tau \qquad (4\text{-}15)$$

求得了总储能 W 和损耗功率 P,由 Q_0 的定义式(4-11)可得:

$$Q_0 = \frac{2}{\delta} \frac{\int_V |\boldsymbol{H}|^2 \mathrm{d}V}{\oint_S |\boldsymbol{H}_\tau|^2 \mathrm{d}S} \qquad (4\text{-}16)$$

式中，δ 为趋肤深度：

$$\delta = \frac{1}{\sqrt{\pi f \mu \sigma}} \qquad (4\text{-}17)$$

δ 和表面电阻率的关系为

$$R_S = \frac{1}{\sigma \delta} = \sqrt{\frac{\pi f \mu}{\sigma}} \qquad (4\text{-}18)$$

式中，σ 为电导率；μ 为磁导率。

对于一定尺寸的谐振腔，若谐振模确定，那么腔体内场分量分布是不变的，即式(4-16)中，$|\boldsymbol{H}|/|\boldsymbol{H}_\tau| =$ 常数，那么可以将式(4-16)定性描述为

$$Q_0 \approx A \frac{V}{\delta S} \qquad (4\text{-}19)$$

可见，V/S 越大，Q_0 越高；δ 越小，Q_0 越高。因此为了提高 Q_0，在抑制干扰模的前提下，应尽可能地使体积 V 大一些，使面积 S 小一些；并且选用电导率 σ 较大的金属作为腔壁表面，使金属表面尽量光滑。在厘米波段，腔体集肤深度为几微米，Q_0 值为 $10^4 \sim 10^5$ 数量级，远远大于 LC 振荡回路的 Q_0 值。所以损耗越小、腔体体积相比于表面积来说越大，则固有品质因数 Q_0 越高。

2. 有载品质因数 Q_L

当一个微波谐振腔正常工作时，必定通过耦合缝(孔)、耦合环或探针与外界发生能量的交换，这样，由于外界负载的作用，不仅使谐振频率发生了变化，还额外增加了腔的功率损耗，从而导致品质因数的下降。通常把考虑了外界负载作用下的腔体的品质因数叫作有载品质因数，用 Q_L 表示

$$Q_L = \omega_0 \frac{W}{P_i + P_c} \qquad (4\text{-}20)$$

有载品质因数分母中不仅有腔体本身损耗功率 P_i，还要加上外接负载的损耗功率 P_c。

如果将式(4-20)写成 Q_L 的倒数的形式，则可以把右端分成两部分，即

$$\frac{1}{Q_L} = \frac{P_i + P_c}{\omega_0 W} = \frac{P_i}{\omega_0 W} + \frac{P_c}{\omega_0 W} = \frac{1}{Q_0} + \frac{1}{Q_c} \qquad (4\text{-}21)$$

Q_c 是由外加负载产生的，叫作耦合品质因数，也叫外部品质因数。为了衡量腔体与外界负载之间的耦合程度，定义耦合系数

$$k = \frac{Q_0}{Q_c} \qquad (4\text{-}22)$$

则

$$Q_L = \frac{Q_0}{1+k} \qquad (4\text{-}23)$$

由于负载或耦合情况的变化，同一个谐振腔的有载品质因数 Q_L 变化可能会很大。

4.2.3 等效电导

谐振腔内工作的是驻波,存储能量,电能相当于存储于等效电容 C;磁能相当于存储于等效电感 L。如果考虑谐振腔的损耗,相当于有个等效电导 G_0,那么可以将谐振腔等效为一个谐振回路。若谐振腔等效电导为 G_0,那么腔体内的损耗功率为

$$P = \frac{1}{2} G_0 U_m^2 \tag{4-24}$$

不同谐振模式的等效电压不同,用 U_m 以示区别。于是等效电导

$$G_0 = \frac{2P}{U_m^2} \tag{4-25}$$

电压由电场强度线积分计算,即

$$U_m = \int_A^B \boldsymbol{E} \cdot \mathrm{d}\boldsymbol{l} \tag{4-26}$$

若忽略腔内的介质损耗,则等效电导为

$$G_0 = R_S \frac{\oint_S |H_\tau|^2 \mathrm{d}S}{\left(\int_A^B \boldsymbol{E} \cdot \mathrm{d}\boldsymbol{l} \right)^2} \tag{4-27}$$

综上所述,推导出微波谐振腔 3 个重要参量 λ_0、Q_0 和 G_0 的计算式。在实际中,只有矩形、圆柱和同轴线等类型的谐振腔才可以精确计算,其他复杂形状的谐振腔就很难用这些公式严格计算。一般在理论指导下做粗略估计,然后用实验方法测得;或者用微扰法及其他数值方法求解。

需要说明的是,对于一个尺寸一定、填充介质一定的谐振腔来说,f_0、Q_0 和 G_0 都是针对某个谐振模式而言的,不同模式有不同的 f_0、Q_0 和 G_0。下面分析具体谐振腔。

4.3 矩形谐振腔

将长为 l 的一段矩形波导两端用理想导体封闭起来就构成了矩形谐振腔,如图 4-4 所示。矩形谐振腔可用于振荡回路、谐振放大器、波长计、滤波器等。

4.3.1 场分量的表示式

腔内驻波由正、反两行波叠加形成。沿用波导中的纵向场法,首先求出纵向电场或磁场,然后利用纵

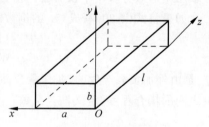

图 4-4 矩形谐振腔

向场和横向场的关系求横向场,从而求得所有场分量。在第 2 章中已求出纵向场分量,目前只需做两个工作:第一,用叠加法将行波合成驻波;第二,两端利用边界条件求出待定常数。

1. TE_{mnp} 模

TE_{mnp} 模，$E_z = 0$，$H_z \neq 0$。可以直接利用矩形波导中的结果来求 H_z 表示式。行波状态下矩形波导 TE_{mn} 模的纵向磁场分量式为式(2-82)，即

$$H_z = H_0 \cos\left(\frac{m\pi}{a}x\right) \cos\left(\frac{n\pi}{b}y\right) e^{-j\beta z} \tag{4-28}$$

矩形腔中的纵向场是两个传播方向相反的行波的叠加，所以 H_z 表示式为

$$H_z = H_0^+ \cos\left(\frac{m\pi}{a}x\right) \cos\left(\frac{n\pi}{b}y\right) e^{-j\beta z} + H_0^- \cos\left(\frac{m\pi}{a}x\right) \cos\left(\frac{n\pi}{b}y\right) e^{j\beta z}$$

若 $z = 0$ 处放一短路金属板，则有边界条件 $H_z|_{z=0} = 0$，代入上式可得

$$H_0^+ = -H_0^-$$

H_z 表示式可以简化为

$$H_z = -j2H_0^+ \cos\left(\frac{m\pi}{a}x\right) \cos\left(\frac{n\pi}{b}y\right) \sin\beta z$$

令 $H_m = -j2H_0^+$，则

$$H_z = H_m \cos\left(\frac{m\pi}{a}x\right) \cos\left(\frac{n\pi}{b}y\right) \sin\beta z \tag{4-29}$$

在 $z = l$ 处再放置一短路板，边界条件为 $H_z|_{z=l} = 0$，所以

$$\beta l = p\pi \quad 或 \quad \beta = \frac{p\pi}{l}, \quad p = 1, 2, 3, \cdots \tag{4-30}$$

注意与前面导出的式(4-4)类似。这样，腔体内纵向磁场的表达式可写为

$$H_z = H_m \cos\left(\frac{m\pi}{a}x\right) \cos\left(\frac{n\pi}{b}y\right) \sin\left(\frac{p\pi}{l}z\right) \tag{4-31}$$

其中，$p = 1, 2, 3, \cdots$ 是磁场强度沿纵向分布完整的半个驻波的数目。

由横向场与纵向场的关系式(2-38)～式(2-40)，或者直接用式(2-41)，得到矩形腔中 TE_{mnp} 模的所有场分量

$$\begin{cases}
E_x = j\dfrac{\omega\mu}{K_c^2} H_m \dfrac{n\pi}{b} \cos\left(\dfrac{m\pi}{a}x\right) \sin\left(\dfrac{n\pi}{b}y\right) \sin\left(\dfrac{p\pi}{l}z\right) \\[2mm]
E_y = -j\dfrac{\omega\mu}{K_c^2} H_m \dfrac{m\pi}{a} \sin\left(\dfrac{m\pi}{a}x\right) \cos\left(\dfrac{n\pi}{b}y\right) \sin\left(\dfrac{p\pi}{l}z\right) \\[2mm]
E_z = 0 \\[2mm]
H_x = -\dfrac{1}{K_c^2} H_m \dfrac{p\pi}{l} \dfrac{m\pi}{a} \sin\left(\dfrac{m\pi}{a}x\right) \cos\left(\dfrac{n\pi}{b}y\right) \cos\left(\dfrac{p\pi}{l}z\right) \\[2mm]
H_y = -\dfrac{1}{K_c^2} H_m \dfrac{p\pi}{l} \dfrac{n\pi}{b} \cos\left(\dfrac{m\pi}{a}x\right) \sin\left(\dfrac{n\pi}{b}y\right) \cos\left(\dfrac{p\pi}{l}z\right) \\[2mm]
H_z = H_m \cos\left(\dfrac{m\pi}{a}x\right) \cos\left(\dfrac{n\pi}{b}y\right) \sin\left(\dfrac{p\pi}{l}z\right)
\end{cases} \tag{4-32}$$

其中，$m = 0, 1, 2, \cdots$；$n = 0, 1, 2, \cdots$；$p = 1, 2, 3, \cdots$；m、n 不能同时为 0。

用相位法亦可求出相位常数。将矩形腔看作一段两端短路的长为 l 的传输线，于是根据式(4-7)，$\theta_1 = \theta_2 = 0$，$\beta l = p\pi$，与用场解法得到的式(4-30)相同。

2. TM_{mnp} 模

TM_{mnp} 模,即 $H_z=0,E_z\neq0$。利用 $z=0,l$ 处的边界条件 $E_x|_{z=0}=0,E_x|_{z=l}=0$,由行波状态下矩形波导 TM_{mn} 模的纵向电场分量表示式(2-73),用同样的方法可以得到 TM_{mnp} 模的所有场分量

$$\begin{cases} E_x=-\dfrac{E_m}{K_c^2}\dfrac{p\pi}{l}\dfrac{m\pi}{a}\cos\left(\dfrac{m\pi}{a}x\right)\sin\left(\dfrac{n\pi}{b}y\right)\sin\left(\dfrac{p\pi}{l}z\right) \\[2mm] E_y=-\dfrac{E_m}{K_c^2}\dfrac{p\pi}{l}\dfrac{n\pi}{b}\sin\left(\dfrac{m\pi}{a}x\right)\cos\left(\dfrac{n\pi}{b}y\right)\sin\left(\dfrac{p\pi}{l}z\right) \\[2mm] E_z=E_m\sin\left(\dfrac{m\pi}{a}x\right)\sin\left(\dfrac{n\pi}{b}y\right)\cos\left(\dfrac{p\pi}{l}z\right) \\[2mm] H_x=\mathrm{j}E_m\dfrac{\omega\varepsilon}{K_c^2}\dfrac{n\pi}{b}\sin\left(\dfrac{m\pi}{a}x\right)\cos\left(\dfrac{n\pi}{b}y\right)\cos\left(\dfrac{p\pi}{l}z\right) \\[2mm] H_y=-\mathrm{j}E_m\dfrac{\omega\varepsilon}{K_c^2}\dfrac{m\pi}{a}\cos\left(\dfrac{m\pi}{a}x\right)\sin\left(\dfrac{n\pi}{b}y\right)\cos\left(\dfrac{p\pi}{l}z\right) \\[2mm] H_z=0 \end{cases} \tag{4-33}$$

其中,$m=1,2,3,\cdots$;$n=1,2,3,\cdots$;$p=0,1,2,\cdots$。

4.3.2 矩形谐振腔谐振频率

由式(4-5),谐振频率为

$$f_0=\frac{c}{2\pi}\sqrt{K_c^2+\left(\frac{p\pi}{l}\right)^2} \tag{4-34}$$

由矩形波导的截止波数 $K_c^2=\left(\dfrac{m\pi}{a}\right)^2+\left(\dfrac{n\pi}{b}\right)^2$,谐振频率写为

$$f_0=\frac{c}{2}\sqrt{\left(\frac{m}{a}\right)^2+\left(\frac{n}{b}\right)^2+\left(\frac{p}{l}\right)^2} \tag{4-35}$$

由式(4-6),谐振波长为

$$\lambda_0=\frac{2}{\sqrt{\left(\dfrac{m}{a}\right)^2+\left(\dfrac{n}{b}\right)^2+\left(\dfrac{p}{l}\right)^2}} \tag{4-36}$$

对于 TM_{mnp} 模,$m,n=1,2,3,\cdots$;$p=0,1,2,\cdots$;对于 TE_{mnp} 模,$m,n=0,1,2,\cdots$(m、n 不能同时为 0);$p=1,2,3,\cdots$。

由以上分析可见,在一定尺寸的矩形谐振腔中,只有工作频率满足式(4-35),或者工作波长满足式(4-36)的电磁波才会存在于该矩形腔中。因此,微波谐振腔与 LC 振荡回路一样具有频率选择性,所不同的是微波谐振腔中的谐振频率有无穷多个,即微波谐振腔的多谐性。

将 TE 模和 TM 模的各磁场强度分量代入各自定义式,便可得到两类模式的固有品质因数 Q_0 和等效电导 G_0,在下面分析矩形腔的具体振荡模式时再作讨论。

4.3.3　矩形谐振腔的 TE_{101} 模

TE_{101} 模,即 $m=1,n=0,p=1$。在谈及矩形谐振腔的尺寸时,一般认为 $l>a>b$,那么矩形谐振腔中 TE_{101} 模的谐振波长最长,所以主模就是 TE_{101} 模,它的场结构简单、稳定,应用范围广。

1. 场分量和场结构

由式(4-32),TE_{101} 模的场分量为

$$\begin{cases} E_y = -j \dfrac{\omega \mu a}{\pi} H_m \sin\left(\dfrac{\pi}{a}x\right) \sin\left(\dfrac{\pi}{l}z\right) \\[2mm] H_x = -H_m \dfrac{a}{l} \sin\left(\dfrac{\pi}{a}x\right) \cos\left(\dfrac{\pi}{l}z\right) \\[2mm] H_z = H_m \cos\left(\dfrac{\pi}{a}x\right) \sin\left(\dfrac{\pi}{l}z\right) \\[2mm] E_x = E_z = H_y = 0 \end{cases} \tag{4-37}$$

由此,TE_{101} 模的场结构如图 4-5 所示。

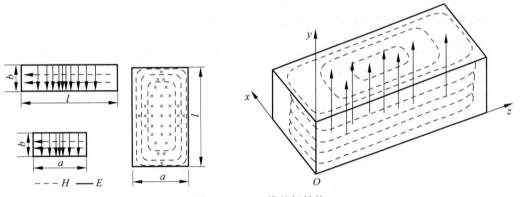

图 4-5　TE_{101} 模的场结构

2. 谐振频率

由式(4-35)和式(4-36),TE_{101} 模的谐振频率和谐振波长分别为

$$f_0 = \frac{c}{2} \sqrt{\left(\frac{1}{a}\right)^2 + \left(\frac{1}{l}\right)^2} \tag{4-38}$$

$$\lambda_0 = \frac{2}{\sqrt{\left(\frac{1}{a}\right)^2 + \left(\frac{1}{l}\right)^2}} \tag{4-39}$$

当 $a=b=l$ 时,TE_{101}、TE_{011} 和 TE_{110} 模具有相同的谐振频率,成为简并模。为了消除这种现象,应使 a、b、l 明显不等。

3. 固有品质因数 Q_0

由 TE_{101} 模的场分量,便可由式(4-16)计算固有品质因数 Q_0。腔体内磁场幅度平方的体积分为

$$\int_V | \boldsymbol{H} |^2 \mathrm{d}V = \int_V (| H_x |^2 + | H_z |^2)\mathrm{d}V$$

$$= \int_0^a\int_0^b\int_0^l H_m^2 \left[\frac{a^2}{l^2}\sin^2\left(\frac{\pi}{a}x\right)\cos^2\left(\frac{\pi}{l}z\right) + \cos^2\left(\frac{\pi}{a}x\right)\sin^2\left(\frac{\pi}{l}z\right) \right]\mathrm{d}x\,\mathrm{d}y\,\mathrm{d}z$$

$$= H_m^2\left(\frac{a^2}{l^2}+1\right)\frac{abl}{4} = \frac{H_m^2}{4}(a^2+l^2)\frac{ab}{l}$$

下面计算腔体表面所有切向磁场的面积分。在腔体前、后壁($z=0$,$z=l$)的内表面上

$$| H_\tau |_1^2 = | H_{x1} |^2 = H_m^2\frac{a^2}{l^2}\sin^2\left(\frac{\pi}{a}x\right)$$

在腔体左、右壁($x=0$,$x=a$)的内表面上

$$| H_\tau |_2^2 = | H_{z1} |^2 = H_m^2\sin^2\left(\frac{\pi}{l}x\right)$$

在腔体上、下壁($y=0$,$y=b$)的内表面上

$$| H_\tau |_3^2 = | H_{x2} |^2 + | H_{z2} |^2 = H_m^2\left[\frac{a^2}{l^2}\sin^2\left(\frac{\pi}{a}x\right)\cos^2\left(\frac{\pi}{l}z\right) + \cos^2\left(\frac{\pi}{a}x\right)\sin^2\left(\frac{\pi}{l}z\right)\right]$$

所以腔体表面所有切向磁场幅度平方的面积分为

$$\oint_S | H_\tau |^2 \mathrm{d}S = 2\left[\int_0^a\int_0^b | H_\tau |_1^2\mathrm{d}x\,\mathrm{d}y + \int_0^b\int_0^l | H_\tau |_2^2\mathrm{d}y\,\mathrm{d}z + \int_0^a\int_0^l | H_\tau |_3^2\mathrm{d}x\,\mathrm{d}z\right]$$

$$= \frac{H_m^2}{2l^2}[2b(a^3+l^3) + al(a^2+l^2)]$$

因此,TE_{101} 模的品质因数为

$$Q_0 = \frac{2}{\delta}\frac{\displaystyle\int_V | \boldsymbol{H} |^2\mathrm{d}V}{\displaystyle\oint_S | H_\tau |^2\mathrm{d}S} = \frac{abl}{\delta}\frac{a^2+l^2}{2b(a^3+l^3)+al(a^2+l^2)} \tag{4-40}$$

4. 等效电导 G_0

如果已知场结构、腔体内表面材料、工作频率范围等,便可由式(4-27)求等效电导,式中 $\oint_S | H_\tau |^2\mathrm{d}S$ 已求出。选取腔体上、下壁中心点连线,对电场强度积分

$$\left(\int_a^b \boldsymbol{E}\cdot\mathrm{d}\boldsymbol{l}\right)^2 = \left(\int_a^b E_y\mathrm{d}y\right)^2$$

由式(4-27),TE_{101} 模的等效电导为

$$G_0 = \frac{R_S}{\eta^2}\frac{2b(a^3+l^3)+al(a^2+l^2)}{2b^2(a^2+l^2)} \tag{4-41}$$

例 4-1 设计一个矩形谐振腔,谐振波长$(\lambda_0)_{TE_{101}}=25\text{mm}$(12GHz),腔壁为黄铜,其电导率$\sigma=15\times10^6\,\text{S/m}$,要求谐振腔的固有品质因数$Q_0$最高,并计算$Q_0$。

解:因为

$$(\lambda_0)_{TE_{101}}=\frac{2}{\sqrt{\left(\frac{1}{a}\right)^2+\left(\frac{1}{l}\right)^2}},\quad Q_0=\frac{abl}{\delta}\frac{a^2+l^2}{2b(a^3+l^3)+al(a^2+l^2)}$$

消去l,将Q_0对a求导,可得Q_0最大值条件为

$$a=l=\lambda_0/\sqrt{2}=1.77\text{cm}$$

下面确定b。与TE_{101}模相近的两个高次模是TE_{011}模和TM_{110}模,它们的谐振波长分别为

$$(\lambda_0)_{TE_{011}}=\frac{2}{\sqrt{\left(\frac{1}{b}\right)^2+\left(\frac{1}{l}\right)^2}},\quad (\lambda_0)_{TM_{110}}=\frac{2}{\sqrt{\left(\frac{1}{a}\right)^2+\left(\frac{1}{b}\right)^2}}$$

为了抑制这两个高次模,必须

$$(\lambda_0)_{TE_{101}}>\begin{cases}(\lambda_0)_{TE_{011}}\\(\lambda_0)_{TM_{110}}\end{cases}$$

即谐振腔尺寸必须满足条件

$$a>b,\quad l>b$$

因此尺寸b应当满足$b<1.77\text{cm}$。由Q_0计算式,b越大,Q_0越大。但是b太大,振荡器不易起振,一般选择$b=1.4\text{cm}$。

因为集肤深度

$$\delta=1/\sqrt{\pi f_0\mu\sigma}=1.186\times10^{-4}\text{cm}$$

所以固有品质因数为

$$Q_0=\frac{abl}{\delta}\frac{a^2+l^2}{2b(a^3+l^3)+al(a^2+l^2)}=\frac{ab}{\delta(a+2b)}=1572$$

例 4-2 要求制作这样的一个矩形谐振腔:当工作波长为 10cm 时,振荡模式为TE_{101}模;当工作波长为 5cm 时,振荡模式为TE_{103}模,试求腔体尺寸。

解:矩形腔TE_{mnp}模的谐振波长为

$$\lambda_0=\frac{2}{\sqrt{\left(\frac{m}{a}\right)^2+\left(\frac{n}{b}\right)^2+\left(\frac{p}{l}\right)^2}}$$

对于TE_{101}模,当$\lambda_0=10\text{cm}$时,有

$$10=\frac{1}{\sqrt{\left(\frac{1}{2a}\right)^2+\left(\frac{1}{2l}\right)^2}}$$

对于TE_{103}模,当$\lambda_0=5\text{cm}$时,有

$$5=\frac{1}{\sqrt{\left(\frac{1}{2a}\right)^2+\left(\frac{3}{2l}\right)^2}}$$

由上两式联立方程组,求得

$$a = \sqrt{40} = 6.32\text{cm}, \quad l = 8.165\text{cm}$$

b 可任取,但为抑制干扰模式,$b < a/2$,且使 Q_0 尽量大。

4.4 圆柱谐振腔

将长为 l 的一段圆柱波导两端用理想导体封闭起来就构成了圆柱谐振腔,如图 4-6 所示,R 为腔体内半径,建立圆柱坐标系。

4.4.1 场分量的表示式

1. TE_{mnp} 模

对于 TE_{mnp} 模,$E_z = 0$,在 2.3 节已经得到 H_z 的场分量表示式。在圆柱谐振腔中,行波状态下 TE_{mn} 模的纵向磁场分量

$$H_z = H_0 J_m(K_c r) \genfrac{}{}{0pt}{}{\cos m\varphi}{\sin m\varphi} e^{-j\beta z}$$

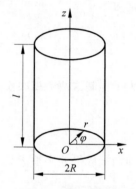

图 4-6 圆柱谐振腔

谐振腔中的场可以看作是沿纵向两个传播方向相反的行波的叠加,所以 H_z 表达式可写为

$$H_z = H_0^+ J_m(K_c r) \genfrac{}{}{0pt}{}{\cos m\varphi}{\sin m\varphi} e^{-j\beta z} + H_0^- J_m(K_c r) \genfrac{}{}{0pt}{}{\cos m\varphi}{\sin m\varphi} e^{j\beta z}$$

若 $z=0$ 处放一短路板,则有边界条件 $H_z|_{z=0}=0$,代入上式,得

$$H_0^+ = -H_0^-$$

故

$$H_z = -j2H_0^+ J_m(K_c r) \genfrac{}{}{0pt}{}{\cos m\varphi}{\sin m\varphi} \sin\beta z$$

令 $H_m = -j2H_0^+$,则

$$H_z = H_m J_m(K_c r) \genfrac{}{}{0pt}{}{\cos m\varphi}{\sin m\varphi} \sin\beta z \tag{4-42}$$

在 $z=l$ 处有边界条件 $H_z|_{z=l}=0$,代入式(4-42)可得

$$\beta l = p\pi \quad 或 \quad \beta = \frac{p\pi}{l}(p=1,2,3,\cdots) \tag{4-43}$$

p 表示半个驻波的数目,或者说是出现极大值的数目。则得到 TE_{mnp} 模的磁场强度纵向分量表达式

$$H_z = H_m J_m(K_c r) \genfrac{}{}{0pt}{}{\cos m\varphi}{\sin m\varphi} \sin\left(\frac{p\pi}{l}z\right) \tag{4-44}$$

从式(4-44)可以看出,磁场强度 H_z 在径向 r、角向 φ 和纵向 z 都呈振荡趋势,因此在这 3 个方向呈驻波状态。

求得纵向场后按照纵向场和横向场分量的关系式(2-38)和式(2-39),或者直接用式(2-42)就可以求出其他横向场分量。从而得到 TE_{mnp} 模所有场分量

$$
\begin{cases}
E_r = \pm \mathrm{j}\dfrac{m\eta K}{K_c^2 r}H_m \mathrm{J}_m(K_c r)\dfrac{\sin m\varphi}{\cos m\varphi}\sin\left(\dfrac{p\pi}{l}\right)z \\[4mm]
E_\varphi = \mathrm{j}\dfrac{\eta K}{K_c}H_m \mathrm{J}'_m(K_c r)\dfrac{\cos m\varphi}{\sin m\varphi}\sin\left(\dfrac{p\pi}{l}\right)z \\[4mm]
E_z = 0 \\[4mm]
H_r = \dfrac{H_m}{K_c}\dfrac{p\pi}{l}\mathrm{J}'_m(K_c r)\dfrac{\cos m\varphi}{\sin m\varphi}\cos\left(\dfrac{p\pi}{l}\right)z \\[4mm]
H_\varphi = \mp\dfrac{H_m}{K_c^2 r}\dfrac{mp\pi}{l}\mathrm{J}_m(K_c r)\dfrac{\sin m\varphi}{\cos m\varphi}\cos\left(\dfrac{p\pi}{l}\right)z \\[4mm]
H_z = H_m \mathrm{J}_m(K_c r)\dfrac{\cos m\varphi}{\sin m\varphi}\sin\left(\dfrac{p\pi}{l}z\right)
\end{cases}
\tag{4-45}
$$

在这一组表达式中,$\eta=\sqrt{\mu/\varepsilon}$,是谐振腔中所填充媒质的波阻抗,一般情况下,$\mu=\mu_0$,$\varepsilon=\varepsilon_r\varepsilon_0$,因此 $\eta=\eta_0/\sqrt{\varepsilon_r}$。其中 K 和 K_c 满足关系

$$
\beta^2 = K^2 - K_c^2 \tag{4-46}
$$

K_c 是截止波数,由波导的几何尺寸和波型决定,$K_c=\nu_{mn}/R$,ν_{mn} 为 m 阶 Bessel 函数的导数的第 n 个根;波数 $K=\omega\sqrt{\mu\varepsilon}$ 与波导内填充的介质和工作频率有关,β 是相位常数,在谐振腔中必须满足式(4-44)。所以式(4-46)写为

$$
K^2 = \left(\dfrac{\nu_{mn}}{R}\right)^2 + \left(\dfrac{p\pi}{l}\right)^2 \tag{4-47}
$$

注意 m、n、p 的取值。$m=0,1,2,\cdots$;$n=1,2,3,\cdots$;$p=1,2,3,\cdots$。m、n、p 分别表示沿角向 φ、径向 r 和纵向 z 出现极大值的数目,体现了微波谐振腔的多谐性。

2. TM$_{mnp}$ 模

TM$_{mnp}$ 模,$H_z=0$,利用 $z=0,l$ 处的边界条件 $E_r\big|_{z=0,l}=0$,由行波状态下圆形波导中 TM$_{mn}$ 模的纵向电场分量表示式(2-123),用同样的方法可以得到圆柱谐振腔中 TM$_{mnp}$ 模的所有场分量

$$
\begin{cases}
E_r = -\dfrac{E_m}{K_c}\dfrac{p\pi}{l}\mathrm{J}'_m(K_c r)\dfrac{\cos m\varphi}{\sin m\varphi}\sin\left(\dfrac{p\pi}{l}\right)z \\[4mm]
E_\varphi = \pm\dfrac{E_m m}{K_c^2 r}\dfrac{p\pi}{l}\mathrm{J}_m(K_c r)\dfrac{\sin m\varphi}{\cos m\varphi}\sin\left(\dfrac{p\pi}{l}\right)z \\[4mm]
E_z = E_m \mathrm{J}_m(K_c r)\dfrac{\cos m\varphi}{\sin m\varphi}\cos\left(\dfrac{p\pi}{l}z\right) \\[4mm]
H_r = \mp \mathrm{j}E_m \dfrac{mK}{K_c^2 r\eta}\mathrm{J}_m(K_c r)\dfrac{\sin m\varphi}{\cos m\varphi}\cos\left(\dfrac{p\pi}{l}\right)z \\[4mm]
H_\varphi = -\mathrm{j}E_m \dfrac{K}{K_c\eta}\mathrm{J}'_m(K_c r)\dfrac{\cos m\varphi}{\sin m\varphi}\cos\left(\dfrac{p\pi}{l}\right)z \\[4mm]
H_z = 0
\end{cases}
\tag{4-48}
$$

式中,各参数意义与圆形波导 TE 模一样,$p=0,1,2,\cdots$,且 $K_c=\mu_{mn}/R$,μ_{mn} 为 m 阶 Bessel 函数的第 n 个根,工作波数 K 为

$$K^2 = K_c^2 + \left(\frac{p\pi}{l}\right)^2 = \left(\frac{\mu_{mn}}{R}\right)^2 + \left(\frac{p\pi}{l}\right)^2 \tag{4-49}$$

同样体现了圆柱谐振腔的多谐性。

4.4.2 圆柱谐振腔的基本参量

由上面导出的工作波数 K,利用 K 与谐振频率 f_0 和谐振波长 λ_0 的关系,圆形腔中的谐振频率和谐振波长分别为

$$f_0 = \frac{Kv}{2\pi} = \frac{1}{2\pi\sqrt{\mu\varepsilon}}\sqrt{\left(\frac{X_{mn}}{R}\right)^2 + \left(\frac{p\pi}{l}\right)^2} \tag{4-50}$$

$$\lambda_0 = \frac{2\pi}{K} = \frac{1}{\sqrt{\left(\frac{X_{mn}}{2\pi R}\right)^2 + \left(\frac{p}{2l}\right)^2}} \tag{4-51}$$

对于 TE_{mnp} 模,$X_{mn} = \nu_{mn}$;对于 TM_{mnp} 模,$X_{mn} = \mu_{mn}$。

圆柱谐振腔固有品质因数 Q_0 和等效电导 G_0 的计算方法与矩形腔一样,这里从略,只给出 Q_0 的计算式。

TE_{mnp} 模

$$Q_0 = \frac{\lambda_0(\nu_{mn}^2 - m^2)\left[\nu_{mn}^2 + \left(\frac{p\pi R}{l}\right)^2\right]^{3/2}}{2\pi\delta\left[\nu_{mn}^4 + 2p^2\pi^2\nu_{mn}^2\dfrac{R^3}{l^3} + \left(\dfrac{p\pi mR}{l}\right)^2\left(1 - \dfrac{2R}{l}\right)\right]} \tag{4-52}$$

TM_{mnp} 模

$$Q_0 = \frac{\lambda_0\left[\mu_{mn}^2 + \left(\frac{p\pi R}{l}\right)^2\right]^{1/2}}{2\pi\delta\left(1 + \frac{sR}{l}\right)} = \frac{R}{\delta\left(1 + \frac{sR}{l}\right)} \tag{4-53}$$

式中,当 $p=0$ 时,$s=1$;当 $p\neq 0$ 时,$s=2$。

4.4.3 圆柱谐振腔的波型图

设圆柱谐振腔的直径为 $D=2R$,则谐振波长计算式(4-51)可写为

$$\lambda_0 = \frac{1}{\sqrt{\left(\frac{X_{mn}}{2\pi R}\right)^2 + \left(\frac{p}{2l}\right)^2}} = \frac{D}{\sqrt{\left(\frac{X_{mn}}{\pi}\right)^2 + \left(\frac{Dp}{2l}\right)^2}} \tag{4-54}$$

式(4-54)可改写成

$$(f_0 D)^2 = \left(\frac{vX_{mn}}{\pi}\right)^2 + \left(\frac{vp}{2}\right)^2\left(\frac{D}{l}\right)^2 \tag{4-55}$$

腔内填充空气时 $v = c \approx 3\times 10^{10}\,\text{cm/s}$,则

$$(f_0 D)^2 = 9\times 10^{20}\left[\left(\frac{X_{mn}}{\pi}\right)^2 + \left(\frac{p}{2}\right)^2\left(\frac{D}{l}\right)^2\right] \tag{4-56}$$

式中,长度单位 cm;频率单位 Hz。这是以 $(D/l)^2$ 为自变量,$(f_0D)^2$ 为因变量的直线函数,可以画出不同波型(TM$_{mnp}$ 和 TE$_{mnp}$)的直线,人们把这张图叫作圆柱谐振腔的波型图,如图 4-7 所示。图中每条直线表示一种或几种谐振波型的谐振频率 f_0 与腔体的内直径 D 和长度 l 的关系,这条直线叫作调谐曲线。

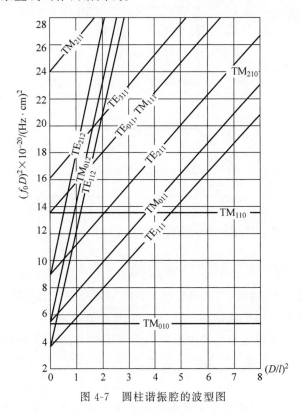

图 4-7 圆柱谐振腔的波型图

波型图有两个应用:①设计谐振腔。已知工作频率范围和固有品质因数 Q_0,确定谐振波型(即工作波型)、腔体直径 D 和腔体长度 l 的变化范围。②确定谐振波型。已知谐振腔的尺寸 D 和 l 的变化范围,选择工作波型以及工作频率变化范围,判断所出现的各种干扰波型。利用波型图设计谐振腔比较直观和简便。

图 4-8 是一个工作方块图。确定工作方块图分两步:①以所选定的工作波型的调谐曲线为矩形的对角线;②以最高频率的 $f_{max}D$ 和最低频率的 $f_{min}D$ 以及所对应的 (D/l) 作矩形。

图 4-8 中除了谐振模 TE$_{011}$ 外,还有许多干扰模式,必须加以抑制。在工作方块图中一般有 4 类干扰模式。

(1)自干扰型。横向场分布相同,但纵向场分布不同的波型,即 m、n 相同,p 不同的波型。

(2)一般干扰型。调谐曲线与所选定的工作波型相平行的波型,即 m、n 不同,p 相同的波型。

(3)交叉干扰型。调谐曲线与所选定的工作波型相交的波型,即 m、n、p 都不相同的

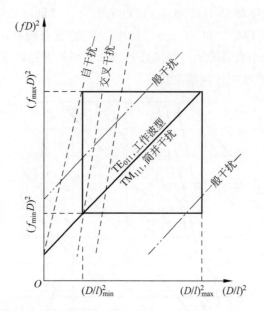

图 4-8　圆柱谐振腔 TE_{011} 模的工作方块与干扰波型

波型。

（4）简并干扰型。调谐曲线与所选定的工作波型完全重合的波型，即谐振频率相同，但场结构不同的简并波型。由于场结构不同，所以比较容易抑制。

这些工作方块内的干扰波型会使谐振腔的固有品质因数降低，影响测量精度，必须加以消除，使其不要落在工作方块内。消除干扰模式的方法有很多种，但同时亦有一些连带的缺点。

（1）移动工作方块位置，把部分干扰模框在工作方块之外。缺点是使固有品质因数 Q_0 降低。

（2）压缩工作方块的高度和宽度，将部分干扰模框在工作方块之外。缺点是工作频带变窄。

（3）适当选择谐振腔的输入激励装置，使部分干扰模式不至于被激发。

（4）适当选择腔体结构，使部分干扰模式即使被激励了，也不会在谐振腔中存在。

（5）适当选择谐振腔的耦合输出装置，部分干扰模式即使存在于谐振腔，也不会被输出，不会影响整个系统。

针对不同干扰模式选择不同消除干扰的方法。其中（1）和（2）适用于自干扰和交叉干扰模式的抑制，（3）、（4）、（5）适用于一般干扰模式和简并干扰模式的抑制。

4.4.4　圆柱谐振腔的 3 种主要工作模式

圆柱谐振腔有 3 种主要工作模式，即 TE_{011} 模、TE_{111} 模和 TM_{010} 模。图 4-9 画出了这 3 种模的立体场结构。

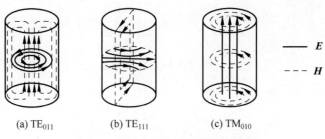

图 4-9　圆柱谐振腔中各模的场结构

1. TE_{011} 模

将 $m=0, n=1, p=1$ 代入式(4-45)，得到 TE_{011} 模的场分量表示式

$$
\begin{cases}
E_\varphi = \mathrm{j}\dfrac{\eta K}{K_c} H_m \mathrm{J}_0'(K_c r)\sin\left(\dfrac{\pi}{l}\right)z \\[2mm]
H_r = \dfrac{H_m}{K_c}\dfrac{\pi}{l}\mathrm{J}_0'(K_c r)\cos\left(\dfrac{\pi}{l}\right)z \\[2mm]
H_z = H_m \mathrm{J}_0(K_c r)\sin\left(\dfrac{\pi}{l}\right)z \\[2mm]
E_r = E_z = H_\varphi = 0
\end{cases}
\tag{4-57}
$$

式中，截止波数为

$$
K_c = \frac{\nu_{mn}}{R} = \frac{3.832}{R}
\tag{4-58}
$$

TE_{011} 模式的谐振波长

$$
\lambda_0 = \frac{1}{\sqrt{\left(\dfrac{1}{1.64R}\right)^2 + \left(\dfrac{1}{2l}\right)^2}}
\tag{4-59}
$$

TE_{011} 模的固有品质因数

$$
Q_0 = \frac{0.336\lambda_0\left[1.49+(R/l)^2\right]^{3/2}}{\delta\left[1+1.34(R/l)^3\right]}
\tag{4-60}
$$

由 $\boldsymbol{J}_S = \hat{n}\times\boldsymbol{H}$，壁电流只有圆周方向分量 J_φ，所以可用结构简单的无接触活塞来调谐腔的长度。该特性有两个具体应用，一是作为高 Q 谐振腔，因为腔壁损耗较小，所以固有品质因数很高，Q_0 在 $10^4 \sim 10^5$ 数量级；二是做成非接触式的高精度频率计，活塞与腔体之间的间隙并不影响这种模式谐振腔的性能，非接触式活塞还有利于抑制干扰模。

TE_{011} 模的优点是场结构稳定，无极化简并模式，损耗小，随频率的升高损耗减小，Q_0 值高。TE_{011} 模的缺点是它不是最低次模，在同样工作频率时，腔体较大，干扰模式较多，所以必须精心设计和加工，正确选择激励和耦合结构。

2. TE_{111} 模

将 $m=1, n=1, p=1$ 代入式(4-45)，得到 TE_{111} 模的表示式

$$
\begin{cases}
E_r = \pm j \dfrac{\eta K}{K_c^2 r} H_m J_1(K_c r) \genfrac{}{}{0pt}{}{\sin\varphi}{\cos\varphi} \sin\left(\dfrac{\pi}{l}\right) z \\[2mm]
E_\varphi = j \dfrac{\eta K}{K_c} H_m J_1'(K_c r) \genfrac{}{}{0pt}{}{\cos\varphi}{\sin\varphi} \sin\left(\dfrac{\pi}{l}\right) z \\[2mm]
E_z = 0 \\[2mm]
H_r = \dfrac{H_m}{K_c} \dfrac{\pi}{l} J_1'(K_c r) \genfrac{}{}{0pt}{}{\cos\varphi}{\sin\varphi} \cos\left(\dfrac{\pi}{l}\right) z \\[2mm]
H_\varphi = \mp \dfrac{H_m}{K_c^2 r} \dfrac{\pi}{l} J_1(K_c r) \genfrac{}{}{0pt}{}{\sin\varphi}{\cos\varphi} \cos\left(\dfrac{\pi}{l}\right) z \\[2mm]
H_z = H_m J_1(K_c r) \genfrac{}{}{0pt}{}{\cos\varphi}{\sin\varphi} \sin\left(\dfrac{\pi}{l}\right) z
\end{cases}
\tag{4-61}
$$

式中，K_c 是截止波数：

$$
K_c = \frac{\nu_{mn}}{R} = \frac{1.841}{R}
\tag{4-62}
$$

TE_{111} 模的谐振波长为

$$
\lambda_0 = \frac{1}{\sqrt{\left(\dfrac{1}{3.41R}\right)^2 + \left(\dfrac{1}{2l}\right)^2}}
\tag{4-63}
$$

TE_{111} 模的固有品质因数为

$$
Q_0 = \frac{1.03\lambda_0 [0.343 + (R/l)^2]^{3/2}}{\delta[1 + 5.82(R/l)^2 + 0.86(R/l)^2(1 - R/l)]}
\tag{4-64}
$$

TE_{111} 模的优点是，当腔体长度 $l > 2.1R$ 时，是腔中的最低次模，干扰模较少；在同样工作频率时，腔体较小，频带较宽。缺点是 Q 值较小，约为 TE_{011} 模的一半，当加工不够精确，横截面呈椭圆时容易出现极化简并模。一般用于精度要求不太高的场合。

3. TM_{010} 模

将 $m=0, n=1, p=0$ 代入式(4-48)，得到 TM_{010} 模的表示式

$$
\begin{cases}
E_z = E_m J_0(K_c r) \\[2mm]
H_\varphi = -j \dfrac{E_m}{\eta} J_0'(K_c r) \\[2mm]
E_r = E_\varphi = H_r = H_z = 0
\end{cases}
\tag{4-65}
$$

式中，K_c 是截止波数：

$$
K_c = \frac{\mu_{mn}}{R} = \frac{2.405}{R}
\tag{4-66}
$$

TM_{010} 模的谐振波长

$$
\lambda_0 = \lambda_c = 2.61R
\tag{4-67}
$$

TM_{010} 模的固有品质因数

$$
Q_0 = \frac{a}{\delta(1 + a/l)}
\tag{4-68}
$$

TM$_{010}$ 模电场只有 z 向分量,磁场只有 φ 向分量,且场量沿 z 向和 φ 向无变化,关于 z 轴对称,场结构简单。TM$_{010}$ 模式圆柱谐振腔的长度 l 可任意截取,这一点从式(4-67)亦可看出。TM$_{010}$ 模的优点是,当腔体长度 $l < 2.1R$ 时,是谐振腔中的最低次模,干扰模较少,频带较宽、调谐范围大;缺点是 Q_0 值比 TE$_{011}$ 模的小得多。

例 4-3 一圆柱谐振腔 $l = 2R$,要求工作于 TE$_{011}$ 模,且谐振频率 5.0GHz,腔内填充空气。请确定其尺寸。

解:$\lambda_0 = c/f_0 = 6$cm

谐振波长:

$$\lambda_0 = \frac{1}{\sqrt{\left(\frac{1}{\lambda_c}\right)^2 + \left(\frac{p}{2l}\right)^2}}$$

TE$_{011}$ 模的截止波长:$\lambda_c = 1.64R$,且 $p = 1, l = 2R$。

所以,谐振腔的半径:$R = 3.96$cm;谐振腔的长度:$l = 7.91$cm。

4.5 同轴线谐振腔

在同轴线两端采用一定结构,使其中传输的电磁行波转换为电磁驻波,就构成了同轴线型谐振腔。由于同轴线中传输的是 TEM 波,因此同轴线谐振腔中的振荡模式简单,具有场结构稳定、无色散、频带宽(无频率下限)、工作可靠等优点,被广泛用在某些振荡回路和波长计中。同轴线振荡器的缺点是品质因数比圆柱谐振腔和矩形谐振腔的都要低。

由于传输线型谐振腔的工作原理是腔内纵向方向产生驻波,根据在腔体内形成的驻波方式的不同,有 3 种结构的谐振腔:$\lambda_0/2$ 同轴线谐振腔、$\lambda_0/4$ 同轴线谐振腔和电容加载同轴线谐振腔。

4.5.1 $\lambda_0/2$ 同轴线谐振腔

$\lambda_0/2$ 同轴线谐振腔是由两端短路的同轴线构成,如图 4-10 所示。腔中的最低次振荡模式是 TEM 模。与圆柱谐振腔一样,同轴线谐振腔内的驻波可以看作是入射的电磁波在端面上发生全反射而形成的。

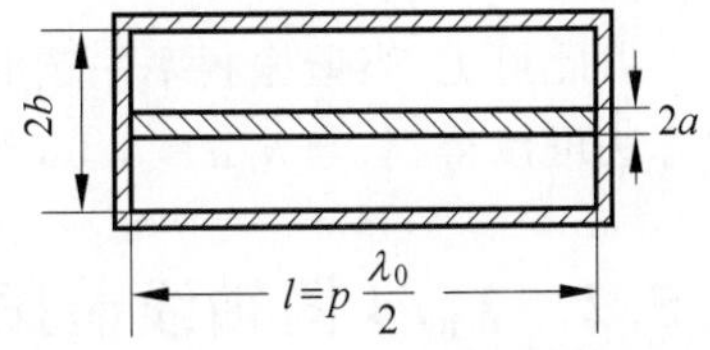

1. 谐振波长

谐振频率的计算可以用前面介绍过的相位法。根据式(4-7),这时 $\theta_1 = \theta_2 = 0$,则

图 4-10 $\lambda_0/2$ 同轴线谐振腔

$$\beta = p\pi/l, \quad p = 1,2,3,\cdots \tag{4-69}$$

即

$$l = p\frac{\lambda_0}{2}, \quad p = 1,2,3,\cdots \tag{4-70}$$

亦可用前面计算圆柱谐振腔和矩形谐振腔的谐振频率的方法。因为

$$K^2 = K_c^2 + \left(\frac{p\pi}{l}\right)^2$$

且 TEM 波的截止波数 $K_c = 0$,所以

$$\frac{2\pi}{\lambda_0} = \frac{p\pi}{l}$$

即

$$l = p\frac{\lambda_0}{2}, \quad p = 1,2,3,\cdots$$

由式(4-70),当同轴线的长度为半个工作波长(即半个谐振波长)的整数倍时,谐振腔就产生了谐振,所以叫作 $\lambda_0/2$ 同轴线谐振腔。因为 p 可以取多值,所以这种谐振腔也有多谐性。

2. 固有品质因数

首先求出腔内场分量表示式。由式(2-152)和式(2-153),利用在 $z=0$ 与 $z=l$ 处的边界条件 $E_r = 0$,求得同轴线谐振腔电场强度和磁场强度分别为

$$\begin{cases} E_r = -\mathrm{j}\dfrac{2E_m a}{r}\sin\left(\dfrac{p\pi}{l}z\right) \\[3mm] H_\varphi = \dfrac{2E_m a}{\eta r}\cos\left(\dfrac{p\pi}{l}z\right) \end{cases} \tag{4-71}$$

求出 H_φ 的体积分和关于金属壁切向分量的面积分,代入 Q_0 计算式(4-16),得

$$Q_0 = \frac{2}{\delta}\left[\frac{l\pi\ln\dfrac{b}{a}}{\pi l\left(\dfrac{1}{a}+\dfrac{1}{b}\right)+4\pi\ln\dfrac{b}{a}}\right] \tag{4-72}$$

当 $l = \lambda_0/2$ 时,有

$$Q_0 = \frac{2}{\delta}\frac{1}{\dfrac{\dfrac{1}{a}+\dfrac{1}{b}}{\ln\dfrac{b}{a}}+\dfrac{8}{\lambda_0}} \tag{4-73}$$

由此可见,当谐振频率一定时,Q_0 与同轴线谐振腔的横截面尺寸 a、b 有关,用求极值的方法可以得到,当 $b/a \approx 3.6$ 时,Q_0 有极大值。

4.5.2 $\lambda_0/4$ 同轴线谐振腔

1. 谐振波长

$\lambda_0/4$ 同轴线谐振腔由一段一端短路、一端开路的同轴线构成。腔中最低振荡模式也是 TEM 模,其场分量与 $\lambda_0/2$ 同轴线谐振腔相同,但边界条件不同。$z=0$ 处短路;$z=l$ 处开路,如图 4-11 所示。开路端相当于加载一个无限大负载。

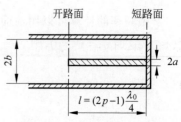

图 4-11　$\lambda_0/4$ 同轴线谐振腔

对于这类一段加载传输线,用电纳法求解谐振波长比较方便。加载负载还可以是电容或电感。

发生谐振时,谐振腔的总电纳为 0,由这个条件可以确定谐振波长,这种求谐振频率的方法叫作电纳法。

从开路端向短路端看去的输入阻抗为

$$Z_{in}(l) = jZ_c \tan\beta l$$

谐振时开路面上电纳

$$B_{in}(l) = \frac{1}{Z_{in}(l)} = 0$$

由上两式,总电纳 $jB = 0$ 的条件为

$$\beta l = (2p-1)\frac{\pi}{2}, \quad p = 1,2,3,\cdots$$

所以腔体长度

$$l = (2p-1)\frac{\lambda_0}{4}, \quad p = 1,2,3,\cdots \tag{4-74}$$

可见,当腔体长度为 $\lambda_0/4$ 的奇数倍时,腔体就产生谐振,所以叫作 $\lambda_0/4$ 同轴线谐振腔。当腔体长度 l 一定时,p 取不同值,就有不同的谐振波长 λ_0。

$\lambda_0/4$ 同轴线谐振腔的谐振波长

$$\lambda_0 = \frac{4l}{2p-1} \tag{4-75}$$

2. 固有品质因数

固有品质因数的计算方法与 $\lambda_0/2$ 同轴线谐振腔的完全一样,而且可以直接应用 $\lambda_0/2$ 同轴腔的中间结果。

前面导出了 $\lambda_0/2$ 同轴腔的 Q_0 值,即式(4-72),可以将 $l = \lambda_0/4$ 直接代入。但是有一点改动,在计算分母的面积分时,$\lambda_0/4$ 同轴腔有一端是开路的,因此只需计算一个端面的积分即可。所以 $\lambda_0/4$ 同轴腔固有品质因数 Q_0 为

$$Q_0 = \frac{2}{\delta}\left[\frac{l\pi\ln\frac{b}{a}}{\pi l\left(\frac{1}{a}+\frac{1}{b}\right) + 2\pi\ln\frac{b}{a}}\right] \tag{4-76}$$

当 $l = \lambda_0/4$ 时,有

$$Q_0 = \frac{2}{\delta}\left[\frac{\ln\frac{b}{a}}{\left(\frac{1}{a}+\frac{1}{b}\right) + \frac{8}{\lambda_0}\ln\frac{b}{a}}\right] \tag{4-77}$$

同样,在 $b/a \approx 3.6$ 时,Q_0 最大。由于结构上的原因,一般而言,$\lambda_0/4$ 型腔的测量精度要比 $\lambda_0/2$ 差一些。

3. 同轴腔的设计步骤

(1) 腔体长度,给定工作波长后,依照腔体谐振长度公式计算其腔长。

（2）腔体直径，首先考虑仅使单一 TEM 模存在，为了抑制高次模，应使 $\lambda > \pi(a+b)/2$，然后考虑使 Q 值最大，取比值 $b/a = 3.6$，以确定 a、b。

4.5.3 电容加载同轴线谐振腔

电容加载同轴线谐振腔如图 4-12(a)所示，一端短路，另一端的外导体腔壁闭合，并与内导体末端之间形成集总电容。图中还画出了电场分布。

这种同轴线谐振腔可以看成是一端短路的平行双线与一个电容的并联，其等效电路如图 4-12(b)所示。在截面 AA′ 处左、右两端的等效电纳分别为

$$\mathrm{j}B_{\mathrm{c}} = -\mathrm{j}\omega_0 C, \quad \mathrm{j}B_1 = -\mathrm{j}Y_{\mathrm{c}}\cot\beta l$$

谐振条件为 $B_1 + B_{\mathrm{c}} = 0$，即

$$2\pi f_0 C = \frac{1}{Z_{\mathrm{c}}}\cot\left(\frac{2\pi f_0}{v}l\right) \tag{4-78}$$

式中，Z_{c} 为同轴线的特性阻抗；v 为介质中波的传播速度。

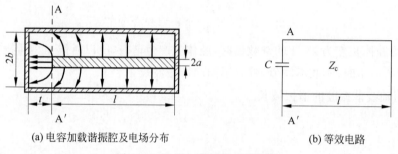

(a) 电容加载谐振腔及电场分布   (b) 等效电路

图 4-12   电容加载同轴线谐振腔

内导体端面与短路板间平板电容为

$$C = \frac{\varepsilon\pi a^2}{t} \tag{4-79}$$

考虑边缘电容后的修正式

$$C = 6.94\frac{4a^2}{t}\left(1 + \frac{36.8t}{4\pi a}\lg\frac{b-a}{t}\right)\times 10^{-12}\,(\mathrm{F}) \tag{4-80}$$

由式(4-78)可以用图解法来求谐振频率 f_0。首先，以角频率 ω_0 为横坐标，作函数 $\omega_0 C$ 的曲线，这是一条斜率为 C 的直线，且经过原点；然后，作函数 $\frac{1}{Z_{\mathrm{c}}}\cot\left(\frac{2\pi f_0}{v}l\right)$ 的曲线，这是一系列余切曲线，这两组曲线的交点就是谐振频率，如图 4-13(a)所示。多个谐振频率说明了同轴腔的多谐性。从公式上看，这种谐振腔的调谐方法有两种，即调节电容 C 或腔体长度 l。

反过来，如果已知谐振频率，也可设计同轴腔。由式(4-78)，谐振腔的长度为

$$l = \frac{\lambda_0}{2\pi}\arctan\frac{1}{2\pi f_0 C Z_{\mathrm{c}}} + p\frac{\lambda_0}{2}, \quad p = 0,1,2,3,\cdots \tag{4-81}$$

用图解法求腔长 l，如图 4-13(b)所示。横坐标是腔长 l，函数 $\omega_0 C$ 的曲线与 l 无关，是一组平行于横轴的直线，函数 $\frac{1}{Z_{\mathrm{c}}}\cot\left(\frac{2\pi f_0}{v}l\right)$ 的曲线还是一系列余切曲线，它们的交点就是

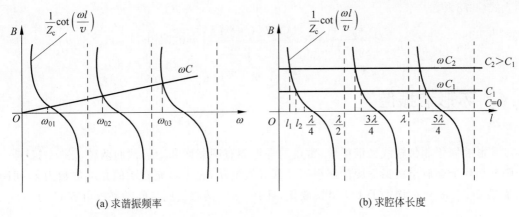

(a) 求谐振频率　　　　　　　　　(b) 求腔体长度

图 4-13　式(4-78)的图解法

腔体长度 l。可见,有无穷多个谐振长度。

电容加载型同轴线谐振腔常用作微波振荡器和放大器的谐振腔。

例 4-4　要求设计一个 $3\lambda/4$ 同轴线型谐振腔,工作波长为 5cm。若要求腔内不存在干扰模式。试确定腔的内导体的外直径 a、外导体的内直径 b 及腔的长度 l;采用加大终端电容的方法可使腔的长度减少,若腔的长度减少了 0.8cm,试求终端电容是多少?

解:(1) 同轴线的最低次高次模式 TE_{11} 模,其截止波长是

$$\lambda_c = \pi(a+b)$$

为了保证腔内不出现干扰模式,则最小波长应满足以下条件:

$$\lambda_{min} > \pi(a+b)$$

即

$$a+b < \frac{\lambda_{min}}{\pi} = 1.59\text{cm}$$

为使无载 Q_0 有最大值,应取

$$\frac{b}{a} = 3.6$$

考虑以上两式,得

$$a < 0.346\text{cm}$$

取 $a = 0.3\text{cm}$,则 $b = 1.08\text{cm}$;取 $a = 0.345\text{cm}$,则 $b = 1.246\text{cm}$。

腔的长度:$l = \frac{3}{4}\lambda = 3.75\text{cm}$。

(2) 采用加大电容的方法使腔减小 $d = 0.8\text{cm}$。

由式(2-156)得:

$$Z_c = \frac{60}{\sqrt{\varepsilon_r}}\ln\frac{b}{a} = 60\ln 3.6 = 76.856\Omega$$

工作频率

$$f_0 = \frac{c}{\lambda} = 6 \times 10^9 \text{Hz}$$

代入式(4-78)得

$$C = \frac{1}{2\pi f_0 Z_c}\cot\left[\frac{2\pi f_0(l-d)}{v}\right] = 0.54\text{pF}$$

4.6　环形谐振腔

环形腔属于非传输线型谐振腔,常用的环形腔有圆截面和矩形截面两种。图 4-14 是一个圆截面环形金属空腔谐振腔的侧视图及其等效电路,腔内填充介质的介电常数为 ε,间距 d,宽度 $2r_0$。R 和 h 均小于 1/4 谐振波长,且 $d \ll h$。两层金属板间的平板电容 C 为

$$C = \frac{\varepsilon\pi r_0^2}{d} \tag{4-82}$$

这样,可以认为环形腔中的电场主要集中于腔内圆柱体的端面和与之相对的腔体底部内表面之间,而忽略边缘电容的存在。

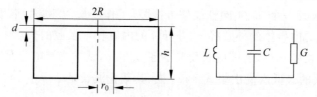

图 4-14　环形谐振腔及其等效电路

若沿圆柱体表面流动的高频电流的幅值为 I,则电流 I 产生的磁场强度的值为

$$H = \frac{I}{2\pi r} \tag{4-83}$$

通过宽度为 dr 的环形体积横截面面积 $dS = h\,dr$ 的磁通量 $d\phi$ 为

$$d\phi = \mu H\,dS = \mu\,\frac{I}{2\pi r}h\,dr$$

则该体积内总的磁通量

$$\phi = \int_{r_0}^{R} \mu\,\frac{I}{2\pi r}h\,dr = \mu\,\frac{Ih}{2\pi}\ln\frac{R}{r_0} \tag{4-84}$$

由此,环形腔中的等效电感 L 为

$$L = \frac{\phi}{I} = \mu\,\frac{h}{2\pi}\ln\frac{R}{r_0} \tag{4-85}$$

谐振频率为

$$f_0 = \frac{1}{2\pi\sqrt{LC}} = \frac{1}{2\pi r_0}\sqrt{\frac{2d}{\mu h\varepsilon\ln\dfrac{R}{r_0}}} \tag{4-86}$$

式中,μ 为腔内填充介质的磁导率。

若考虑到腔内圆柱体端部的侧表面所产生的边缘电容,则腔的等效电容为

$$C = \frac{\varepsilon \pi r_0^2}{d} + 4\varepsilon r_0 \ln \frac{h}{d} = \frac{\varepsilon \pi r_0^2}{d} \left(1 + \frac{4d}{\pi r_0} \ln \frac{h}{d} \right) \tag{4-87}$$

这样,由式(4-86)计算的 f_0 更为精确。

这种求谐振频率的方法称为集总参数法,即根据谐振腔等效电路中的电感和电容来确定谐振频率。对于某些谐振腔而言,若它的电场和磁场可近似认为分别集中于谐振腔的不同部位,而且谐振腔的几何尺寸又远小于谐振波长,则可求出谐振腔的等效电感 L 和等效电容 C,从而利用集总参数概念求出谐振频率 f_0。

环形腔的调谐方法有电感调谐法和电容调谐法。所谓电感调谐法,就是通过改变腔体内的等效电感 L 而达到改变 f_0 的目的。在腔的外表面(柱形面)上安置一些可以沿径向(r 方向)移动的金属螺杆,当螺杆向腔内旋进时,相当于等效半径 R 缩小了,削弱了磁场,等效电感 L 减少了,从而使谐振频率 f_0 增加了;反之,当螺杆朝腔外方向旋出时,相当于等效的半径 R 增大了,磁场增强,等效电感增加了,从而使谐振频率 f_0 下降了。

电容调谐法就是通过改变腔体内的等效电容 C 而达到改变 f_0 的目的。沿着腔体轴线移动腔内的圆柱体,以改变其端面与腔体底部内表面之间的距离 d,从而使等效电容 C 发生变化,即谐振频率 f_0 发生了变化;或者使圆柱体不动,而是压缩或放松与圆柱体端面相对的腔体底部的壁,同样可以使距离 d 和电容发生变化,d 增加时,f_0 增大。

环形谐振腔的工作频带较窄,固有品质因数 Q_0 也较低;这种腔主要用作产生微波振荡的速调管中的谐振回路。

4.7 微带线谐振腔

微带线谐振腔属于传输线型谐振腔。微带线很容易实现开路,如图 4-15 所示。长 l、宽 W 的微带线与接地板之间形成开放型空腔,介质板的相对介电常数为 ε_r,厚度 h。在 l 两端存在边缘效应,用长为 Δl 的微带线等效

$$\Delta l = 0.412 \frac{\varepsilon_{re} + 0.3 \dfrac{W}{h} + 0.264}{\varepsilon_{re} - 0.258 \dfrac{W}{h} + 0.8} \tag{4-88}$$

式中,ε_{re} 是有效相对介电常数,在上一章已给出其计算式(3-44)。把 $l + 2\Delta l$ 叫作微带线的有效长度。

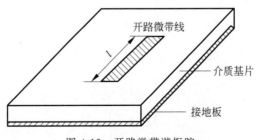

图 4-15 开路微带谐振腔

图 4-16 是微带线谐振腔的等效电路。当微带线有效长度等于半波导波长的整数倍时产生谐振

$$l + 2\Delta l = n\frac{\lambda_g}{2}, \quad n = 1, 2, 3, \cdots \tag{4-89}$$

因波导波长 $\lambda_g = \lambda_0 / \sqrt{\varepsilon_{re}}$，故谐振波长为

$$\lambda_0 = \frac{2(l + 2\Delta l)\sqrt{\varepsilon_{re}}}{n}, \quad n = 1, 2, 3, \cdots \tag{4-90}$$

谐振频率

$$f_0 = \frac{nc}{2(l + 2\Delta l)\sqrt{\varepsilon_{re}}}, \quad n = 1, 2, 3, \cdots \tag{4-91}$$

式中，c 为空气中电磁波的传播速度。

微带环也能构成谐振腔，如图 4-17 所示。微带环的内、外半径分别为 r 和 R，当微带环的周长等于微带内波导波长的整数倍时即产生谐振。

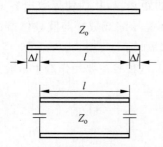

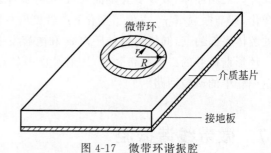

图 4-16　开路微带谐振腔的等效电路　　　　图 4-17　微带环谐振腔

微带环的周长按圆心到环中心的距离来计算，其谐振条件为

$$\pi(R + r) = n\lambda_g, \quad n = 1, 2, 3, \cdots \tag{4-92}$$

微带环谐振波长

$$\lambda_0 = \lambda_g\sqrt{\varepsilon_{re}} = \frac{\pi(R + r)}{n}\sqrt{\varepsilon_{re}} \tag{4-93}$$

微带谐振腔的损耗主要有 4 类，即辐射损耗、导体损耗、介质损耗和表面波损耗。品质因数 Q_0 的降低主要由这 4 类损耗产生。这些损耗所引起的品质因数分别为

$$Q_r = \frac{c\sqrt{\varepsilon_{re}}}{4f_0 h} \tag{4-94}$$

$$Q_c = h\sqrt{\pi f_0 \mu_0 \sigma} \tag{4-95}$$

$$Q_d = \frac{1}{\tan\delta} \tag{4-96}$$

$$Q_{sw} = \left(\frac{1}{3.4\sqrt{\varepsilon_r - 1}\dfrac{h}{\lambda_0}} - 1\right)Q_r \tag{4-97}$$

式中，σ 为导体电导率；$\tan\delta$ 为介质基片的损耗角正切。因此微带谐振腔的固有品质因数 Q_0 为

$$Q_0 = \left(\frac{1}{Q_r} + \frac{1}{Q_c} + \frac{1}{Q_d} + \frac{1}{Q_{sw}} \right)^{-1} \qquad (4\text{-}98)$$

微带谐振腔的 Q_0 值,在 10GHz 以下主要取决于微带的导体损耗,在 10GHz 以上还需考虑介质基片的介质损耗。当厚度 h 较大时,还将出现辐射损耗和表面波损耗。

例 4-5　一个传输线谐振腔由长度为 $\lambda/4$ 的开路传输线制成。求该传输线的 Q 值。假定传输线的复传播常数是 $\alpha + j\beta$。

解：长度为 l 的开路传输线的输入阻抗为

$$Z_{in} = Z_0 \frac{1 + j\tan\beta l \tanh\alpha l}{\tanh\alpha l + j\tan\beta l} = Z_0 \frac{\tanh\alpha l - j\cot\beta l}{1 - j\tanh\alpha l \cot\beta l}$$

现假定在 $\omega = \omega_0$ 处有 $l = \dfrac{\lambda}{4}$,并令 $\omega = \omega_0 + \Delta\omega$,则有

$$\beta l = \frac{\pi}{2} + \frac{\pi\Delta\omega}{2\omega_0}$$

所以

$$\cot\beta l = -\tan\beta l = \frac{-\pi\Delta\omega}{2\omega_0}$$

且 $\tanh\alpha l \approx \alpha l$,代入输入阻抗得

$$Z_{in} = Z_0 \left(\alpha l + j\frac{\pi\Delta\omega}{2\omega_0} \right)$$

所以相当于串联谐振电路,且

$$R = Z_0 \alpha l, \quad L = \frac{Z_0 \pi}{4\omega_0}, \quad C = \frac{1}{\omega_0^2 L} = \frac{4}{\omega_0 Z_0 \pi}$$

求得谐振腔的 Q 为

$$Q = \frac{\omega_0 L}{R} = \frac{\pi}{4\alpha l} = \frac{\beta}{2\alpha}$$

4.8　介质谐振腔

介质谐振腔是近些年发展起来的一种新型谐振腔,用低损耗、高介电常数材料制成的小立方体,形状通常有圆形柱、矩形柱、圆环形柱等,如图 4-18 所示。其原理与规则波导形成的金属腔相似。由于介质与空气交界处几乎呈现开路,因此,电磁波在介质内部反射能量,在介质中形成谐振结构。在这种情况下,介质与空气分界面可以看成是理想磁导体(PMC),在其表面上磁场切向分量或电场法向分量需要满足为零的边界条件,与理想电导体边界条件正好相反。高介电常数介质保证大部分场都在谐振腔内,不易辐射或泄漏。

介质谐振腔的特点归纳为以下几点:①体积小、成本低,体积是同样谐振频率的金属谐振腔的 1/10 以下;②Q_0 值较高,在 0.1～30GHz 范围内,可达 $10^3 \sim 10^4$;③可以做到毫米波段(100GHz 以上);④若采用低温度系数的材料,或者采用不同温度系数材料制成的能够相互补偿的复合介质,则谐振频率的温度稳定性好;⑤易于集成,常用于微波集成电路,作滤波器、振荡器等的基本元件。

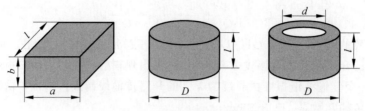

图 4-18　几种基本的介质谐振腔

4.9　谐振腔的等效电路

在一个实际的微波电路系统中,谐振腔如果在电路系统的接收端,一般是作为信号能量的负载,或者作为向其负载传输能量的振荡源。也就是说,要与其他微波元件相互作用,即发生耦合。对整个电路系统或电路系统的一部分而言,人们所关心的是谐振腔的谐振特性和外部特性,而对其场结构、电流分布等没有特别的要求。

因此对于系统而言,分析谐振腔的等效电路是必要的,而且可将复杂问题简单化。求等效电路的具体方法是,首先求出谐振腔的特性参数,可以用前面介绍的方法,或者直接测试;然后根据谐振腔的特性参数与集总参数谐振回路的特性参数之间的关系式,求出等效电路的等效参数。重要的是要找出谐振腔的特性参数与集总参数谐振回路的特性参数之间的关系式。

下面分析集总参数并联谐振回路特性,图 4-19 是微波谐振腔的并联谐振回路。谐振回路的并联电纳为

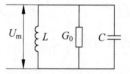

$$B = \omega C - \frac{1}{\omega L} \tag{4-99}$$

因为谐振频率

$$\omega_0 = 1/\sqrt{LC} \tag{4-100}$$

图 4-19　微波谐振腔的
等效电路

将 $L = 1/C\omega_0^2$ 代入电纳式(4-99)得

$$B = \omega C - \frac{C\omega_0^2}{\omega} = \frac{C}{\omega}(\omega - \omega_0)(\omega + \omega_0) \tag{4-101}$$

一般来说,谐振腔的带宽不会很宽,所以 $(\omega + \omega_0) \approx 2\omega$,式(4-101)近似为

$$B \approx 2C(\omega - \omega_0) \tag{4-102}$$

将电纳 B 看作角频率 ω 的函数,式(4-102)对 ω 求导就是电纳在谐振频率附近的变化

$$\left. \frac{dB}{d\omega} \right|_{\omega \approx \omega_0} = 2C \tag{4-103}$$

那么,电容可表示为

$$C = \frac{1}{2} \left. \frac{dB}{d\omega} \right|_{\omega \approx \omega_0} \tag{4-104}$$

由此得到集总参数并联谐振回路在其谐振频率附近很窄频带内有以下 3 个特性。

(1) 电纳与频率呈线性关系:

$$B \approx 2C(\omega - \omega_0), \quad 且 \quad \frac{dB}{d\omega} > 0$$

（2）当 $\omega = \omega_0$ 时，电纳 $B = 0$；

（3）电导 G 近似等于常数。

这 3 个特性也可用图 4-20 表示。

反之，对于工作在某一模式的谐振腔，在很窄的频率范围内，如果也具有这 3 个特点，那么就可以将它等效为一个集总参数的并联回路。其集总参数公式为

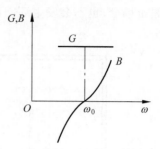

$$L = \frac{1}{\omega_0 Q_0 G_0} \qquad (4\text{-}105)$$

$$C = \frac{Q_0 G_0}{\omega_0} \qquad (4\text{-}106)$$

$$G = G_0 \qquad (4\text{-}107)$$

图 4-20 谐振频率附近并联谐振回路的电导和电纳曲线

其中，谐振腔的谐振频率 ω_0、固有品质因数 Q_0、等效电导 G_0 的计算方法前面已经介绍过，也可以采用测量的方法确定。

4.10 谐振腔的耦合与激励

在实际应用中，谐振腔总是要通过一个或者多个端口与外电路连接以进行能量的交换，这就是谐振腔的耦合与激励。

当谐振腔与外电路有耦合时，可将腔等效为并联谐振回路，则整个系统的等效电路如图 4-21 所示，图中 Z_L 是与谐振腔并联的系统的等效负载阻抗。其固有品质因数为

$$Q_0 = \frac{\omega_0 C}{G} \qquad (4\text{-}108)$$

有载品质因数为

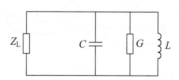

图 4-21 谐振腔接负载时的并联谐振等效电路

$$Q_L = \frac{\omega_0 C}{G + Y_L} = \frac{1}{\dfrac{G}{\omega_0 C} + \dfrac{Y_L}{\omega_0 C}} = \frac{1}{\dfrac{1}{Q_0} + \dfrac{1}{Q_0}k} = \frac{Q_0}{1 + k} \qquad (4\text{-}109)$$

与式(4-23)一样，式中 k 为耦合系数，且可表示为谐振腔谐振时的外界负载导纳与输入导纳之比：

$$k = \frac{Y_L}{G} \qquad (4\text{-}110)$$

耦合品质因数为

$$Q_e = \frac{Q_0}{k} \qquad (4\text{-}111)$$

谐振腔和外电路的耦合方法与 2.2.6 节介绍的波导类似，可采用电耦合、磁耦合和孔耦

合来实现。在谐振腔与同轴线耦合时,大多数是磁耦合,用耦合环来实现,如图 4-22 所示,图 4-22(a)和(b)分别是同轴线谐振腔和环形谐振腔的耦合。这时不要求谐振腔与传输线有紧密耦合,也不会发生环圈击穿的危险,在大功率器件中,耦合元件是置于器件的真空部分。

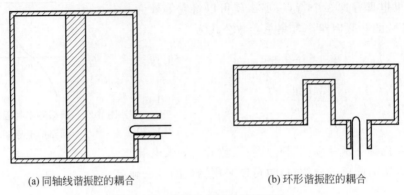

(a) 同轴线谐振腔的耦合　　　　　　　(b) 环形谐振腔的耦合

图 4-22　谐振腔与同轴线的耦合

谐振腔与波导一般通过小孔直接耦合,小孔大小决定耦合强弱,但是小孔越大,腔的有载品质因数越低。谐振腔的耦合原理随耦合孔在矩形波导上所开位置的不同,可分为电耦合、磁耦合和电磁混合耦合 3 种。以矩形波导 TE_{10} 模的激励为例,若耦合孔开于波导终端或波导窄壁,则为磁耦合,如图 4-23(a)、(b)所示;若耦合孔开于波导宽壁的宽边中央,则为电磁混合耦合,如图 4-23(c)所示。

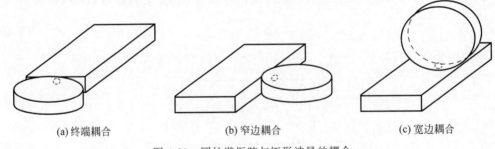

(a) 终端耦合　　　　　　(b) 窄边耦合　　　　　　(c) 宽边耦合

图 4-23　圆柱谐振腔与矩形波导的耦合

图 4-24 是微带线馈电的微带谐振腔耦合和介质谐振腔耦合的示意图,叫作邻近耦合方式。

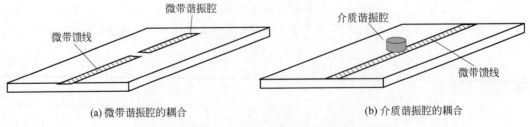

(a) 微带谐振腔的耦合　　　　　　　　(b) 介质谐振腔的耦合

图 4-24　微带谐振腔和介质谐振腔与微带线的耦合

习　题

4-1 谐振腔有哪些主要的参量？这些参量与低频集总参数谐振回路有何异同点？

4-2 何谓固有品质因数和有载品质因数？它们之间有何关系？

4-3 一个空气填充的谐振腔，谐振波长为 λ_0，谐振频率为 f_0。设腔体尺寸不变，若腔中全填充相对介电常数为 ε_r 的介质时，问：λ_0 和 f_0 有无变化？如何变化？若要求 f_0 不变，λ_0 有无变化？如何变化？

4-4 考虑图 4-25 所示的有载 RLC 谐振电路。计算其谐振频率、无载 Q_0 和有载 Q_L。

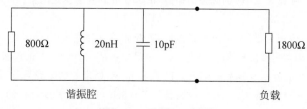

图 4-25　习题 4-4 用图

4-5 有一空气填充的矩形谐振腔。假定 x、y、z 方向上的边长分别为 a、b、l。试求下列情形的振荡主模及谐振频率：(1)$a>b>l$；(2)$a>l>b$；(3)$l>a>b$；(4)$a=b=l$。

4-6 设矩形谐振腔由黄铜制成，其电导率 $\sigma=1.46\times10^7\,\mathrm{S/m}$，尺寸为 $a=5\mathrm{cm}$，$b=3\mathrm{cm}$，$l=6\mathrm{cm}$，试求 TE_{101} 模式的谐振波长 λ_0 和无载品质因数 Q_0 的值。

4-7 用 BJ-100 波导（$a=22.86\mathrm{mm}$，$b=10.16\mathrm{mm}$）做成的 TE_{102} 模式矩形腔，今在 $z=l$ 端面用理想导体短路活塞调谐，其频率调谐范围为 9.3～10.2GHz，求活塞移动范围。假定此腔体在运输过程中其中心部分受到挤压变形，Q 值会发生什么变化？为什么？

4-8 一个空气填充的矩形谐振腔，尺寸为 $a=b=l=3\mathrm{cm}$，用电导率 $\sigma=1.5\times10^7\,\mathrm{S/m}$ 的黄铜制作，试求工作于 TE_{111} 模式的固有品质因数。

4-9 一矩形腔中激励 TE_{101} 模，空腔的尺寸为 $3\mathrm{cm}\times5\mathrm{cm}\times5\mathrm{cm}$，求谐振波长。如果腔体是铜制的，其中充以空气，其 Q_0 值为多少？铜的电导率为 $\sigma=5.7\times10^7\,\mathrm{S/m}$。

4-10 试以矩形谐振腔的 TE_{101} 模式为例，证明谐振腔内电场能量和磁场能量相等，并分别求其总的电磁储能。

4-11 两个矩形腔，工作模式均为 TE_{101}，谐振波长分别为 $\lambda_0=3\mathrm{cm}$ 和 $\lambda_0=10\mathrm{cm}$，试问：哪一个腔的尺寸大？为什么？

4-12 铜制矩形谐振腔的尺寸为 $a=l=20\mathrm{mm}$，$b=10\mathrm{mm}$。铜的电导率为 $\sigma=1.5\times10^7\,\mathrm{S/m}$。当腔内充以空气和聚四氟乙烯介质时，分别计算谐振腔的主模谐振频率、谐振波长，以及 Q_c、Q_d 和 Q_0。介质的 $\varepsilon_r=2.1$，损耗角正切 $\tan\delta=0.0004$。

4-13 横截面尺寸为 $a=22.86\mathrm{mm}$，$b=10.16\mathrm{mm}$ 的矩形波导，传输频率为 10GHz 的 H_{10} 波，在某横截面上放一导体板，试问：在何处再放导体板，才能构成振荡模式为 H_{101} 的矩形谐振腔？若包括 l 在内的其他条件不变，只是改变工作频率，则上述腔体中可能有哪些振荡模式？若腔长 l 加大一倍，工作频率不变，此时腔体中的振荡模式是什么？谐振波长有无变化？

4-14 一个矩形波导腔由一段铜制 WR-187H 波段波导制成，有 $a=47.55\mathrm{mm}$ 和 $b=22.15\mathrm{mm}$，腔用聚乙烯（$\varepsilon_r=2.25$ 和 $\tan\delta=0.004$）填充。若谐振产生在 $f=5\mathrm{GHz}$ 处，求出所需长度 d，以及 $l=1$ 和 $l=2$ 谐振模式的 Q 值。

4-15 圆柱谐振腔中的干扰波型有哪几种？

4-16 一个圆柱谐振腔，其直径为 4cm，长为 4cm，工作模式为 TM_{010}，求其谐振频率 f_0。

4-17 设计一个圆柱谐振腔,其长度和直径相同,谐振频率5GHz,工作模式TE_{011}模。若腔是由铜制成的,填充聚四氟乙烯($\varepsilon_r = 2.08$ 和 $\tan\delta = 0.004$),求腔的尺寸和Q。

4-18 有两个半径为5cm,长度分别为10cm和12cm的圆柱腔,试求它们工作于最低振荡模式的谐振频率。

4-19 有一半径为5cm,腔长为10cm的圆柱谐振腔,试求其最低振荡模式中的品质因数(腔体为铜,其 $\sigma = 1.5 \times 10^7 S/m$)。

4-20 求半径为5cm、长度为15cm的圆柱腔最低振荡模式的谐振频率和无载Q值(用 $\sigma = 1.5 \times 10^7 S/m$ 的黄铜制作)。

4-21 有一半径为5cm,腔长为10cm的圆柱谐振腔,试求其最低振荡模式的谐振频率和品质因数(腔体为铜,其 $\sigma = 1.5 \times 10^7 S/m$)。

4-22 一个半径为5cm,腔长为10cm的圆柱谐振腔,若腔体用电导率 $\sigma = 1.5 \times 10^7 S/m$ 的黄铜制作,试求腔体的无载品质因数;若在腔体的内壁上镀一电导率 $\sigma = 6.17 \times 10^7 S/m$ 的银,试求腔体的无载品质因数;若腔的内壁上镀一电导率 $\sigma = 4.1 \times 10^7 S/m$ 的金,试求腔的无载品质因数。

4-23 有一圆柱谐振波长计,工作模式H_{011},空腔直径$D = 3cm$,直径与长度之比的可变范围为2~4,试求波长计的调谐范围。

4-24 一个充有空气介质,半径为1cm的圆形波导,现在其中放入两块短路板,构成一个谐振腔,工作模式为TM_{021},谐振频率为30GHz,试求两短路板之间的距离。

4-25 设计一个工作于TM_{010}振荡模式的圆柱谐振腔,谐振波长为3cm,若要求腔内不存在其他振荡模式,试求腔的直径与长度。

4-26 用一个工作于TE_{011}振荡模式的圆柱谐振腔作为波长计,频率范围是2.84~3.2GHz,试确定腔体的尺寸。

4-27 设计一个工作于TE_{011}振荡模式的圆柱谐振腔,谐振波长为10cm,欲使其无载Q_0尽量大一些,试求腔的直径和长度。

4-28 电容加载式同轴线腔的内、外导体半径分别为0.5cm和1.5cm,终端负载电容为1nF,谐振频率为3GHz,求腔长。

4-29 有一电容加载同轴线谐振腔,已知内导体直径为0.5cm,外导体直径为1.5cm,终端电容为1pF,要求谐振在3GHz,试确定该腔最短的两个长度。

4-30 有一个$\lambda/4$同轴谐振腔,其内导体外直径为d,外导体内直径为D,用电导率为 $\sigma = 5.8 \times 10^7 S/m$ 的铜制成,填充介质为空气,若忽略短路板的损耗,试求:

(1) 无载品质因数Q_0的表达式。

(2) 当D/d为何值时无载品质因数最大?

4-31 若在长度为l,且两端短路的同轴腔中央旋入一金属小螺钉,其电纳为B;旋入螺钉后谐振频率如何变化?为什么?求谐振频率表示式。

4-32 由一根铜同轴线制成的$\lambda/2$谐振器,其内导体半径为1mm,外导体半径为4mm。若谐振频率是5GHz,对空气填充的同轴线谐振器和聚四氟乙烯填充的同轴线谐振器的Q值进行比较。

4-33 试举出电容加载同轴型谐振腔的两种调谐方法,并画出调谐机构的示意图。

4-34 工作在3GHz的反射调速管,需设计一个环形谐振腔,如腔长$h = 1cm$,半径$R = 3r_0 = 1cm$,试求两栅间的距离d。

4-35 有一个调速管用的环形谐振腔(空气填充),它的尺寸如图4-26所示,工作频率$f = 3GHz$,尺寸为:$r_0 = 10mm$, $R = 22mm$, $h = 7mm$, $d = 1mm$。问:若使其工作频率增加50GHz,电容应改变多少?d增大还是减小?并计算出d的改变量的近似值。

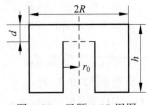

图 4-26 习题 4-35 用图

4-36　一个谐振器由一段 50Ω 开路微带线制成,缝隙耦合到 50Ω 的馈线,谐振频率为 5GHz,有效介电常数是 1.9,衰减是 0.01dB/cm。求谐振器的长度、谐振器的 Q 值及临界耦合时所需耦合电容的值。

4-37　考虑一个长度为 $\lambda/2$ 的 50Ω 开路微带线构成的微带谐振器。基片是聚四氟乙烯($\varepsilon_r = 2.08$ 和 $\tan\delta = 0.0004$),厚度是 0.159cm,导体是铜。计算 5GHz 谐振时,微带线的长度和谐振器的 Q 值。忽略在微带线端口的杂散场。

4-38　谐振腔耦合分为哪几类?分别采取什么方式?

第5章 微波网络

微波传输特性和微波元件由均匀传输线理论和规则波导的"场"理论来分析。微波系统由若干均匀传输线(波导)和微波元件组成,其结构复杂,用传输线理论或规则波导理论分析困难。而实际上,人们所关心的是微波系统各个元件的外部特性,即信号通过后其幅度、相位等量的变化,因此在一定条件下可以将微波元件等效为网络端口,以简化微波系统的分析和设计。

微波网络理论是微波技术的一个重要分支,内容丰富、应用广泛。本章只简单介绍微波网络的各种参量矩阵,包括阻抗矩阵、导纳矩阵、转移矩阵、散射矩阵和传输矩阵,以及各种矩阵之间的关系,介绍常用微波网络特性、简单微波电路的网络参量、二端口网络的连接及网络端口的外部特性等。

5.1　引言

一个微波系统一般由信号源、负载、传输线和微波元件组成,如图 5-1 所示。传输线如前面所介绍,一般都是均匀传输线,其横截面形状和尺寸沿轴线方向保持不变。微波元件如隔离器、定向耦合器、波长计、功率计、衰减器、功分器等,是微波系统中的不均匀区段。对于这些不均匀区的电磁波信号和能量问题,可以求解给定边界条件的 Maxwell 方程组,但是求解过程烦琐,而且得到的结果往往超出一般的实际需要,工程中人们关心的是这些不均匀区域的外部特征。因此,通常用微波网络方法分析微波系统。

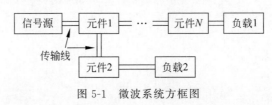

图 5-1　微波系统方框图

微波网络法也是一种等效电路法。其基本思想是把本来属于电磁场的问题,在一定条件下转化为一个等效电路问题。具体来讲,就是当用微波网络法研究传输系统时,可以把每个不均匀区(微波元件)看成一个网络节点,其对外特性用一组网络参量表示;把均匀传输线也看成一个网络节点,其网络参量由传输参量和长度决定。各种微波网络参量可以通过实测和简单计算得到。

不均匀性的微波元件按照端口来分有单端口、二端口、三端口、四端口、…、N 端口网络。端口数目与外接均匀传输线(波导、同轴线、平面传输线等)数目是一致的。它们在微波网络中均等效为"长线",即可用两根平行线来代表。

单端口网络仅有一个电气端口与外界相连。微波系统中的匹配负载、短路负载和失配负载就是单端口网络,图 5-2 是短路同轴线及其等效网络。

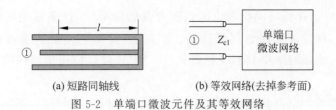

(a) 短路同轴线　　　　(b) 等效网络(去掉参考面)

图 5-2　单端口微波元件及其等效网络

大多数微波元件属于二端口网络,如衰减器、滤波器、移相器等,图 5-3(a)、(b)是阶梯波导和衰减器示意图,图 5-3(c)是二端口等效网络,端口①和②的传输线特性阻抗分别为 Z_{c1} 和 Z_{c2}。

(a)阶梯波导　　　　(b) 衰减器　　　　(c) 二端口等效网络

图 5-3　二端口微波元件及其等效网络

某些分路元件属于三端口网络,如各种 T 形接头和单刀双掷微波开关,图 5-4(a)、(b)是 E 面和 H 面 T 形波导分支示意图。图 5-4(c)是三端口等效网络,3 个端口的传输线特性阻抗分别为 Z_{c1}、Z_{c2} 和 Z_{c3}。

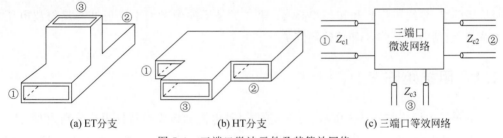

(a) ET分支　　　　(b) HT分支　　　　(c) 三端口等效网络

图 5-4　三端口微波元件及其等效网络

微波领域中属于四端口元件的也有多种,如双 T 接头、魔 T(双匹配双 T)、定向耦合器等。图 5-5(a)、(b)是双 T 接头和定向耦合器示意图。图 5-5(c)是四端口等效网络。

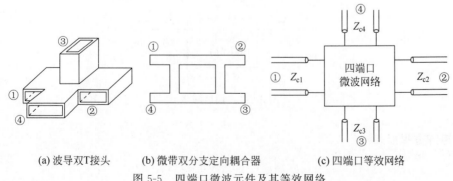

(a) 波导双T接头　　　(b) 微带双分支定向耦合器　　　(c) 四端口等效网络

图 5-5　四端口微波元件及其等效网络

微波网络理论是在低频网络理论的基础上发展而来的,许多适用于低频电路的分析方法和电路特性,对微波电路也同样适用。实际上,低频电路分析是微波电路分析的一种特殊情况,因为低频网络中只有一种模式——TEM 波。应用微波网络理论需要注意以下几点。

(1) 画出的等效网络及其参量是对某一工作波型(模式)而言的,不同工作波型有不同的等效网络和参量;微波网络及其参量只对一定频段才适用,超出这一范围将要失效。

(2) 用电压、电流作为网络端口物理量时,需要明确其定义,因为对于波导来说电压和电流是一个等效概念,是非单值的。

(3) 需要确定网络参考面。参考面的选择很重要,它必须选在均匀传输线段上,且距离不均匀处足够远,使不均匀处激起的高次模衰减到足够小,此时高次模对工作模式只相当于引入一个电抗值,可计入网络参量之内。

(4) 规定参考面上进入网络方向的电流为正向电流,离开网络方向的电流为反向电流。

很多微波元件可等效为二端口网络,下面以二端口网络为例介绍各种微波网络参量。三端口、四端口等多端口网络的网络参量可以类似地得出。

5.2 微波网络的各种参量矩阵

表征微波网络的参量有两类:第一类是反映网络参考面上电压与电流之间关系的,包括阻抗矩阵 Z、导纳矩阵 Y 和转移矩阵 A;第二类是反映参考面上入射波与反射波电压之间关系的,包括散射矩阵 S 和传输矩阵 T。

5.2.1 阻抗矩阵 Z

二端口等效网络如图 5-6 所示,端口①的电压、电流和传输线特性阻抗分别为 U_1、I_1 和 Z_{c1},端口②的电压、电流和传输线特性阻抗分别为 U_2、I_2 和 Z_{c2}。规定电流流入网络为正。根据电路理论,可求得用阻抗表示的电压与电流的关系为

$$\begin{cases} U_1 = Z_{11} I_1 + Z_{12} I_2 \\ U_2 = Z_{21} I_1 + Z_{22} I_2 \end{cases} \tag{5-1}$$

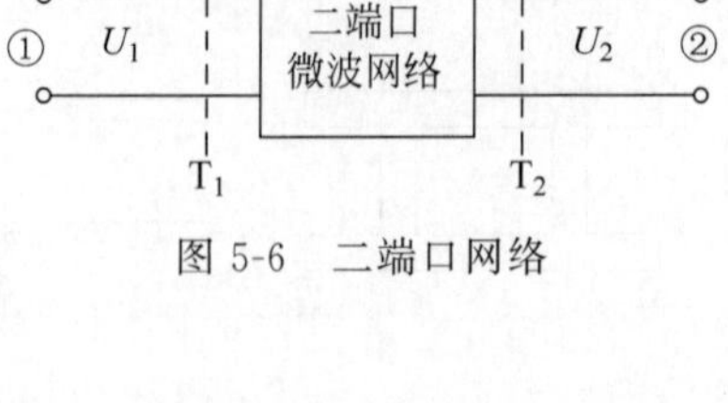

图 5-6 二端口网络

或写成矩阵方程形式

$$\begin{bmatrix} U_1 \\ U_2 \end{bmatrix} = \begin{bmatrix} Z_{11} & Z_{12} \\ Z_{21} & Z_{22} \end{bmatrix} \begin{bmatrix} I_1 \\ I_2 \end{bmatrix} \tag{5-2}$$

简记为

$$U = ZI \tag{5-3}$$

式中，U 和 I 分别为电压和电流的列矩阵，Z 为

$$Z = \begin{bmatrix} Z_{11} & Z_{12} \\ Z_{21} & Z_{22} \end{bmatrix} \tag{5-4}$$

叫作阻抗矩阵，这是一个方阵。阻抗元素仅由网络本身所决定，而与端口所加的电压、电流无关。

当端口②开路时，$I_2 = 0$，式(5-1)可简化为

$$U_1 = Z_{11}I_1, \quad U_2 = Z_{21}I_1$$

则 Z_{11}、Z_{21} 的物理意义是

$$Z_{11} = \left. \frac{U_1}{I_1} \right|_{I_2=0}, \text{表示端口①的自阻抗（输入阻抗）} \tag{5-5a}$$

$$Z_{21} = \left. \frac{U_2}{I_1} \right|_{I_2=0}, \text{表示端口①与端口②之间的互阻抗（转移阻抗）} \tag{5-5b}$$

当端口①开路时，$I_1 = 0$，式(5-1)简化为

$$U_1 = Z_{12}I_2, \quad U_2 = Z_{22}I_2$$

则 Z_{12}、Z_{22} 的物理意义是

$$Z_{12} = \left. \frac{U_1}{I_2} \right|_{I_1=0}, \text{表示端口②与端口①之间的互阻抗（转移阻抗）} \tag{5-5c}$$

$$Z_{22} = \left. \frac{U_2}{I_2} \right|_{I_1=0}, \text{表示端口②的自阻抗（输入阻抗）} \tag{5-5d}$$

在微波网络中，为了理论分析具有普遍意义，常把各端口电压、电流用各自对应的传输线特性阻抗归一化，并用小写字母表示。各归一化电压、电流为

$$u_1 = \frac{U_1}{\sqrt{Z_{c1}}}, \quad i_1 = I_1\sqrt{Z_{c1}}, \quad u_2 = \frac{U_2}{\sqrt{Z_{c2}}}, \quad i_2 = I_2\sqrt{Z_{c2}} \tag{5-6}$$

相应的归一化方程为

$$\begin{cases} u_1 = z_{11}i_1 + z_{12}i_2 \\ u_2 = z_{21}i_1 + z_{22}i_2 \end{cases} \tag{5-7}$$

简记为

$$[u] = [z][i] \tag{5-8}$$

其中，归一化阻抗矩阵为

$$z = \begin{bmatrix} z_{11} & z_{12} \\ z_{21} & z_{22} \end{bmatrix} = \begin{bmatrix} \dfrac{Z_{11}}{Z_{c1}} & \dfrac{Z_{12}}{\sqrt{Z_{c1}Z_{c2}}} \\[3mm] \dfrac{Z_{21}}{\sqrt{Z_{c1}Z_{c2}}} & \dfrac{Z_{22}}{Z_{c2}} \end{bmatrix} \tag{5-9}$$

5.2.2 导纳矩阵 Y

当网络特性用导纳参量描述时，参考图 5-6，各参考面上电流与电压之间的线性关系为

$$\begin{cases} I_1 = Y_{11}U_1 + Y_{12}U_2 \\ I_2 = Y_{21}U_1 + Y_{22}U_2 \end{cases} \tag{5-10}$$

或写成矩阵方程形式

$$\begin{bmatrix} I_1 \\ I_2 \end{bmatrix} = \begin{bmatrix} Y_{11} & Y_{12} \\ Y_{21} & Y_{22} \end{bmatrix} \begin{bmatrix} U_1 \\ U_2 \end{bmatrix} \tag{5-11}$$

简记为

$$\boldsymbol{I} = \boldsymbol{YU} \tag{5-12}$$

式中,$\boldsymbol{I}$ 和 $\boldsymbol{U}$ 分别为电流和电压的列矩阵;$\boldsymbol{Y}$ 为

$$\boldsymbol{Y} = \begin{bmatrix} Y_{11} & Y_{12} \\ Y_{21} & Y_{22} \end{bmatrix} \tag{5-13}$$

称为导纳矩阵,这也是一个方阵。$\boldsymbol{Y}$ 矩阵各参量的物理意义为

$$Y_{11} = \frac{I_1}{U_1} \bigg|_{U_2=0} \tag{5-14a}$$

Y_{11} 表示端口②短路时,端口①的自导纳(输入导纳);

$$Y_{21} = \frac{I_2}{U_1} \bigg|_{U_2=0} \tag{5-14b}$$

Y_{21} 表示端口②短路时,端口①与端口②之间的互导纳(转移导纳);

$$Y_{12} = \frac{I_1}{U_2} \bigg|_{U_1=0} \tag{5-14c}$$

Y_{12} 表示端口①短路时,端口②与端口①之间的互导纳(转移导纳);

$$Y_{22} = \frac{I_2}{U_2} \bigg|_{U_1=0} \tag{5-14d}$$

Y_{22} 表示端口①短路时,端口②的自导纳(输入导纳)。

若 T_1 和 T_2 参考面外接传输线的特性导纳分别为 Y_{c1} 和 Y_{c2},则各个归一化等效电流、电压为

$$i_1 = \frac{I_1}{\sqrt{Y_{c1}}}, \quad u_1 = U_1\sqrt{Y_{c1}}, \quad i_2 = \frac{I_2}{\sqrt{Y_{c2}}}, \quad u_2 = U_2\sqrt{Y_{c2}} \tag{5-15}$$

相应的归一化方程为

$$\begin{cases} i_1 = y_{11}u_1 + y_{12}u_2 \\ i_2 = y_{21}u_1 + y_{22}u_2 \end{cases} \tag{5-16}$$

简记为

$$\boldsymbol{i} = \boldsymbol{yu} \tag{5-17}$$

其中,归一化导纳矩阵为

$$\boldsymbol{y} = \begin{bmatrix} y_{11} & y_{12} \\ y_{21} & y_{22} \end{bmatrix} = \begin{bmatrix} \dfrac{Y_{11}}{Y_{c1}} & \dfrac{Y_{12}}{\sqrt{Y_{c1}Y_{c2}}} \\[3mm] \dfrac{Y_{21}}{\sqrt{Y_{c1}Y_{c2}}} & \dfrac{Y_{22}}{Y_{c2}} \end{bmatrix} \tag{5-18}$$

5.2.3 转移矩阵 A

转移矩阵又叫 **ABCD** 矩阵,只适用于二端口网络。参考图 5-6,当网络特性用转移参量描述时,根据电路理论,输入端电压、电流与输出端电压、电流之间的线性关系为

$$\begin{cases} U_1 = AU_2 - BI_2 \\ I_1 = CU_2 - DI_2 \end{cases} \tag{5-19}$$

或写成矩阵方程形式

$$\begin{bmatrix} U_1 \\ I_1 \end{bmatrix} = \begin{bmatrix} A & B \\ C & D \end{bmatrix} \begin{bmatrix} U_2 \\ -I_2 \end{bmatrix} \tag{5-20}$$

定义

$$\boldsymbol{A} = \begin{bmatrix} A & B \\ C & D \end{bmatrix} \tag{5-21}$$

为转移矩阵。**A** 矩阵各参量的物理意义

$$A = \frac{U_1}{U_2} \Big|_{I_2 = 0} \tag{5-22a}$$

A 表示端口②开路时,端口②至端口①的电压传输系数;

$$B = -\frac{U_1}{I_2} \Big|_{U_2 = 0} \tag{5-22b}$$

B 表示端口②短路时,端口②至端口①的转移阻抗;

$$C = \frac{I_1}{U_2} \Big|_{I_2 = 0} \tag{5-22c}$$

C 表示端口②开路时,端口②至端口①的转移导纳;

$$D = -\frac{I_1}{I_2} \Big|_{U_2 = 0} \tag{5-22d}$$

D 表示端口②短路时,端口②至端口①的电流传输系数。

相应的归一化方程为

$$\begin{cases} u_1 = au_2 - bi_2 \\ i_1 = cu_2 - di_2 \end{cases} \tag{5-23}$$

其中,归一化转移矩阵为

$$\boldsymbol{a} = \begin{bmatrix} a & b \\ c & d \end{bmatrix} = \begin{bmatrix} A\sqrt{Z_{c2}/Z_{c1}} & B\sqrt{Z_{c1}Z_{c2}} \\ C\sqrt{Z_{c1}Z_{c2}} & D\sqrt{Z_{c1}/Z_{c2}} \end{bmatrix} \tag{5-24}$$

例 5-1 串联阻抗单元电路如图 5-7 所示,推导该单元电路的 **A** 矩阵参量。

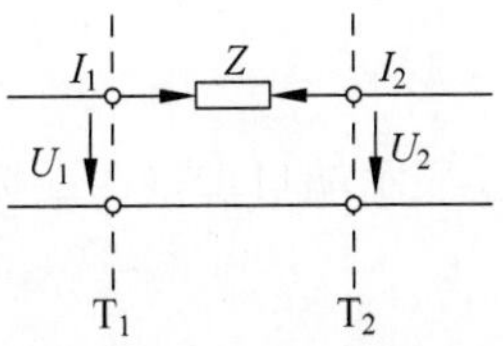

解:端口②开路时,$I_2 = 0$,$U_1 = U_2$,根据定义 $A = \dfrac{U_1}{U_2} \Big|_{I_2 = 0} = 1$,

$C = \dfrac{I_1}{U_2} \Big|_{I_2 = 0} = 0$。

图 5-7 例 5-1 用图

端口②短路时，$I_2 = -I_1$，$U_1 = ZI_1$，得 $B = -\dfrac{U_1}{I_2}\Big|_{U_2=0} = Z$，$D = -\dfrac{I_1}{I_2}\Big|_{U_2=0} = 1$。

所以

$$A = \begin{bmatrix} 1 & Z \\ 0 & 1 \end{bmatrix}$$

5.2.4 散射矩阵 S

对于二端口网络，T_1 和 T_2 参考面上的归一化入射波 a 和归一化反射波 b，如图 5-8 所示。二端口 a、b 之间的线性关系满足方程

$$\begin{cases} b_1 = S_{11}a_1 + S_{12}a_2 \\ b_2 = S_{21}a_1 + S_{22}a_2 \end{cases} \tag{5-25}$$

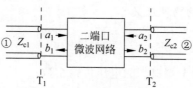

图 5-8　二端口网络的波参量

简写为

$$b = Sa \tag{5-26}$$

式中，

$$S = \begin{bmatrix} S_{11} & S_{12} \\ S_{21} & S_{22} \end{bmatrix} \tag{5-27}$$

称为散射矩阵，各归一化散射参量的物理意义为

$$S_{11} = \frac{b_1}{a_1}\Big|_{a_2=0} \tag{5-28a}$$

S_{11} 表示端口②接匹配负载时，端口①的反射系数；

$$S_{21} = \frac{b_2}{a_1}\Big|_{a_2=0} \tag{5-28b}$$

S_{21} 表示端口②接匹配负载时，端口①到端口②的传输系数；

$$S_{12} = \frac{b_1}{a_2}\Big|_{a_1=0} \tag{5-28c}$$

S_{12} 表示端口①接匹配负载时，端口②到端口①的传输系数；

$$S_{22} = \frac{b_2}{a_2}\Big|_{a_1=0} \tag{5-28d}$$

S_{22} 表示端口①接匹配负载时，端口②的反射系数。

5.2.5　传输参量 T

对于图 5-8 所示二端口网络,T_1 和 T_2 参考面上的归一化入射波电压 a 和归一化反射波电压 b 满足线性方程

$$\begin{cases} a_1 = T_{11}b_2 + T_{12}a_2 \\ b_1 = T_{21}b_2 + T_{22}a_2 \end{cases} \tag{5-29}$$

或写为矩阵形式

$$\begin{bmatrix} a_1 \\ b_1 \end{bmatrix} = \boldsymbol{T} \begin{bmatrix} b_2 \\ a_2 \end{bmatrix} \tag{5-30}$$

式中,

$$\boldsymbol{T} = \begin{bmatrix} T_{11} & T_{12} \\ T_{21} & T_{22} \end{bmatrix} \tag{5-31}$$

叫作二端口网络的传输矩阵,其中,

$$T_{11} = \frac{a_1}{b_2} \bigg|_{a_2=0} \tag{5-32}$$

T_{11} 表示端口②接匹配负载时,端口①至端口②的电压传输系数的倒数,即

$$T_{11} = \frac{1}{S_{21}} \tag{5-33}$$

$\boldsymbol{T}$ 矩阵的其余参量没有明确的物理意义。

5.3　二端口网络各种参量矩阵的关系

以上 5 种网络参量可以描述同一个微波网络的特性,各有其特点,$\boldsymbol{Z}$、$\boldsymbol{Y}$ 参量矩阵描述的是网络各端口的电压、电流间的关系,较适用于处理网络间的串联、并联问题;$\boldsymbol{A}$、$\boldsymbol{T}$ 参量矩阵描述的是网络输入端的物理量与输出端的物理量之间的关系,较适合于处理网络间级联问题;$\boldsymbol{S}$ 参量矩阵描述的是网络端口及各端口间的归一化反射波电压与归一化入射波电压之间的关系,在微波技术中占有重要位置,用矢量网络分析仪可以直接测量各个 S 参数。

为了便于在不同场合使用不同网络参数,需要找出各个网络参量矩阵之间的关系。

5.3.1　$\boldsymbol{Z}$ 矩阵和 $\boldsymbol{Y}$ 矩阵的关系

阻抗矩阵 $\boldsymbol{Z}$ 和导纳矩阵 $\boldsymbol{Y}$ 互为逆矩阵。由于

$$\boldsymbol{U} = \boldsymbol{Z}\boldsymbol{I}, \quad \boldsymbol{I} = \boldsymbol{Y}\boldsymbol{U} \tag{5-34}$$

当 $\boldsymbol{Z}$ 和 $\boldsymbol{Y}$ 为非奇异方阵时,有

$$\boldsymbol{Z} = \boldsymbol{Y}^{-1}, \quad \boldsymbol{Y} = \boldsymbol{Z}^{-1} \tag{5-35}$$

式中“−1”表示逆矩阵。

5.3.2 Z、Y 矩阵与 A 矩阵的关系

由 **Z** 矩阵的定义式(5-1)

$$\begin{cases} U_1 = Z_{11}I_1 + Z_{12}I_2 \\ U_2 = Z_{21}I_1 + Z_{22}I_2 \end{cases}$$

可得

$$\begin{cases} U_1 = \dfrac{Z_{11}}{Z_{21}}U_2 + \dfrac{Z_{11}Z_{22}-Z_{12}Z_{21}}{Z_{21}}(-I_2) \\ I_1 = \dfrac{1}{Z_{21}}U_2 + \dfrac{Z_{22}}{Z_{21}}(-I_2) \end{cases}$$

即

$$\begin{bmatrix} U_1 \\ I_1 \end{bmatrix} = \begin{bmatrix} Z_{11}/Z_{21} & |Z|/Z_{21} \\ 1/Z_{21} & Z_{22}/Z_{21} \end{bmatrix} \begin{bmatrix} U_2 \\ -I_2 \end{bmatrix}$$

与式(5-20)比较得矩阵 **A** 与矩阵 **Z** 的关系为

$$\boldsymbol{A} = \begin{bmatrix} Z_{11}/Z_{21} & |Z|/Z_{21} \\ 1/Z_{21} & Z_{22}/Z_{21} \end{bmatrix} \tag{5-36}$$

式中，$|Z|=Z_{11}Z_{22}-Z_{12}Z_{21}$ 是行列式值。同样地，由式(5-11)可以得到

$$\boldsymbol{A} = -\begin{bmatrix} Y_{22}/Y_{21} & 1/Y_{21} \\ |Y|/Y_{21} & Y_{11}/Y_{21} \end{bmatrix} \tag{5-37}$$

式中，$|Y|=Y_{11}Y_{22}-Y_{12}Y_{21}$ 是行列式值。

与上述情况相反，也可以用 **A** 矩阵来表示 **Z** 和 **Y** 矩阵。由 **A** 矩阵的定义式

$$\begin{cases} U_1 = AU_2 - BI_2 \\ I_1 = CU_2 - DI_2 \end{cases}$$

可得

$$\begin{bmatrix} U_1 \\ U_2 \end{bmatrix} = \frac{1}{C}\begin{bmatrix} A & |\boldsymbol{A}| \\ 1 & D \end{bmatrix}\begin{bmatrix} I_1 \\ I_2 \end{bmatrix}$$

$$\begin{bmatrix} I_1 \\ I_2 \end{bmatrix} = \frac{1}{B}\begin{bmatrix} D & -|\boldsymbol{A}| \\ -1 & A \end{bmatrix}\begin{bmatrix} U_1 \\ U_2 \end{bmatrix}$$

则 **Z**、**Y** 矩阵与 **A** 矩阵的关系分别为

$$\boldsymbol{Z} = \frac{1}{C}\begin{bmatrix} A & |\boldsymbol{A}| \\ 1 & D \end{bmatrix} \tag{5-38}$$

$$\boldsymbol{Y} = \frac{1}{B}\begin{bmatrix} D & -|\boldsymbol{A}| \\ -1 & A \end{bmatrix} \tag{5-39}$$

式中，$|\boldsymbol{A}|=AD-BC$ 是行列式值。

5.3.3 S 矩阵与 T 矩阵的关系

由 S 矩阵定义式(5-25)可得

$$a_1 = \frac{1}{S_{21}}b_2 - \frac{S_{22}}{S_{21}}a_2$$

$$b_1 = \frac{S_{11}}{S_{21}}b_2 - \frac{|\boldsymbol{S}|}{S_{21}}a_2$$

即

$$\begin{bmatrix} a_1 \\ b_1 \end{bmatrix} = \frac{1}{S_{21}} \begin{bmatrix} 1 & -S_{22} \\ S_{11} & -|\boldsymbol{S}| \end{bmatrix} \begin{bmatrix} b_2 \\ a_2 \end{bmatrix}$$

与式(5-29)比较,则得 $\boldsymbol{T}$ 与 $\boldsymbol{S}$ 的关系为

$$\boldsymbol{T} = \frac{1}{S_{21}} \begin{bmatrix} 1 & -S_{22} \\ S_{11} & -|\boldsymbol{S}| \end{bmatrix} \tag{5-40}$$

式中,$|\boldsymbol{S}| = S_{11}S_{22} - S_{12}S_{21}$ 是行列式值。同理可得

$$\boldsymbol{S} = \frac{1}{T_{11}} \begin{bmatrix} T_{21} & |\boldsymbol{T}| \\ 1 & -T_{12} \end{bmatrix} \tag{5-41}$$

式中,$|\boldsymbol{T}| = T_{11}T_{22} - T_{12}T_{21}$ 是行列式值。

5.3.4 S 矩阵与归一化 z、y 矩阵的关系

已知

$$\boldsymbol{u} = \boldsymbol{z}\boldsymbol{i}$$

归一化的电压和电流可用归一化的入射波和反射波来表示,即 $\boldsymbol{u} = \boldsymbol{a} + \boldsymbol{b}$,$\boldsymbol{i} = \boldsymbol{a} - \boldsymbol{b}$。由此得

$$\boldsymbol{a} + \boldsymbol{b} = \boldsymbol{z}(\boldsymbol{a} - \boldsymbol{b})$$

若 $\boldsymbol{I}$ 表示单位矩阵,则

$$(\boldsymbol{z} + \boldsymbol{I})\boldsymbol{b} = (\boldsymbol{z} - \boldsymbol{I})\boldsymbol{a}$$

即

$$\boldsymbol{b} = (\boldsymbol{z} + \boldsymbol{I})^{-1}(\boldsymbol{z} - \boldsymbol{I})\boldsymbol{a}$$

由此得

$$\boldsymbol{S} = (\boldsymbol{z} + \boldsymbol{I})^{-1}(\boldsymbol{z} - \boldsymbol{I})$$

可以证明

$$\boldsymbol{S} = (\boldsymbol{z} + \boldsymbol{I})^{-1}(\boldsymbol{z} - \boldsymbol{I}) = (\boldsymbol{z} - \boldsymbol{I})(\boldsymbol{z} + \boldsymbol{I})^{-1} \tag{5-42}$$

同理可得

$$\boldsymbol{S} = (\boldsymbol{I} + \boldsymbol{y})^{-1}(\boldsymbol{I} - \boldsymbol{y}) = (\boldsymbol{I} - \boldsymbol{y})(\boldsymbol{I} + \boldsymbol{y})^{-1} \tag{5-43}$$

网络参量 z、y、a、$\boldsymbol{S}$、$\boldsymbol{T}$ 之间其他的关系式,亦可仿照以上方法推导出来。表 5-1 列出了这 5 类归一化网络参量之间相互转换的关系式,以备查用。

表 5-1　二端口网络各参量矩阵之间的关系（归一化）

	以 z 表示	以 y 表示	以 a 表示	以 S 表示	以 T 表示
z	$\begin{bmatrix} z_{11} & z_{12} \\ z_{21} & z_{22} \end{bmatrix}$	$\dfrac{1}{\lvert\boldsymbol{y}\rvert}\begin{bmatrix} y_{22} & -y_{12} \\ -y_{21} & y_{11} \end{bmatrix}$	$\dfrac{1}{c}\begin{bmatrix} a & \lvert\boldsymbol{a}\rvert \\ 1 & d \end{bmatrix}$	$\begin{bmatrix} \dfrac{1-\lvert\boldsymbol{S}\rvert+S_{11}-S_{22}}{\lvert\boldsymbol{S}\rvert+1-S_{11}-S_{22}} & \dfrac{2S_{12}}{\lvert\boldsymbol{S}\rvert+1-S_{11}-S_{22}} \\[2mm] \dfrac{2S_{21}}{\lvert\boldsymbol{S}\rvert+1-S_{11}-S_{22}} & \dfrac{1-\lvert\boldsymbol{S}\rvert-S_{11}+S_{22}}{\lvert\boldsymbol{S}\rvert+1-S_{11}-S_{22}} \end{bmatrix}$	$\begin{bmatrix} \dfrac{T_{11}+T_{12}+T_{21}+T_{22}}{T_{11}+T_{12}-T_{21}-T_{22}} & \dfrac{2\lvert\boldsymbol{T}\rvert}{T_{11}+T_{12}-T_{21}-T_{22}} \\[2mm] \dfrac{2}{T_{11}+T_{12}-T_{21}-T_{22}} & \dfrac{T_{11}-T_{12}+T_{21}-T_{22}}{T_{11}+T_{12}-T_{21}-T_{22}} \end{bmatrix}$
y	$\dfrac{1}{\lvert\boldsymbol{z}\rvert}\begin{bmatrix} z_{22} & -z_{12} \\ -z_{21} & z_{11} \end{bmatrix}$	$\begin{bmatrix} y_{11} & y_{12} \\ y_{21} & y_{22} \end{bmatrix}$	$\dfrac{1}{b}\begin{bmatrix} d & -\lvert\boldsymbol{a}\rvert \\ -1 & a \end{bmatrix}$	$\begin{bmatrix} \dfrac{1-\lvert\boldsymbol{S}\rvert-S_{11}+S_{22}}{\lvert\boldsymbol{S}\rvert+1+S_{11}+S_{22}} & \dfrac{-2S_{12}}{\lvert\boldsymbol{S}\rvert+1+S_{11}+S_{22}} \\[2mm] \dfrac{-2S_{21}}{\lvert\boldsymbol{S}\rvert+1+S_{11}+S_{22}} & \dfrac{1-\lvert\boldsymbol{S}\rvert+S_{11}-S_{22}}{\lvert\boldsymbol{S}\rvert+1+S_{11}+S_{22}} \end{bmatrix}$	$\begin{bmatrix} \dfrac{T_{11}-T_{12}+T_{21}-T_{22}}{T_{11}+T_{12}+T_{21}+T_{22}} & \dfrac{-2\lvert\boldsymbol{T}\rvert}{T_{11}+T_{12}+T_{21}+T_{22}} \\[2mm] \dfrac{-2}{T_{11}+T_{12}+T_{21}+T_{22}} & \dfrac{T_{11}+T_{12}-T_{21}-T_{22}}{T_{11}+T_{12}+T_{21}+T_{22}} \end{bmatrix}$
a	$\dfrac{1}{z_{21}}\begin{bmatrix} z_{11} & \lvert\boldsymbol{z}\rvert \\ 1 & z_{22} \end{bmatrix}$	$\dfrac{-1}{y_{21}}\begin{bmatrix} y_{22} & 1 \\ \lvert\boldsymbol{y}\rvert & y_{11} \end{bmatrix}$	$\begin{bmatrix} a & b \\ c & d \end{bmatrix}$	$\begin{bmatrix} \dfrac{1-\lvert\boldsymbol{S}\rvert+S_{11}-S_{22}}{2S_{21}} & \dfrac{1+\lvert\boldsymbol{S}\rvert+S_{11}+S_{22}}{2S_{21}} \\[2mm] \dfrac{1+\lvert\boldsymbol{S}\rvert-S_{11}-S_{22}}{2S_{21}} & \dfrac{1-\lvert\boldsymbol{S}\rvert-S_{11}+S_{22}}{2S_{21}} \end{bmatrix}$	$\begin{bmatrix} \dfrac{T_{11}+T_{22}+T_{12}+T_{21}}{2} & \dfrac{T_{11}-T_{22}-T_{12}+T_{21}}{2} \\[2mm] \dfrac{T_{11}-T_{22}+T_{12}-T_{21}}{2} & \dfrac{T_{11}+T_{22}-T_{12}-T_{21}}{2} \end{bmatrix}$

续表

	以 z 表示	以 y 表示	以 a 表示	以 S 表示	以 T 表示
S	$\left[\dfrac{|z|-1+z_{11}-z_{22}}{|z|+1+z_{11}+z_{22}},\ \dfrac{2z_{12}}{|z|+1+z_{11}+z_{22}};\ \dfrac{2z_{21}}{|z|+1+z_{11}+z_{22}},\ \dfrac{|z|-1-z_{11}+z_{22}}{|z|+1+z_{11}+z_{22}}\right]$	$\left[\dfrac{1-|y|-y_{11}+y_{22}}{|y|+1+y_{11}+y_{22}},\ \dfrac{-2y_{12}}{|y|+1+y_{11}+y_{22}};\ \dfrac{-2y_{21}}{|y|+1+y_{11}+y_{22}},\ \dfrac{1-|y|+y_{11}-y_{22}}{|y|+1+y_{11}+y_{22}}\right]$	$\left[\dfrac{a+b-c-d}{a+b+c+d},\ \dfrac{2|a|}{a+b+c+d};\ \dfrac{2}{a+b+c+d},\ \dfrac{-a+b-c+d}{a+b+c+d}\right]$	$\begin{bmatrix} S_{11} & S_{12} \\ S_{21} & S_{22} \end{bmatrix}$	$\begin{bmatrix} \dfrac{T_{21}}{T_{11}} & \dfrac{|T|}{T_{11}} \\[2mm] \dfrac{1}{T_{11}} & -\dfrac{T_{12}}{T_{11}} \end{bmatrix}$
T	$\left[\dfrac{|z|+1+z_{11}+z_{22}}{2z_{21}},\ \dfrac{|z|-1+z_{11}-z_{22}}{2z_{21}};\ \dfrac{-|z|+1-z_{11}+z_{22}}{2z_{21}},\ \dfrac{-|z|-1+z_{11}+z_{22}}{2z_{21}}\right]$	$\left[\dfrac{-|y|-1-y_{11}-y_{22}}{2y_{21}},\ \dfrac{-|y|-1+y_{11}-y_{22}}{2y_{21}};\ \dfrac{-|y|+1+y_{11}-y_{22}}{2y_{21}},\ \dfrac{|y|+1-y_{11}-y_{22}}{2y_{21}}\right]$	$\left[\dfrac{a+b+c+d}{2},\ \dfrac{a-b+c-d}{2};\ \dfrac{a+b-c-d}{2},\ \dfrac{a-b-c+d}{2}\right]$	$\begin{bmatrix} \dfrac{1}{S_{21}} & -\dfrac{S_{22}}{S_{21}} \\[2mm] \dfrac{S_{11}}{S_{21}} & S_{12}-\dfrac{S_{11}S_{22}}{S_{21}} \end{bmatrix}$	$\begin{bmatrix} T_{11} & T_{12} \\ T_{21} & T_{22} \end{bmatrix}$

注：① 表中行列式：$|z|$、$|y|$、$|a|$、$|S|$、$|T|$ 表示各自的行列式值；
② 表中认定 i_2 流入网络为正。若认定 i_2 流出网络为正，则各公式中的 z_{12}、z_{22}、y_{21}、y_{22}、$|z|$、$|y|$ 要变号。

5.4 多端口网络

图 5-9 是一 n 端口网络,其端口信号分别为 (U_1,I_1),(U_2,I_2),$\cdots$,(U_n,I_n),各端口所接传输线的特性阻抗分别为 Z_{c1},Z_{c2},$\cdots$,Z_{cn}。以上描述二端口网络的 $\boldsymbol{Z}$、$\boldsymbol{Y}$、$\boldsymbol{S}$、$\boldsymbol{A}$、$\boldsymbol{T}$ 矩阵,可以推广到多端口网络。

由各端口电压所构成的列矩阵为

$$\boldsymbol{U}=[U_1\ U_2\cdots U_n]^{\mathrm{T}}$$

式中,上标 T 表示转置矩阵。由各端口电流所构成的列矩阵为

$$\boldsymbol{I}=[I_1\ I_2\cdots I_n]^{\mathrm{T}}$$

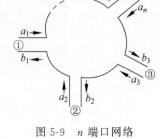

图 5-9 n 端口网络

仿照二端口网络的做法,即可得到矩阵方程

$$\boldsymbol{U}=\boldsymbol{Z}\boldsymbol{I}$$

式中,

$$\boldsymbol{Z}=\begin{bmatrix} Z_{11} & Z_{12} & \cdots & Z_{1n} \\ Z_{21} & Z_{22} & \cdots & Z_{2n} \\ \vdots & \vdots & & \vdots \\ Z_{n1} & Z_{n2} & \cdots & Z_{nn} \end{bmatrix} \tag{5-44}$$

叫作 n 端口网络的阻抗矩阵,其元素为 n 端口网络的阻抗参量。各阻抗参量的定义式为

$$Z_{ii}=\frac{U_i}{I_i}\bigg|_{I_k=0}, \quad i,k=1,2,3,\cdots,n,\text{但 }k\neq i \tag{5-45a}$$

$$Z_{ji}=\frac{U_j}{I_i}\bigg|_{I_k=0}, \quad i,j,k=1,2,3,\cdots,n,\text{但 }j\neq i,k\neq i \tag{5-45b}$$

Z_{ii} 和 Z_{ji} 分别为除端口 i 外,其余端口均开路时,i 端口的自阻抗(输入阻抗)和端口 i 与端口 j 之间的互阻抗(转移阻抗)。

n 端口网络的归一化阻抗矩阵由 $\boldsymbol{Z}$ 矩阵得出

$$\boldsymbol{z}=\begin{bmatrix} \dfrac{Z_{11}}{Z_{c1}} & \dfrac{Z_{12}}{\sqrt{Z_{c1}Z_{c2}}} & \cdots & \dfrac{Z_{1n}}{\sqrt{Z_{c1}Z_{cn}}} \\[3mm] \dfrac{Z_{21}}{\sqrt{Z_{c1}Z_{c2}}} & \dfrac{Z_{22}}{Z_{c2}} & \cdots & \dfrac{Z_{2n}}{\sqrt{Z_{c2}Z_{cn}}} \\[3mm] \vdots & \vdots & & \vdots \\[2mm] \dfrac{Z_{n1}}{\sqrt{Z_{c1}Z_{cn}}} & \dfrac{Z_{n2}}{\sqrt{Z_{c2}Z_{cn}}} & \cdots & \dfrac{Z_{nn}}{Z_{cn}} \end{bmatrix} \tag{5-46}$$

同样可以得到 n 端口网络的导纳矩阵

$$\boldsymbol{Y}=\begin{bmatrix} Y_{11} & Y_{12} & \cdots & Y_{1n} \\ Y_{21} & Y_{22} & \cdots & Y_{2n} \\ \vdots & \vdots & & \vdots \\ Y_{n1} & Y_{n2} & \cdots & Y_{nn} \end{bmatrix} \tag{5-47}$$

其定义式

$$Y_{ii} = \frac{I_i}{U_i}\Big|_{U_k=0}, \quad i,k=1,2,3,\cdots,n, \text{但} k \neq i \tag{5-48a}$$

$$Y_{ji} = \frac{I_j}{U_i}\Big|_{U_k=0}, \quad i,j,k=1,2,3,\cdots,n, \text{但} j \neq i, k \neq i \tag{5-48b}$$

Y_{ii} 和 Y_{ji} 分别为除端口 i 外，其余端口均为短路时，i 端口的自导纳和端口 i 与端口 j 之间的转移导纳。n 端口网络的归一化导纳矩阵为

$$y = \begin{bmatrix} Y_{11}Z_{c1} & Y_{12}\sqrt{Z_{c1}Z_{c2}} & \cdots & Y_{1n}\sqrt{Z_{c1}Z_{cn}} \\ Y_{21}\sqrt{Z_{c1}Z_{c2}} & Y_{22}Z_{c2} & \cdots & Y_{2n}\sqrt{Z_{c2}Z_{cn}} \\ \vdots & \vdots & & \vdots \\ Y_{n1}\sqrt{Z_{c1}Z_{cn}} & Y_{n2}\sqrt{Z_{c2}Z_{cn}} & \cdots & Y_{nn}Z_{cn} \end{bmatrix} \tag{5-49}$$

如图 5-9 所示，参照二端口网络的 S 矩阵，由散射参量描述的 n 端口网络的矩阵方程为

$$b = Sa$$

式中，b、a 为各个端口反射波和入射波的列矩阵。

$$b = [b_1\ b_2\ \cdots\ b_n]^T, \quad a = [a_1\ a_2\cdots a_n]^T$$

S 为散射参量矩阵

$$S = \begin{bmatrix} S_{11} & S_{12} & \cdots & S_{1n} \\ S_{21} & S_{22} & \cdots & S_{2n} \\ \vdots & \vdots & & \vdots \\ S_{n1} & S_{n2} & \cdots & S_{nn} \end{bmatrix} \tag{5-50}$$

其定义式

$$S_{ii} = \frac{b_i}{a_i}\Big|_{a_k=0}, \quad i,k=1,2,3,\cdots,n, \text{但} k \neq i \tag{5-51a}$$

$$S_{ji} = \frac{b_j}{a_i}\Big|_{a_k=0}, \quad i,j,k=1,2,3,\cdots,n, \text{但} j \neq i, k \neq i \tag{5-51b}$$

S_{ii} 表示除端口 i 外，其余端口均接匹配负载时，i 端口波的反射系数；S_{ji} 表示除端口 i 外，其余端口均接匹配负载时，端口 i 到端口 j 的波的传输系数。

转移矩阵 A 和传输矩阵 T 只适合于二端口网络。但是在某些复杂等效电路问题中，也引入广义 A 参量和广义 T 参量，这里不作详细介绍。

5.5　常用微波网络特性

一个 n 端口网络需要用 n^2 个网络参量来描述。一般情况下，这 n^2 个网络参量是独立的，但是当网络具有某些特性，如对称、互易、无耗时，网络参量的独立参量个数将减少。

5.5.1　互易网络

若某器件内部不包含各向异性介质，则为互易网络，也叫可逆网络。如 $\lambda/4$ 阻抗变换

器,当其内部所填充的介质均匀、各向同性时,其等效网络是互易的。互易网络的阻抗矩阵、导纳矩阵和散射矩阵均为对称矩阵,即

$$\boldsymbol{Z}^{\mathrm{T}} = \boldsymbol{Z} \tag{5-52}$$

$$\boldsymbol{Y}^{\mathrm{T}} = \boldsymbol{Y} \tag{5-53}$$

$$\boldsymbol{S}^{\mathrm{T}} = \boldsymbol{S} \tag{5-54}$$

以上各式也可表示为

$$Z_{ij} = Z_{ji}, \quad i,j = 1,2,3,\cdots,n, 但 i \neq j \tag{5-55}$$

$$Y_{ij} = Y_{ji}, \quad i,j = 1,2,3,\cdots,n, 但 i \neq j \tag{5-56}$$

$$S_{ij} = S_{ji}, \quad i,j = 1,2,3,\cdots,n, 但 i \neq j \tag{5-57}$$

这一性质可以用电磁场理论的洛伦兹互易定理证明。

对于二端口网络

$$Z_{12} = Z_{21} \quad (或 z_{12} = z_{21}) \tag{5-58}$$

$$Y_{12} = Y_{21} \quad (或 y_{12} = y_{21}) \tag{5-59}$$

$$S_{12} = S_{21} \tag{5-60}$$

由式(5-36)和式(5-58)可以证明互易网络的转移矩阵的行列式值为1,即

$$|\boldsymbol{A}| = AD - BC = 1 \tag{5-61a}$$

由归一化矩阵 $\boldsymbol{a}$ 的定义式(5-24)可得

$$|\boldsymbol{a}| = ad - bc = 1 \tag{5-61b}$$

同样地,利用式(5-40)和式(5-60)可以证明互易网络传输矩阵的行列式也为1,即

$$|\boldsymbol{T}| = T_{11}T_{22} - T_{12}T_{21} = 1 \tag{5-62}$$

5.5.2 无耗网络

若元件由理想导体($\sigma \to \infty$)构成,且元件内部填充的是理想介质($\sigma \to 0$),则元件本身是无耗的,其等效网络为无耗网络。

无耗网络各端口输出功率之和等于输入到网络的总功率。由网络损耗功率 $P = 0$,可以证明网络端口阻抗的实部为0、各端口导纳实部为0。即

$$\begin{cases} Z_{ij} = jX_{ij} \\ Y_{ij} = jB_{ij} \end{cases}, \quad i,j = 1,2,3,\cdots,n \tag{5-63}$$

无耗网络的散射参量满足关系

$$\boldsymbol{S}^{\mathrm{T}}\boldsymbol{S}^{*} = \boldsymbol{I} \tag{5-64}$$

式中,$\boldsymbol{S}^{\mathrm{T}}$ 和 $\boldsymbol{S}^{*}$ 分别为 $\boldsymbol{S}$ 的转置矩阵和共轭矩阵;$\boldsymbol{I}$ 是单位矩阵。

若网络又具有互易性,即 $\boldsymbol{S}^{\mathrm{T}} = \boldsymbol{S}$,则互易无耗网络 $\boldsymbol{S}$ 参量满足

$$\begin{cases} \sum_{i=1}^{n} S_{ij}S_{ij}^{*} = 1, \quad (j = 1,2,3,\cdots,n) \\ \sum_{i=1}^{n} S_{ij}S_{ik}^{*} = 0, \quad (k \neq j; k,j = 1,2,3,\cdots,n) \end{cases} \tag{5-65}$$

下面通过二端口网络来进一步分析互易无耗网络的特性。对于二端口网络,无耗网络

矩阵式(5-64)可写为

$$\begin{bmatrix} S_{11} & S_{21} \\ S_{12} & S_{22} \end{bmatrix} \begin{bmatrix} S_{11}^* & S_{12}^* \\ S_{21}^* & S_{22}^* \end{bmatrix} = \begin{bmatrix} 1 & 0 \\ 0 & 1 \end{bmatrix} \tag{5-66}$$

考虑互易网络矩阵特性 $S_{12} = S_{21}$，展开上式便得下列 4 个关系式

$$\begin{cases} |S_{11}|^2 + |S_{12}|^2 = 1 \\ |S_{12}|^2 + |S_{22}|^2 = 1 \\ S_{11}S_{12}^* + S_{12}S_{22}^* = 0 \\ S_{12}S_{11}^* + S_{22}S_{12}^* = 0 \end{cases} \tag{5-67}$$

即式(5-65)所描述的特性。

由式(5-67)，二端口互易无耗网络的 S 参数还有如下关系：

$$\begin{cases} |S_{11}| = |S_{22}| \\ |S_{12}| = \sqrt{1 - |S_{11}|^2} \end{cases} \tag{5-68}$$

S 参量是复数，不仅有幅度，而且有相位。对于式(5-67)，令

$$S_{11} = |S_{11}| e^{j\theta_{11}}, \quad S_{12} = |S_{12}| e^{j\theta_{12}}, \quad S_{22} = |S_{22}| e^{j\theta_{22}}$$

则有

$$|S_{11}||S_{12}| e^{j(\theta_{11} - \theta_{12})} + |S_{12}||S_{22}| e^{j(\theta_{12} - \theta_{22})} = 0$$

考虑式(5-68)，则有

$$\theta_{11} - \theta_{12} = \theta_{12} - \theta_{22} \pm (2n+1)\pi$$

即

$$\theta_{12} = \frac{1}{2}(\theta_{11} + \theta_{22}) \pm \frac{1}{2}(2n+1)\pi \tag{5-69}$$

式(5-68)和式(5-69)表征了互易无耗二端口网络 S 参量的特性。当网络的一个端口匹配时（如 $S_{11} = 0$），另一个端口也必然匹配（如 $S_{22} = 0$）。对于互易无耗二端口网络，要确定其 S 参量，只需测得 $|S_{11}|$、θ_{11}、θ_{22} 这 3 个量即可。

5.5.3　对称网络

在结构上具有对称性的微波元件有两种：第一种是端口对某一平面的映射对称，称为面对称，如图 5-10(a)所示；第二种是端口对某一轴线旋转一定角度而构成的对称，称为轴对称，如图 5-10(b)所示。对于具有结构对称的微波元件，如果填充各向同性媒质，那么其等效网络在电性能上也是对称的。简单地讲，从元件的等效网络的不同端口看进去有完全对称的结构，则称为对称网络。

对于对称网络，互换网络标号不会改变网络参量的矩阵。反映在网络参量上便是各自参量相等、各互参量也相等。一段均匀无耗传输线的等效网络是二端口对称网络，各网络参量为

$$Z_{11} = Z_{22}, \quad Z_{12} = Z_{21} \tag{5-70}$$

$$Y_{11} = Y_{22}, \quad Y_{12} = Y_{21} \tag{5-71}$$

$$S_{11} = S_{22}, \quad S_{12} = S_{21} \tag{5-72}$$

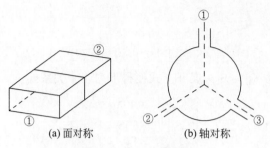

(a) 面对称　　　　　(b) 轴对称

图 5-10　网络的对称性

$$a = d, \quad a^2 - bc = 1 \tag{5-73}$$

$$T_{11}T_{22} - T_{12}T_{21} = 1, \quad T_{12} = -T_{21} \tag{5-74}$$

对于 n 端口对称网络，S 矩阵体现为

$$S_{ii} = S_{jj}, \quad S_{ij} = S_{ji}, \quad i,j = 1,2,3,\cdots,n \tag{5-75}$$

显而易见，对称网络必为互易网络，但是互易网络不一定是对称网络。

5.5.4　参考面移动对散射参量的影响

微波网络是分布参数系统，一旦端口的参考面发生变化，则网络参量将随之改变。其中对于散射参量的影响比较简单，易于计算。现以二端口网络为例，说明参考面移动对散射参量的影响。

一个二端口网络如图 5-11 所示，网络两端是均匀无耗传输线。当参考面为 T_1、T_2 时，其散射参量为

$$\boldsymbol{S} = \begin{bmatrix} S_{11} & S_{12} \\ S_{21} & S_{22} \end{bmatrix}$$

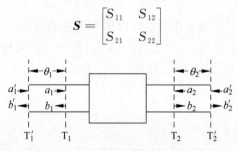

图 5-11　二端口网络参考面的外移

若将参考面 T_1、T_2 分别向外移动 d_1、d_2 距离，到达 T_1' 与 T_2' 参考面，则移动的电长度分别为 $\theta_1 = \beta d_1$、$\theta_2 = \beta d_2$，其中 β 是传输线的相移常数。入射波 a 和反射波 b 均为行波，因此有

$$a_1' = a_1 \mathrm{e}^{\mathrm{j}\theta_1}, \quad a_2' = a_2 \mathrm{e}^{\mathrm{j}\theta_2}$$

$$b_1' = b_1 \mathrm{e}^{-\mathrm{j}\theta_1}, \quad b_2' = b_2 \mathrm{e}^{-\mathrm{j}\theta_2}$$

即

$$\begin{bmatrix} a_1' \\ a_2' \end{bmatrix} = \begin{bmatrix} \mathrm{e}^{\mathrm{j}\theta_1} & 0 \\ 0 & \mathrm{e}^{\mathrm{j}\theta_2} \end{bmatrix} \begin{bmatrix} a_1 \\ a_2 \end{bmatrix}$$

则

$$\begin{bmatrix} b'_1 \\ b'_2 \end{bmatrix} = \begin{bmatrix} \mathrm{e}^{-\mathrm{j}\theta_1} & 0 \\ 0 & \mathrm{e}^{-\mathrm{j}\theta_2} \end{bmatrix} \begin{bmatrix} S_{11} & S_{12} \\ S_{21} & S_{22} \end{bmatrix} \begin{bmatrix} a_1 \\ a_2 \end{bmatrix} = \begin{bmatrix} \mathrm{e}^{-\mathrm{j}\theta_1} & 0 \\ 0 & \mathrm{e}^{-\mathrm{j}\theta_2} \end{bmatrix} \begin{bmatrix} S_{11} & S_{12} \\ S_{21} & S_{22} \end{bmatrix} \begin{bmatrix} \mathrm{e}^{\mathrm{j}\theta_1} & 0 \\ 0 & \mathrm{e}^{\mathrm{j}\theta_2} \end{bmatrix}^{-1} \begin{bmatrix} a'_1 \\ a'_2 \end{bmatrix}$$

$$= \begin{bmatrix} S_{11}\mathrm{e}^{-\mathrm{j}2\theta_1} & S_{12}\mathrm{e}^{-\mathrm{j}(\theta_1+\theta_2)} \\ S_{21}\mathrm{e}^{-\mathrm{j}(\theta_1+\theta_2)} & S_{22}\mathrm{e}^{-\mathrm{j}2\theta_2} \end{bmatrix} \begin{bmatrix} a'_1 \\ a'_2 \end{bmatrix}$$

所以,当参考面移动到 T'_1、T'_2 时,其散射参量为

$$\begin{bmatrix} S'_{11} & S'_{12} \\ S'_{21} & S'_{22} \end{bmatrix} = \begin{bmatrix} S_{11}\mathrm{e}^{-\mathrm{j}2\theta_1} & S_{12}\mathrm{e}^{-\mathrm{j}(\theta_1+\theta_2)} \\ S_{21}\mathrm{e}^{-\mathrm{j}(\theta_1+\theta_2)} & S_{22}\mathrm{e}^{-\mathrm{j}2\theta_2} \end{bmatrix} \tag{5-76}$$

可见,参考面的移动仅对 **S** 参量的相位造成影响,而其模值不变化。这叫作 **S** 参量的相位漂移特性。

若二端口网络的 T_1 参考面向内移、T_2 参考面向外移,如图 5-12 所示,则其散射参量为

$$\begin{bmatrix} S'_{11} & S'_{12} \\ S'_{21} & S'_{22} \end{bmatrix} = \begin{bmatrix} S_{11}\mathrm{e}^{\mathrm{j}2\theta_1} & S_{12}\mathrm{e}^{\mathrm{j}(\theta_1-\theta_2)} \\ S_{21}\mathrm{e}^{\mathrm{j}(\theta_1-\theta_2)} & S_{22}\mathrm{e}^{-\mathrm{j}2\theta_2} \end{bmatrix} \tag{5-77}$$

参考面的各种平移情况对 **S** 参量的影响依此类推,而对其他网络参量 **Z**、**Y**、**A**、**T** 的影响可通过网络参量之间的转换获得。

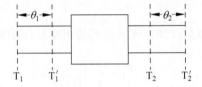

图 5-12　二端口网络参考面的一侧内移一侧外移

对于 n 端口网络,设各端口参考面移动的距离分别为 $d_1, d_2, \cdots, d_n$,对应的电长度分别为 $\theta_1, \theta_2, \cdots, \theta_n$,参考面向外移动时,$\theta$ 为正;向内移动时,θ 为负。令对角线矩阵 **d** 为

$$\boldsymbol{d} = \mathrm{diag}[\mathrm{e}^{-\mathrm{j}\theta_1}, \mathrm{e}^{-\mathrm{j}\theta_2}, \cdots, \mathrm{e}^{-\mathrm{j}\theta_n}] \tag{5-78}$$

则散射参量矩阵

$$\boldsymbol{S}' = \boldsymbol{d}\boldsymbol{S}\boldsymbol{d} \tag{5-79}$$

5.6　基本电路单元的网络参量

通常,一个微波网络是由几个简单网络组成的,这些简单网络称为基本电路单元。知道了基本电路单元的参量,就可以导出复杂网络的参量。

常用的基本电路单元有串联阻抗、并联导纳、一段均匀无耗传输线和理想变压器等,它们的网络参量可根据其定义,以及参量之间的互换关系求得。下面以串联阻抗为例,说明求解网络参量的方法。

例 5-2　求归一化串联阻抗 z 的 **a** 参量和 **S** 参量。

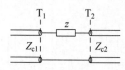

图 5-13　串联阻抗等效电路

解：串联阻抗 z 的等效电路如图 5-13 所示。该二端口网络是互易而且对称的。

根据 $\boldsymbol{a}$ 矩阵定义

$$a = \frac{u_1}{u_2}\bigg|_{i_2=0} = 1, \quad b = -\frac{u_1}{i_2}\bigg|_{u_2=0} = z$$

由网络对称性：

$$d = a = 1$$

由网络互易性：

$$a^2 - bc = 1$$

则

$$c = 0$$

所以串联阻抗 z 的 $\boldsymbol{a}$ 为

$$\boldsymbol{a} = \begin{bmatrix} 1 & z \\ 0 & 1 \end{bmatrix}$$

下面求 $\boldsymbol{S}$ 矩阵。根据定义，S_{11} 是输出端接匹配负载时，输入端的反射系数，匹配负载的归一化值为 1，该问题的等效电路如图 5-14 所示。

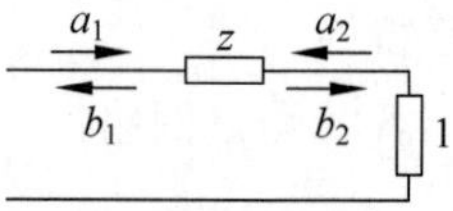

图 5-14　求串联阻抗 $\boldsymbol{S}$ 参量示意图

$$S_{11} = \frac{b_1}{a_1}\bigg|_{a_2=0} = \frac{(z+1)-1}{(z+1)+1} = \frac{z}{z+2}$$

根据网络的对称性

$$S_{22} = S_{11} = \frac{z}{z+2}$$

$S_{21} = \dfrac{b_2}{a_1}\bigg|_{a_2=0}$ 是输出端接匹配负载时，输入端到输出端的传输系数，故有

$$u_1 = a_1 + b_1 = a_1\left(1 + \frac{b_1}{a_1}\bigg|_{a_2=0}\right) = a_1(1 + S_{11})$$

$$u_2 = a_2 + b_2 = b_2$$

再由电路分压原理，有

$$u_2 = \frac{u_1}{1+z} = \frac{1+S_{11}}{1+z}a_1 = b_2$$

故

$$S_{21} = \frac{b_2}{a_1}\bigg|_{a_2=0} = \frac{1+S_{11}}{1+z} = \frac{2}{z+2}$$

由网络互易性

$$S_{12} = S_{21} = \frac{2}{z+2}$$

所以串联阻抗 z 的 $\boldsymbol{S}$ 参量

$$\boldsymbol{S} = \begin{bmatrix} \dfrac{z}{z+2} & \dfrac{2}{z+2} \\ \dfrac{2}{z+2} & \dfrac{z}{z+2} \end{bmatrix}$$

实际上，串联阻抗 z 的 $\boldsymbol{S}$ 可由其与 $\boldsymbol{a}$ 的关系，方便地直接求得。

例 5-3　求电长度为 θ 的均匀传输线的 $\boldsymbol{S}$ 参量。

解：一定长度的均匀传输线是互易、对称网络。

根据 S_{11} 的定义，$a_2 = 0$，即均匀传输线终端接匹配负载，那么输入端反射系数为 0，即

$S_{11}=0$, 由网络对称性

$$S_{22}=S_{11}=0$$

由于 $a_2=0$, 即传输线上无反射波, 呈行波状态, 则 b_2 和 a_1 的幅度相等, 只有相位差, 即

$$b_2=a_1 e^{-j\theta}$$

则

$$S_{21}=\frac{b_2}{a_1}\bigg|_{a_2=0}=e^{-j\theta}$$

由网络互易性 $\qquad\qquad S_{12}=S_{21}=e^{-j\theta}$

由此, 长度为 θ 的均匀传输线的 $\boldsymbol{S}$ 为

$$\boldsymbol{S}=\begin{bmatrix} 0 & e^{-j\theta} \\ e^{-j\theta} & 0 \end{bmatrix}$$

一些基本电路单元的参量矩阵列于表 5-2 中。

表 5-2　基本电路单元的参量矩阵

电路单元	串联电阻	并联电导	均匀传输线	理想变压器
z	不存在	$\begin{bmatrix} 1/y & 1/y \\ 1/y & 1/y \end{bmatrix}$	$\begin{bmatrix} -j\arctan\theta & \dfrac{1}{j\sin\theta} \\ \dfrac{1}{j\sin\theta} & -j\arctan\theta \end{bmatrix}$	不存在
y	$\begin{bmatrix} 1/z & -1/z \\ -1/z & 1/z \end{bmatrix}$	不存在	$\begin{bmatrix} -j\arctan\theta & -\dfrac{1}{j\sin\theta} \\ -\dfrac{1}{j\sin\theta} & -j\arctan\theta \end{bmatrix}$	不存在
a	$\begin{bmatrix} 1 & z \\ 0 & 1 \end{bmatrix}$	$\begin{bmatrix} 1 & 0 \\ y & 1 \end{bmatrix}$	$\begin{bmatrix} \cos\theta & j\sin\theta \\ j\sin\theta & \cos\theta \end{bmatrix}$	$\begin{bmatrix} \dfrac{1}{n} & 0 \\ 0 & n \end{bmatrix}$
S	$\begin{bmatrix} \dfrac{z}{z+2} & \dfrac{2}{z+2} \\ \dfrac{2}{z+2} & \dfrac{z}{z+2} \end{bmatrix}$	$\begin{bmatrix} \dfrac{-y}{y+2} & \dfrac{2}{y+2} \\ \dfrac{2}{y+2} & \dfrac{-y}{y+2} \end{bmatrix}$	$\begin{bmatrix} 0 & e^{-j\theta} \\ e^{-j\theta} & 0 \end{bmatrix}$	$\begin{bmatrix} \dfrac{1-n^2}{1+n^2} & \dfrac{2n}{1+n^2} \\ \dfrac{2n}{1+n^2} & \dfrac{n^2-1}{1+n^2} \end{bmatrix}$
T	$\begin{bmatrix} \dfrac{2+z}{2} & -\dfrac{z}{2} \\ \dfrac{z}{2} & \dfrac{2-z}{2} \end{bmatrix}$	$\begin{bmatrix} \dfrac{2+y}{2} & \dfrac{y}{2} \\ -\dfrac{y}{2} & \dfrac{2-y}{2} \end{bmatrix}$	$\begin{bmatrix} e^{j\theta} & 0 \\ 0 & e^{-j\theta} \end{bmatrix}$	$\begin{bmatrix} \dfrac{1+n^2}{2n} & \dfrac{1-n^2}{2n} \\ \dfrac{1-n^2}{2n} & \dfrac{1+n^2}{2n} \end{bmatrix}$

5.7　二端口网络的连接

实际应用中, 一个复杂的微波系统通常由若干个简单电路或元件按照一定方式连接而成。这里讨论二端口网络的几种典型的连接方式, 即网络的串联、并联和级联, 用网络参量矩阵予以描述。

5.7.1　网络的串联

当遇到网络串联时,应用 z 参量计算最为方便。图 5-15 是由两个单级网络串联成的复合网络,由于

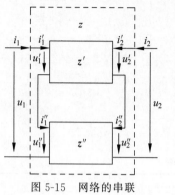

$$\begin{bmatrix} u_1 \\ u_2 \end{bmatrix} = \begin{bmatrix} u_1' \\ u_2' \end{bmatrix} + \begin{bmatrix} u_1'' \\ u_2'' \end{bmatrix}, \quad \begin{bmatrix} i_1 \\ i_2 \end{bmatrix} = \begin{bmatrix} i_1' \\ i_2' \end{bmatrix} = \begin{bmatrix} i_1'' \\ i_2'' \end{bmatrix}$$

故有

$$\begin{bmatrix} u_1 \\ u_2 \end{bmatrix} = z \begin{bmatrix} i_1 \\ i_2 \end{bmatrix} = z' \begin{bmatrix} i_1' \\ i_2' \end{bmatrix} + z'' \begin{bmatrix} i_1'' \\ i_2'' \end{bmatrix}$$

$$= (z' + z'') \begin{bmatrix} i_1 \\ i_2 \end{bmatrix}$$

图 5-15　网络的串联

于是其阻抗矩阵为

$$z = z' + z'' \tag{5-80}$$

式(5-80)表明,串联二端口网络的阻抗矩阵等于各子网络阻抗矩阵之和。

推广到 n 级串联复合网络,当有

$$z = \sum_{i=1}^{n} z^i \tag{5-81}$$

5.7.2　网络的并联

对于图 5-16 所示的两个二端口网络的并联,用 y 矩阵进行计算最为方便,其导纳矩阵为

$$y = y' + y'' \tag{5-82}$$

推广到 n 级并联二端口网络,则有

$$y = \sum_{i=1}^{n} y^i \tag{5-83}$$

式(5-82)表明,并、串联二端口网络的导纳矩阵等于各子网络导纳矩阵之和。

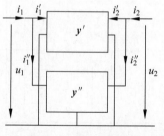

图 5-16　网络的并联

5.7.3　网络的级联

图 5-17 是 n 个二端口网络的级联,用转移参量矩阵 a 处理非常合适。

图 5-17　级联网络

按照转移矩阵归一化方程,各个子网络的矩阵方程为

$$\begin{bmatrix} u_1 \\ i_1 \end{bmatrix} = \begin{bmatrix} a_1 & b_1 \\ c_1 & d_1 \end{bmatrix} \begin{bmatrix} u_2 \\ -i_2 \end{bmatrix}$$

$$\begin{bmatrix} u_2 \\ -i_2 \end{bmatrix} = \begin{bmatrix} a_2 & b_2 \\ c_2 & d_2 \end{bmatrix} \begin{bmatrix} u_3 \\ -i_3 \end{bmatrix}$$

$$\vdots$$

$$\begin{bmatrix} u_n \\ -i_n \end{bmatrix} = \begin{bmatrix} a_n & b_n \\ c_n & d_n \end{bmatrix} \begin{bmatrix} u_{n+1} \\ -i_{n+1} \end{bmatrix}$$

逐次用后者替换前者,按照矩阵相乘规则,得

$$\begin{bmatrix} u_1 \\ i_1 \end{bmatrix} = \begin{bmatrix} a_1 & b_1 \\ c_1 & d_1 \end{bmatrix} \begin{bmatrix} a_2 & b_2 \\ c_2 & d_2 \end{bmatrix} \cdots \begin{bmatrix} a_n & b_n \\ c_n & d_n \end{bmatrix} \begin{bmatrix} u_{n+1} \\ -i_{n+1} \end{bmatrix}$$

对于整个级联网络来说

$$\begin{bmatrix} u_1 \\ i_1 \end{bmatrix} = \begin{bmatrix} a & b \\ c & d \end{bmatrix} \begin{bmatrix} u_{n+1} \\ -i_{n+1} \end{bmatrix}$$

比较以上两式,得

$$\begin{bmatrix} a & b \\ c & d \end{bmatrix} = \begin{bmatrix} a_1 & b_1 \\ c_1 & d_1 \end{bmatrix} \begin{bmatrix} a_2 & b_2 \\ c_2 & d_2 \end{bmatrix} \cdots \begin{bmatrix} a_n & b_n \\ c_n & d_n \end{bmatrix} \tag{5-84}$$

在研究级联的二端口网络时,用传输矩阵 t 也很方便。对于图 5-18 所示的级联二端口网络,由于

$$\begin{bmatrix} a_1 \\ b_1 \end{bmatrix} = t_1 \begin{bmatrix} b_2 \\ a_2 \end{bmatrix}, \quad \begin{bmatrix} b_2 \\ a_2 \end{bmatrix} = t_2 \begin{bmatrix} b_3 \\ a_3 \end{bmatrix}, \cdots, \quad \begin{bmatrix} b_n \\ a_n \end{bmatrix} = t_n \begin{bmatrix} b_{n+1} \\ a_{n+1} \end{bmatrix}$$

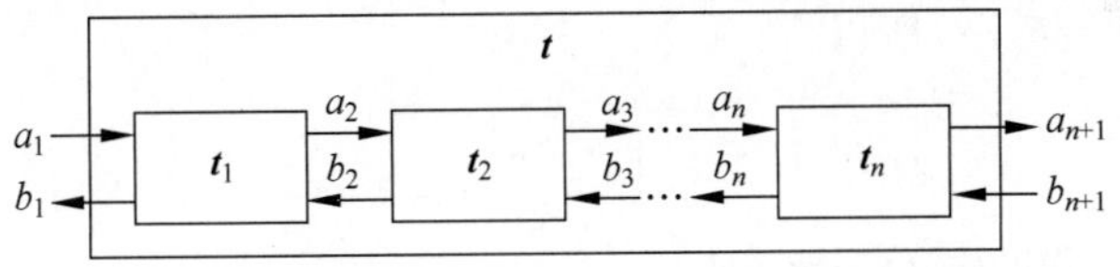

图 5-18　级联二端口网络的 t

逐级代入,可得

$$\begin{bmatrix} b_1 \\ a_1 \end{bmatrix} = t_1 t_2 \cdots t_n \begin{bmatrix} b_{n+1} \\ a_{n+1} \end{bmatrix} = t \begin{bmatrix} b_{n+1} \\ a_{n+1} \end{bmatrix} \tag{5-85}$$

式中,

$$t = t_1 t_2 \cdots t_n = \prod_{i=1}^{n} t_i \tag{5-86}$$

式(5-86)表明,级联网络的 t 参量等于各个二端口网络的 t 的乘积。注意:虽然图 5-18 中端口正负方向的定义与图 5-8 略有不同,但并不影响式(5-86)所表示的规律。

5.8 微波网络的外部特性参量

微波工程中的任何元器件,其功能都是通过控制或者改变电磁波的幅度和相位来实现的。在实际应用中,人们所关心的是每个器件在系统中所表现出的外部特征,如电压传输系数、插入损耗、输入驻波比等。而任何器件都可等效为网络,外部特性与网络参量有着紧密关系。下面以图 5-8 所示二端口网络为例,来介绍微波网络的主要外部特性参量。

5.8.1 电压传输系数 T

电压传输系数的定义:网络输出端接匹配负载时,输出端参考面上的归一化反射波电压与输入端参考面上归一化入射波之比,即

$$T = \frac{b_2}{a_1}\bigg|_{a_2=0} = S_{21} = |S_{21}| e^{j\varphi_{21}} \tag{5-87}$$

对于可逆二端口网络, $T = S_{21} = S_{12}$。

5.8.2 插入衰减 L

插入衰减的定义:网络输出端接匹配负载时,网络输入端入射波功率与输出端反射波功率之比,即

$$L = \frac{P_1^+}{P_2^-}\bigg|_{a_2=0} \tag{5-88}$$

由于 $P_1^+ = a_1^2/2, P_2^- = b_2^2/2$,所以

$$L = \frac{a_1^2}{b_2^2}\bigg|_{a_2=0} = \frac{1}{|S_{21}|^2} \tag{5-89}$$

插入衰减一般用分贝(dB)表示,即

$$L = 10\lg \frac{1}{|S_{21}|^2} (\text{dB}) \tag{5-90}$$

对于无源网络,必有 $a_1^2 > b_2^2$,所以插入衰减必定大于 0,即 $L > 0\text{dB}$。

下面分析插入衰减。将式(5-89)改写为

$$L = \frac{1}{|S_{21}|^2} = \frac{1-|S_{11}|^2}{|S_{21}|^2} \cdot \frac{1}{1-|S_{11}|^2}$$
$$= 10\lg \frac{1-|S_{11}|^2}{|S_{21}|^2} + 10\lg \frac{1}{1-|S_{11}|^2} \tag{5-91}$$

由此可见,插入衰减由两项组成,第一项是网络损耗引起的衰减,对于无耗网络, $|S_{21}|^2 = 1-|S_{11}|^2$,则该项为 0;第二项表示网络输入端的反射衰减,当网络输入端与外接传输线完全匹配时, $|S_{11}|=0$,则该项为 0。若网络有耗且输入端不匹配,则插入衰减等于网络吸收衰减与反射衰减之和。

5.8.3　插入相移θ

插入相移定义为网络输出波与输入波之间的相位差,即 b_2 与 a_1 间的相位差,也就是网络电压传输系数的相角。由于 $T = S_{21}$,则

$$T = |T| \, \mathrm{e}^{\mathrm{j}\theta} = |S_{21}| \, \mathrm{e}^{\mathrm{j}\varphi_{21}}$$

即

$$\theta = \varphi_{21} \tag{5-92}$$

5.8.4　输入驻波比ρ

输入驻波比定义:当网络输出端接匹配负载时,输入端的驻波比。因为网络输入端反射系数的模 $|\varGamma|$ 等于散射参量 $|S_{11}|$,故输入驻波比为

$$\rho = \frac{1 + |S_{11}|}{1 - |S_{11}|} \tag{5-93}$$

对于无耗网络,仅有反射衰减,因此插入衰减 L 与输入驻波比 ρ 有以下关系:

$$L = \frac{1}{1 - |S_{11}|^2} = \frac{(\rho + 1)^2}{4\rho} \tag{5-94}$$

由此可见,网络的 4 个外部特性参量均与散射参量有关。因此,只要能够计算或者测得网络散射参量,便可通过以上公式计算出网络的外部特性参量。

习　　题

5-1　若一二端口微波网络互易,则网络参量 Z、S 的特征分别是什么?

5-2　某微波网络如图 5-19 所示。写出此网络的 A 矩阵,并用 A 矩阵推导出对应的 S 及 T 参量矩阵。根据 S 或 T 矩阵的特性对此网络的对称性做出判断。

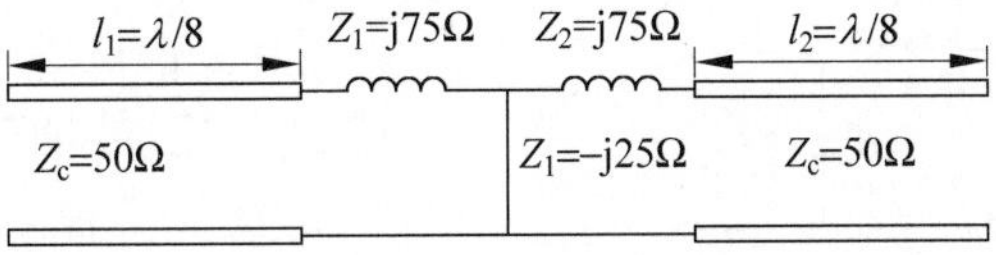

图 5-19　习题 5-2 用图

5-3　求如图 5-20 所示二端口 T 形网络的 Z 参量。

5-4　证明互易网络散射矩阵的对称性。

5-5　证明无耗网络散射矩阵的幺正性。

5-6　证明无耗传输线参考面移动 S 参量的不变性。即当参考相位面移动时,散射参数幅值不变,相位改变。

5-7　判断由 $S_{11} = S_{22} = 0.5\mathrm{e}^{-\mathrm{j}60°}$,$S_{12} = S_{21} = \sqrt{0.75}\,\mathrm{e}^{\mathrm{j}30°}$ 所表征的网络能否实现。

5-8　试求图 5-21 中所示并联网络的 S 矩阵。

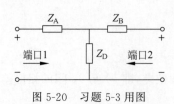

图 5-20　习题 5-3 用图

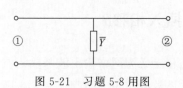

图 5-21　习题 5-8 用图

5-9　设双口网络 S 已知,终端接有负载 Z_1,如图 5-22 所示。求输入端的反射系数。

5-10　均匀波导中设置两组金属膜片,其间距为 $l=\lambda_g/2$,等效网络如图 5-23 所示。试利用网络级联方法计算下列工作特性参量:

（1）输入驻波比 ρ；

（2）电压传输系数 T；

（3）插入衰减 $L(\mathrm{dB})$；

（4）插入相移 θ。

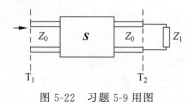

图 5-22　习题 5-9 用图

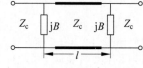

图 5-23　习题 5-10 用图

5-11　一微波元件的等效网络如图 5-24 所示,其中 $\theta=\pi/2$,试利用网络级联的方法计算该网络的下列工作特性参量:

① 电压传输系数 T；

② 插入衰减 $L(\mathrm{dB})$；

③ 插入相移 θ；

④ 输入驻波比 ρ。

5-12　有一电路系统如图 5-25 所示,其中 ab、cd 段为理想传输线,其特性阻抗为 Z_c,两端间有一个由 jX_1、jX_2 构成的 Γ 形网络,且 $X_1=X_2=Z_c$,终端接负载 $Z_l=2Z_c$,试用网络参量法求输入端反射系数。

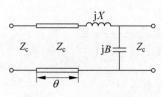

图 5-24　习题 5-11 用图

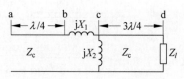

图 5-25　习题 5-12 用图

5-13　有一电路系统如图 5-26 所示,其中 θ_1、θ_2 分别为一段理想传输线,其特性阻抗为 Z_{c1}、Z_{c2},jB 为并联电纳,试求归一化的散射矩阵 S。

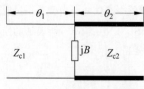

图 5-26　习题 5-13 用图

5-14 矩形波导设置两组金属膜片,其等效电路如图 5-27 所示,试计算 TE_{10} 波通过两组膜片后的插入衰减和插入相移。

5-15 一互易二端口网络如图 5-28 所示,从参考面 T_1、T_2 向负载方向看的反射系数分别为 Γ_1、Γ_2。

① 试证:$\Gamma_1 = S_{11} + \dfrac{S_{12}^2 \Gamma_2}{1 - S_{22}\Gamma_2}$;

② 如果参考面 T_2 短路、开路或接匹配负载,分别测得参考面 T_1 处的反射系数为 Γ_{1s}、Γ_{1o} 和 Γ_{1c},试求 S_{11},S_{22},S_{12} 及 $S_{11}S_{22} - S_{12}^2$。

5-16 有一个二端口网络如图 5-29 所示,试问:

① R_1、R_2 满足何种关系时,网络的输入端反射系数为零?

② 在上述条件下,若使网络的插入衰减 $L_a = 20\text{dB}$ 时,R_1、R_2 各等于多少?图中 $\lambda/4$ 为理想传输线段,其特性阻抗为 $Z_c = 50\Omega$。

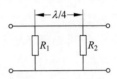

图 5-27 习题 5-14 用图   图 5-28 习题 5-15 用图   图 5-29 习题 5-16 用图

5-17 试求在特性阻抗为 50Ω 的理想传输线上并联一个 $(50 - j50)\Omega$ 的阻抗所引起的插入衰减和反射衰减。

5-18 有一个二端口网络如图 5-30 所示,其中 $Z_{c1} = 500\Omega$、$Z_{c2} = 100\Omega$ 分别为两段理想传输线的特性阻抗,$jX = 50\Omega$ 为并联阻抗,试求:

① 散射参量矩阵 S;

② 插入衰减和反射衰减;

③ 固有相移;

④ 当终端接反射系数为 $\Gamma_L = 0.5$ 的负载时,求输入端反射系数。

5-19 求图 5-31 所示二端口 T 形网络的 Z 参量。

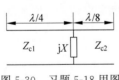

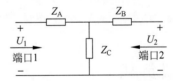

图 5-30 习题 5-18 用图   图 5-31 习题 5-19 用图

5-20 已知二端口网络的散射矩阵:

$$S = \begin{bmatrix} 0.15\angle 0° & 0.85\angle -45° \\ 0.85\angle 45° & 0.2\angle 0° \end{bmatrix}$$

判定网络是互易的还是无耗的。若端口 2 接有匹配负载,则在端口 1 看去的反射系数为多少?若端口 2 短路,则在端口 1 看去的反射系数又是什么?

第 6 章　基本微波无源元件

在微波系统中,实现对微波信号的定向传输、衰减、隔离、滤波、相位控制、波型变换、极化转换、阻抗变换等功能的,通称为微波元(器)件。

微波元件的种类和形式很多,其中有些与低频元件的作用相似,如相当于电感、电容的电抗性元件;类似于串联、并联的波导分支;还有各种衰减器、滤波器等。但是,也有不少低频电路中没有的微波元件,如极化器、波型变换器、移相器等。大多微波元件可由前面讲述的同轴线、规则波导、各种平面传输线以及谐振腔经一定变化和组合而得到。

微波无源元件大体上分为 3 类:①阻抗匹配元件,如各种阻抗变换器、匹配枝节等;②定向分配元件,将微波信号按照一定比例要求分配到指定的信号通路,如波导分支、环形器、定向耦合器和功分器等;③信号选择元件,在通路中选择特定频率或极化方向,如滤波器、双工器等。

微波元件的分析和设计方法有电磁场的严格求解法和等效电路法。少数几何形状简单的元件可以求得严格的解析式;形状复杂的元件可以用当前已经比较成熟的各种商业软件求出电场强度和磁场强度,同时还能得到所需的各种物理参量。等效电路法是将场、路结合进行分析和综合。这里简要介绍常用微波元件的基本结构、工作原理和用途,关于微波元器件的详细理论和设计可参考相应专著。

本章介绍一些常用的微波无源元件,包括各种终端负载、电抗元件、T 形接头、微带功分器、定向耦合器、滤波器、隔离器、衰减器、移相器、阻抗变换器等。

6.1　终端负载

终端负载是一种单端口元件,常用的有匹配负载、开路负载和短路负载,可变短路器通过调节长度即可实现短路和开路。在实验室中,用测量仪和标准负载可以测量微波元件的阻抗和散射参量。

6.1.1　匹配负载

匹配负载几乎能够无反射地吸收入射波的全部功率,在微波传输系统中建立起行波工作状态,由一段传输线和能够吸收微波功率的材料组成。图 6-1～图 6-3 是 3 种适用于小功率的匹配负载,在 10%～15% 频带内,其驻波比可达到小于 1.05 的近于理想的匹配程度。

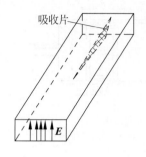

图 6-1 矩形波导式匹配负载

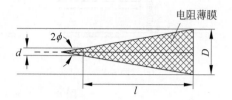

图 6-2 同轴线式匹配负载的纵剖面

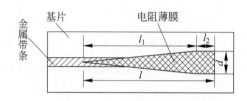

图 6-3 微带线式匹配负载的俯视图

矩形波导式匹配负载由一段终端短路的波导和安装在波导中的吸收体组成。吸收体位于波导内电场强度最强处,且与电场强度的极化方向平行。吸收体长度为波导波长的整数倍。吸收体有多种形式,图 6-1 是镀有电阻性材料的片式吸收体。吸收体前端是尖形,以减少波的反射,达到良好的匹配状态。

图 6-2 是同轴线式匹配负载的一种形式。外导体是圆柱形,内导体是具有一定斜度的锥形薄膜电阻器;终端短路可以防止功率漏逸。波导式和同轴线式匹配负载,可以用于大功率应用场合。

在微波集成电路中用的是平面型匹配负载。图 6-3 是吸收式微带匹配负载,吸收体是始端尖状、终端等宽的电阻薄膜,通过控制吸收体的几何参数可很好地实现匹配。

6.1.2 短路活塞

短路活塞是可调的电抗性负载,可以在终端产生全反射,在传输系统中建立驻波。反射波的相位随短路活塞的位置而变化,因而,改变短路活塞的位置,就相当于改变终端负载的电抗。短路活塞有波导型和同轴线型,工作方式有接触式和扼流式。

图 6-4 是接触式和扼流式的波导型短路活塞。接触式短路活塞用接触弹簧片实现短路,结构简单,但是易磨损,在大功率时容易发生打火现象。扼流式短路活塞与波导内壁无机械接触,活塞长度 $\lambda_g/4$,在 AA′ 面设计成开路状态,那么在 BB′ 面位置即为短路状态,使得活塞与波导壁的电接触性很好。

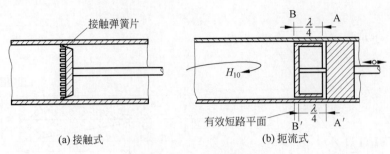

(a) 接触式   (b) 扼流式

图 6-4　波导型短路活塞

6.2　电抗元件

在微波技术中获得电抗元件的方法有多种,如膜片、谐振窗、螺钉等。这些电抗元件可用作阻抗匹配或变换元件,也可用以构成谐振腔,进而由谐振腔构成滤波器。

6.2.1　膜片

膜片是波导中常见的电抗元件。膜片可以看作是厚度远远小于工作波长的理想导体,根据在波导中所放置的位置,有容性膜片和感性膜片。下面用传输线理论进行定性分析。

将金属片从波导宽边插入,则构成容性膜片,有对称型和非对称型电容膜片,如图 6-5 和图 6-6 所示。图 6-5(b)、(c)标出了对称型容性膜片的结构参数,膜片厚度为 l。

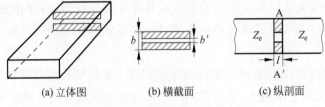

(a) 立体图   (b) 横截面   (c) 纵剖面

图 6-5　对称型容性膜片

容性膜片等效为并联电容,其等效电路如图 6-7 所示,矩形波导 $a \times b$ 的等效阻抗为 Z_e。等效电容近似计算公式为

$$B_c \approx \frac{4b}{\lambda_g}\ln\left(\csc\frac{\pi b'}{2b}\right) + \frac{2\pi l}{\lambda_g}\left(\frac{b}{b'} - \frac{b'}{b}\right) \tag{6-1}$$

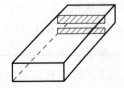

图 6-6　非对称型容性膜片

图 6-7　容性膜片的等效电路

在波导轴线方向上,可以将膜片看作是长为 l 的微型波导,其等效阻抗为

$$Z'_e = \frac{b'}{a} \sqrt{\frac{\mu}{\varepsilon}} \frac{1}{\sqrt{1-(\lambda/2a)^2}} < Z_e \qquad (6-2)$$

由此,波导中膜片的等效电路如图 6-8 所示,若膜片的等效阻抗和相移常数分别为 Z'_e 和 β',则在 AA′ 处输入导纳为

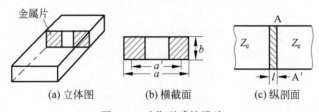

图 6-8　波导中膜片的等效电路

$$Y_{AA'} = \frac{1}{Z'_e} \frac{Z'_e + jZ_e\tan\beta'z}{Z_e + jZ'_e\tan\beta'z} \qquad (6-3)$$

由于膜片很薄,$\beta'l \ll 1$,因此式(6-3)近似为

$$Y_{AA'} \approx \frac{1}{Z'_e} \frac{Z'_e + jZ_e\beta'z}{Z_e + jZ'_e\beta'z} \approx \frac{1}{Z'_e} + j\frac{\beta'l}{Z'_e}\left[1 - \left(\frac{Z'_e}{Z_e}\right)^2\right] = G + jB \qquad (6-4)$$

由式(6-2),$Z'_e < Z_e$,$B < 0$,所以为容性膜片。容性膜片的缺点是易击穿。

将金属片从波导窄边插入,则构成感性膜片,也有对称型和非对称型电感膜片,如图 6-9 和图 6-10 所示。均可等效为一个并联电感,等效电路见图 6-11。

图 6-9　对称型感性膜片

图 6-10　非对称型感性膜片

图 6-11　感性膜片等效电路

同样,在波导轴线方向上,可以将膜片看作是长为 l 的微型波导,其等效阻抗为

$$Z'_e = \frac{b}{a'} \sqrt{\frac{\mu}{\varepsilon}} \frac{1}{\sqrt{1-(\lambda/2a')^2}} > Z_e \qquad (6-5)$$

由式(6-4),$B > 0$,所以为感性膜片。感性膜片等效电感的近似计算公式为

$$B_L \approx -\frac{\lambda_g}{a}\cot^2\left[\frac{\pi a'}{2a}\left(1 - \frac{3l}{a}\right)\right] \qquad (6-6)$$

6.2.2　谐振窗

将感性膜片和容性膜片组合在一起,即构成谐振窗,图 6-12 是 3 种不同横截面的谐振窗及其等效电路。谐振窗无反射的条件是 $Z'_e = Z_e$,即

$$\frac{b}{\sqrt{a^2 - \lambda^2/4}} = \frac{b'}{\sqrt{a'^2 - \lambda^2/4}}$$

由此可见,通过选择膜片尺寸,可使谐振窗反射很小。当波导中需要薄的隔层,将波导分隔成两部分(如真空与非真空),且不破坏沿波导的传输时,可用这类谐振窗,它在速调管、磁控管、气体放电管等电真空器件中得到应用。

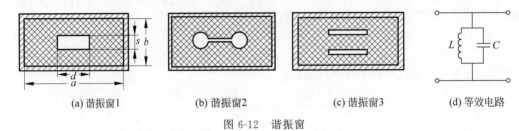

(a) 谐振窗1　　　(b) 谐振窗2　　　(c) 谐振窗3　　　(d) 等效电路

图 6-12　谐振窗

6.2.3　销钉

垂直于矩形波导宽边插入的一根或多根金属棒,便是销钉,如图 6-13 所示。销钉越粗,相对电纳越大;相同直径的销钉根数越多,相对电纳越大。

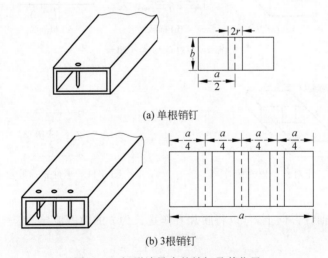

(a) 单根销钉

(b) 3根销钉

图 6-13　矩形波导中的销钉及其位置

销钉的工作原理与电感膜片类似,呈感性电抗,在等效电路中相当于并联电感。一个和两个销钉的归一化电纳近似公式分别为

$$\frac{B}{Y_e} \approx \frac{2\lambda_g}{a\left(\ln\dfrac{2a}{\pi r} - 2\right)} \tag{6-7}$$

$$\frac{B}{Y_e} \approx \frac{12\lambda_g}{a\left[11.63 - 9.2\ln\dfrac{a}{r} - 22.8\dfrac{r}{a} - 0.22\left(\dfrac{a}{\lambda}\right)^2\right]} \tag{6-8}$$

多个销钉的电纳近似公式可参考有关微波工程手册。

若在垂直于窄边方向插入金属棒,则等效电抗呈容性。

6.2.4 螺钉

在垂直于矩形波导宽边方向旋入深度可调的金属螺钉,可等效为并联电纳,随着旋入深度的增加,依次呈现为容性、串联谐振和感性,如图 6-14 所示。当旋入长度 $d<\lambda_g/4$ 时,虽然有波导宽壁内表面上的纵向电流流过螺钉,并在其周围产生磁场,但其等效电感量并不大,而螺钉附近集中的电场却较强,呈容性。当螺钉旋入长度 $d=\lambda_g/4$ 时,感抗与容抗值相等,产生串联谐振。当旋入长度 $d>\lambda_g/4$ 时,磁场能量占优势,螺钉等效为电感。

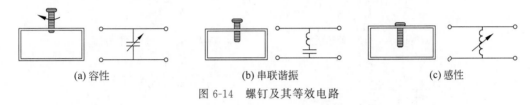

(a) 容性　　　　　　　　(b) 串联谐振　　　　　　　　(c) 感性

图 6-14　螺钉及其等效电路

在实际应用中,为了避免串联谐振,或大功率下产生击穿现象,螺钉旋入长度较小,即使得螺钉工作于容性状态。在波导纵向放置多个螺钉可实现阻抗匹配。

6.3 分支元件

在微波系统中,需要将一路功率分配给若干个分支,或者将几路功率合成为一路。根据传输线类型,分支元件有 T 形接头、魔 T 接头、微带线功分器、同轴线型功分器等。

6.3.1 T 形接头

T 形接头有 E-T 形和 H-T 形两种,是三分支元件。分支波导与主波导相垂直,形如"T"。若分支平面与电场所在平面平行,则称为 E-T 接头;如果分支平面与磁场所在平面平行,则称为 H-T 接头,分别如图 6-15(a)、(b)所示。

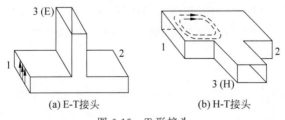

(a) E-T接头　　　　　　　(b) H-T接头

图 6-15　T 形接头

E-T 接头的工作原理可用图 6-16 来说明,箭头线是电力线。当臂 1、2、3 分别作输入端口时,另外两个端口的输出情况示于图 6-16(a)、(b)和(c)。

由图 6-16(c)还可以分析,当从臂 1 和臂 2 对称于 OO′平面的 AA′和 BB′输入等幅同相信号时,在臂 3 中反相叠加而无输出,此时在主波导中形成驻波,在平面 OO′上为电场波腹点,电流为 0,如图 6-16(d)所示;当从 AA′和 BB′面输入等幅反相信号时,它们在臂 3 同相叠加而有输出,此时在平面 OO′上为电场波节点,是电流波腹点。总之,E-T 接头具有这样的性质:当主传输线上有驻波,若分支位于电流波节点,则分支线与主线的连接点电流恒为零,分支中无功率输出;若分支位于电流波腹点,则臂 3 输出功率最大。

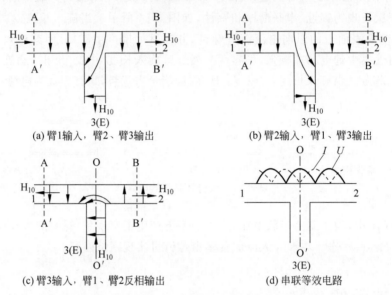

(a) 臂1输入,臂2、臂3输出   (b) 臂2输入,臂1、臂3输出

(c) 臂3输入,臂1、臂2反相输出   (d) 串联等效电路

图 6-16   E-T 接头的工作原理及其等效电路

H-T 接头的工作原理可用图 6-17 来说明。当臂 1、臂 3 分别作输入端口时,另外两个端口的输出情况分别如图 6-17(a)、(b)所示。H-T 接头的这一性质可用图 6-17(c)所示的并联电路来等效。

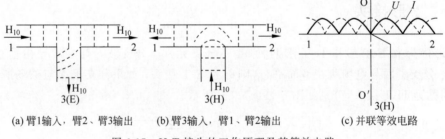

(a) 臂1输入,臂2、臂3输出   (b) 臂3输入,臂1、臂2输出   (c) 并联等效电路

图 6-17   H-T 接头的工作原理及其等效电路

6.3.2   双 T 接头

将 E-T 型和 H-T 型接头组合起来就构成了双 T 接头,如图 6-18 所示。双 T 接头有两个重要性质:第一,无论从哪个端口输入功率,电磁波经过双 T 接头后均从相邻臂等分输出,而相对的端口没有输出;第二,一旦有两个端口处于匹配状态,则另外两个端口必然也处于匹配状态,所以双 T 接头也叫"魔 T"。

在双 T 接头内置匹配装置,即构成双 T 匹配器,如图 6-19 所示,在 E 臂和 H 臂分别加调节螺钉。双 T 接头和匹配器可用于高功率系统,且有较宽的工作频带。

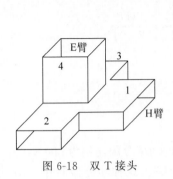
图 6-18 双 T 接头

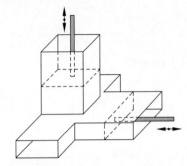
图 6-19 双 T 接头匹配器

6.3.3 微带功分器

微带功分器广泛应用于平面印制电路和天线阵列。图 6-20 是一个 T 形微带功分器,输入端微带线特性阻抗 Z_c,输出端口 1、2 微带线特性阻抗分别为 Z_{c1} 和 Z_{c2},其等效电路如图 6-21 所示。一般来说,在每个节的不连续处存在杂散场和高阶模,可等效为电纳 jB。那么微带节处的输入导纳为

$$Y_{in} = jB + \frac{1}{Z_{c1}} + \frac{1}{Z_{c2}} \tag{6-9}$$

为了使输入传输线匹配,须 $Y_{in} = 1/Z_c$。

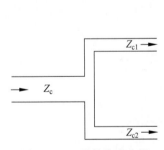
图 6-20 T 形微带功分器

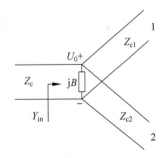
图 6-21 T 形微带功分器等效电路

假定每段传输线是无耗的(或低损耗),则其特性阻抗是实数。若 jB 很小,可以忽略,则

$$\frac{1}{Z_c} = \frac{1}{Z_{c1}} + \frac{1}{Z_{c2}} \tag{6-10}$$

实际上,如果 jB 是不可忽略的,则可将某种电抗性元件接在功分器上,以抵消这个电纳。

通过设计各段微带线的特性阻抗 Z_c、Z_{c1} 和 Z_{c2},可以达到所需的功率分配比例。假设输出端口 1、2 的功率分配比例为 $m:n$,微带节的输入功率

$$P_{in} = \frac{1}{2} \frac{U_0^2}{Z_c}$$

则

$$P_1 = \frac{m}{m+n}P_{in} = \frac{1}{2}\frac{m}{m+n}\frac{U_0^2}{Z_c} = \frac{1}{2}\frac{U_0^2}{Z_{c1}}$$

$$P_2 = \frac{n}{m+n}P_{in} = \frac{1}{2}\frac{n}{m+n}\frac{U_0^2}{Z_c} = \frac{1}{2}\frac{U_0^2}{Z_{c2}}$$

由以上两式得

$$\begin{cases} Z_{c1} = \frac{m+n}{m}Z_c \\ Z_{c2} = \frac{m+n}{n}Z_c \end{cases} \tag{6-11}$$

当特性阻抗 Z_{c1} 和 Z_{c2} 满足以上关系时,输出端口 1、2 的功率分配比例为 $m:n$。

若要求两个输出端口的功率相同,则需 $Z_{c1} = Z_{c2} = 2Z_c$,这种功分器叫作 3dB 功分器。由以上分析,微带节的输入端口是匹配的。下面计算 3dB 功分器从两个输出端口看进去的反射系数。从端口 1 看进去的输入阻抗为 $Z_{c2}//Z_c = 2Z_c//Z_c = 2/3Z_c$。所以反射系数

$$\Gamma_1 = \frac{\frac{2}{3}Z_c - 2Z_c}{\frac{2}{3}Z_c + 2Z_c} = -\frac{1}{2}$$

同样可以计算端口 2 的反射系数也是 $-1/2$。所以为了使两个输出端口匹配,还需在各输出端口接 1/4 阻抗变换器。

如果在微带节处并联一适当电阻 r,可以使两个输出端口隔离;同时若保持各端口匹配,则叫作 Wilkinson 功分器。图 6-22 是等分的 Wilkinson 功分器(即输出功率分配比例为 1:1),它所满足的条件是

$$\begin{cases} Z_{c1} = Z_{c2} = \sqrt{2}Z_c \\ r = 2Z_c \end{cases} \tag{6-12}$$

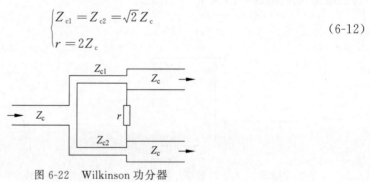

图 6-22 Wilkinson 功分器

6.4 定向耦合器

定向耦合器是一种具有方向性的功率分配元件,由主线和副线组成,是一种用途广泛的微波元件。耦合出来的能量可用作信号源功率、频率检测,进行功率的分配与合成,作固定衰减器,还可用于自动增益控制、平衡放大器、调相器、反射计和阻抗电桥等微波测量系统中。

定向耦合器是一个四端口网络,其等效网络如图 6-23 所示。端口①-②是主线,端口

③-④是副线,①是输入端口,③是副线的耦合端,④是副线的隔离端。耦合度、方向性系数、隔离度和输入驻波比是定向耦合器的 4 个重要技术指标。

图 6-23　定向耦合器的等效网络

(1) 耦合度 C:主线中的输入功率与耦合到副线中的输出功率之比。用 dB 表示为

$$C = 10\lg \frac{P_1}{P_3} = 10\lg \frac{1}{|S_{31}|^2} \tag{6-13}$$

(2) 方向性系数 D:副线中的输出功率与隔离端的输出功率之比。用 dB 表示为

$$D = 10 \frac{P_3}{P_4} = 10\lg \frac{|S_{31}|^2}{|S_{41}|^2} \tag{6-14}$$

(3) 隔离度 I:主线中的输入功率与隔离端的输出功率之比。用 dB 表示为

$$I = 10 \frac{P_1}{P_4} = 10\lg \frac{1}{|S_{41}|^2} \tag{6-15}$$

(4) 输入驻波比 ρ:当其余 3 个端口接匹配负载时,主线中输入端的驻波比,即

$$\rho = \frac{1 + |S_{11}|}{1 - |S_{11}|} \tag{6-16}$$

波导、同轴线、平面传输线等都可以构成定向耦合器。

图 6-24 是波导型双孔定向耦合器,耦合孔开在两个波导的公共壁上,且一般相距 1/4 波导波长。这时端口③的波是同相叠加的,有输出;向端口④的波是反相的,相互抵消,无输出。双孔定向耦合器的频带较窄,采用多孔定向耦合器可提高带宽。矩形波导型定向耦合器结构是多种多样的,耦合孔也可以开在宽壁上,有单孔、双孔、多孔之分,开孔形式也可以是十字缝隙、丁字缝隙等。

同轴线型定向耦合器一般是单孔耦合,如图 6-25 所示,主线和副线之间通过一夹角来调节耦合场的强弱。波导型定向耦合器的优点是功率容量大,适用于高功率发射机中;缺点是体积大。

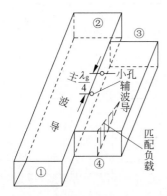

图 6-24　波导型双孔定向耦合器

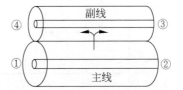

图 6-25　同轴线型定向耦合器

图 6-26 和图 6-27 是两种微带型定向耦合器,分别为平行耦合微带定向耦合器和二分支微带定向耦合器。微带型定向耦合器体积小、重量轻,广泛应用于低功率场合。同样,③是耦合端,④是隔离端。平行耦合微带型定向耦合器的主线和副线长度均为 1/4 中心波导波长。由传输线理论可以证明①、④端口隔离,②、③端口隔离。

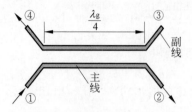

图 6-26　平行耦合微带型定向耦合器

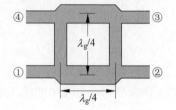

图 6-27　二分支微带型定向耦合器

二分支微带定向耦合器的主线和副线之间通过两个并联分支线实现耦合,二分支线的距离和分支线长度均为 1/4 中心波导波长。

6.5　滤波器

微波滤波器是一种频率选择元件,被广泛应用于微波通信、雷达和测量等系统中。微波滤波器的作用是使所要求频率范围内的信号通过,而阻止其余频率的信号。滤波器是一个二端口网络,插入损耗是一个重要技术指标。当两个端口接匹配负载时,滤波器的插入损耗为

$$L = 10 \mid \lg S_{21} \mid^2 = 20 \mid \lg S_{21} \mid \quad (dB) \tag{6-17}$$

按照通带和阻带特性,将微波滤波器分为低通、高通、带阻和带通滤波器,如图 6-28～图 6-31 所示。f_c 是截止频率。在理想情况下,通带内插入损耗 $L=0$,阻带内插入损耗 $L \to \infty$。

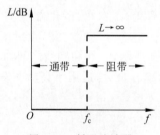

图 6-28　低通滤波器

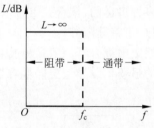

图 6-29　高通滤波器

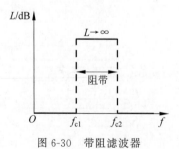

图 6-30　带阻滤波器

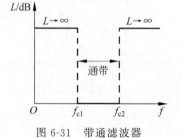

图 6-31　带通滤波器

但是实际上在通带和阻带内都有一定损耗,图 6-32 是一种实际的低通滤波器的衰减特性,为了表征实际滤波器性能,定义几项技术指标:

(1)通带截止频率 f_c,通带内最大衰减 L_p;

(2)阻带边界频率 f_s,阻带内最小衰减 L_s。

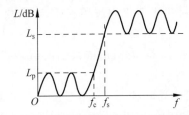

图 6-32　一种实际低通滤波器的衰减特性

另外,表征滤波器特性的参量还有输入端反射损耗、工作频带等。

矩型波导、同轴线、微带线、带状线等均可形成各种不同形式的滤波器,根据传输线理论,可用集总元件等效电路分析微波滤波器。图 6-33 是波导型滤波器及其等效电路,在主波导上有 3 个终端短路的 E-T 分支,其间隔均为 3/4 波导波长。每个 E-T 分支长度略小于半波导波长,呈容性,主波导与各分支间用电感膜片耦合,故每个 E-T 分支等效为一并联谐振电路串接在主传输线上。多个级联 E-T 分支可提高滤波器性能,如减小通带内衰减 L_p、增大阻带内衰减 L_s 等。

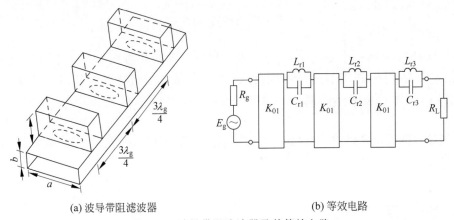

(a) 波导带阻滤波器　　　　　　　　　　(b) 等效电路

图 6-33　波导带阻滤波器及其等效电路

图 6-34 是微带线型低通滤波器。由传输线理论,一段长度短于 $\lambda_g/4$ 的终端短路线可以等效为一个电感,一段长度短于 $\lambda_g/4$ 的终端开路线可以等效为一个电容,用高、低阻抗短截线近似实现串联电感和并联电容。

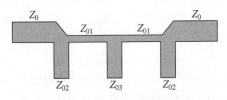

图 6-34　微带线型低通滤波器

6.6 隔离器

隔离器是一种单向传输器件,它使正向波顺利通过,衰减一般小于1dB,使反向波绝大部分被衰减,一般在20dB以上。反向衰减和正向衰减之比叫作隔离比,隔离比越大越好。在波导中放置铁氧体片可构成隔离器,常见的隔离器有旋转式、谐振式和场移式,这里简要介绍旋转式隔离器。

旋转式隔离器由两段方圆波导转换、一段圆形波导和铁氧体片构成,如图6-35所示。端口①是正向输入端,矩形波导传输 H_{10} 模,端口②矩形波导右旋45°。

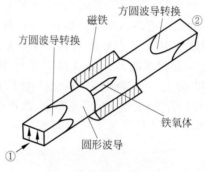

图 6-35 旋转式隔离器

当电磁波正向输入时,圆形波导中的铁氧体将波的极化方向右旋45°,波到达端口②时,极化方向与波导端口正好一致,因此,信号顺利通过。当电磁波从端口②输入时,波的极化方向仍然右旋45°,到达端口①时,与端口①所需的极化方向正交,因此波导无输出。

利用铁氧体的场移效应,可以构成场移式隔离器;利用横向磁化的铁氧体片在波导中的铁磁谐振现象,可以构成谐振式隔离器。

6.7 衰减器

衰减器是用来改变传输信号幅度的器件,有固定式和可变式两种。根据工作原理,微波衰减器有吸收式、旋转式、截止式及电调式等。

在波导内装置吸收片,使得与吸收片平行的电场被吸收或部分吸收,这种衰减装置称为吸收式衰减器,如图6-36所示。一般将吸收片做成尖形以减小反射。借助调节杆可以调节吸收片深入波导的程度,吸收片在波导中间位置时,衰减量最大,介质片越靠近波导窄壁衰减越小。

旋转式衰减器也叫极化衰减器,由两端的方圆过渡波导和中间的圆形波导构成,如图6-37所示。在方圆过渡波导中,吸收片Ⅰ、Ⅲ平行于波导宽壁,而圆形波导中的吸收片Ⅱ则可以绕纵轴旋转。可以证明,旋转式衰减器的衰减量为

$$L = -40\lg |\cos\theta| \tag{6-18}$$

由此可见,衰减量 L 随角度 θ 而变化,且与波导尺寸无关。这种衰减器的优点是频带宽、精度高,但是结构较复杂。

图 6-36 吸收式衰减器

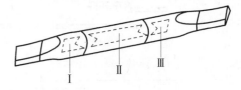

图 6-37 旋转式衰减器

利用波导的截止条件,便可形成截止式衰减器,其工作原理参见 2.1.4 节的传输条件。由 PIN 二极管还可构成电调衰减器,其衰减量由电信号控制,属于有源器件。

6.8 移相器

移相器是用来改变传输信号相位的器件。要求其相移量可以调节,但不能产生衰减。移相器主要用于相控阵天线,也用于其他需要改变电磁波相位的场合。移相器有固定式和可变式两种。

由相移量 $\varphi = \beta l$ 可见,改变相移的途径有两种:

① 改变传输线长度 l。设计一种能够改变传输线长度的机构就可做成可变式移相器。

② 改变传输线的相位常数 β。如将平式移衰减器的吸收片换成具有一定介电常数的无耗介质片就构成了介质移相器。在这种移相器中,波导波长 λ_g 随介质片的位置而变化,从而引起相移的改变。

6.9 阻抗变换器

在微波传输线的负载不匹配,或者不同特性阻抗的传输线相连时,由于产生反射,使损耗增加、功率容量减小、效率降低。为了解决这些问题,可在两者之间连接阻抗变换器。阻抗变换器就是能够改变阻抗大小的微波元件,一般由一段或几段不同特性阻抗的传输线所构成。在 1.6 节详细分析了阻抗变换工作原理和设计方法。

图 6-38 是几种单阶阻抗变换器及其简化等效电路,分别是波导型、同轴线型和微带线型。令各种传输线左、右两端的特性阻抗为 Z_{c1}、Z_{c2},利用 $\lambda_g/4$ 阻抗变换器的特性便可实现这两段传输线的匹配。$\lambda_g/4$ 阻抗变换器的特性阻抗为

$$Z_c = \sqrt{Z_{c1}Z_{c2}} \tag{6-19}$$

这里的波长是工作频带内中心频率点所对应的波导波长。

单阶阻抗变换器结构简单,但是工作频带窄。为了展宽工作频带,可采用多阶 $\lambda_g/4$ 阻

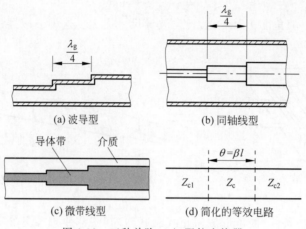

(a) 波导型   (b) 同轴线型

(c) 微带线型   (d) 简化的等效电路

图 6-38 三种单阶 $\lambda_g/4$ 阻抗变换器

抗变换器。

若将多阶阻抗变换器用渐变线代替,则可将工作频带进一步展宽。渐变线有直线式和指数式,图 6-39 是微带线指数渐变线阻抗变换器。渐变线总长 l 的取值取决于对频带低端反射系数的要求。

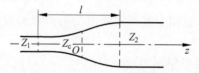

图 6-39 微带线指数渐变线阻抗变换器

第7章　微波系统及微波技术应用简介

微波无源和有源元件构成微波系统,天线是微波系统中发射和接收电磁波的部件。本章首先介绍天线的系统特征,然后介绍用于无线通信和无线输能的微波传输系统、雷达系统,最后简要介绍微波技术的应用。

7.1　天线的系统特征

天线是联系无线电收发系统的部件,在射电天文中是人类认识太空的耳目。关于天线理论和设计的专著颇多。常见天线类型有电小天线、谐振式天线、宽带天线和口径天线。

$$
\text{天线家族}\begin{cases}\text{电小天线:短偶极子,电小环天线}\\\text{谐振式天线:半波偶极子,微带天线,八木天线}\\\text{宽带天线:螺旋天线,对数周期阵}\\\text{口径天线:喇叭天线,反射面天线}\end{cases}
$$

这里只简要介绍天线的外部特征,即系统特征,包括方向图、方向性系数、增益、效率和等效面积等。

7.1.1　天线的辐射场

天线将传输线上的导引电磁波转换成空中传播的电磁波,从本质上讲,天线既可以作发射用也可以作接收用,具有互易性。天线将微波源产生的电磁波以球面波的形式辐射出去,接收天线一般处于远场区,在远场区的电磁波可近似看作是平面波,如图 7-1 所示。

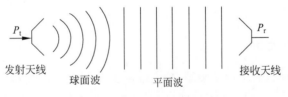

图 7-1　微波系统中的收发天线

若天线的最大线度是 l,则远场区为

$$
R = \frac{2l^2}{\lambda} \quad (\text{m}) \tag{7-1}
$$

式中,λ 是天线的工作波长。对于电小天线,如短偶极子和小环天线,这一结果给出的远场区距离太小,一般用 $R = 2\lambda$ 作为最小距离。

远场区也叫辐射区,任意天线辐射的电场可以表示为

$$E(r,\theta,\phi) = [\hat{\theta}F_\theta(\theta,\phi) + \hat{\phi}F_\phi(\theta,\phi)] \frac{\mathrm{e}^{-jk_0 r}}{r} \quad (\mathrm{V/m}) \tag{7-2}$$

式中,$\hat{\theta}$,$\hat{\phi}$ 是球坐标系中的单位矢量;r 为场点距原点的距离;k_0 是空气中的传播常数;$F_\theta(\theta,\phi)$ 和 $F_\phi(\theta,\phi)$ 是方向图函数。电场在径向方向传播,相位变化为 $\mathrm{e}^{-jk_0 r}$,幅度变化为 $1/r$。磁场由电场求得

$$H_\phi = \frac{E_\theta}{\eta_0} \tag{7-3}$$

$$H_\theta = \frac{-E_\phi}{\eta_0} \tag{7-4}$$

$\eta_0 = 120\pi\,\Omega$ 是空气中的波阻抗。电磁波的平均坡印亭矢量为

$$S_{\mathrm{avg}} = \frac{1}{2}(E \times H^*) \quad (\mathrm{W/m^2}) \tag{7-5}$$

7.1.2　天线的方向性

天线的方向性表示天线向一定方向集中辐射电磁波的能力,通常由方向图、主瓣宽度和方向性系数表示。

1. 方向图函数 $F(\theta,\phi)$

方向图就是辐射区任一方向的场强与同一距离的最大场强之比与方向角之间的关系曲线,表示方向图的函数也叫作方向图因子,即

$$F(\theta,\phi) = \frac{|E(\theta,\phi)|}{|E_{\max}|} \tag{7-6}$$

这种表示方式叫作归一化方向图,通常用两个主平面上的方向图表示。主平面即相互垂直的电场(E)和磁场(H)所在平面,这两个方向图分别用 $F_E(\theta)$ 和 $F_H(\phi)$ 表示。

有时还用天线在不同方向上辐射功率密度的相对量来表示方向图,其归一化功率方向图函数为

$$P(\theta,\phi) = F^2(\theta,\phi) \tag{7-7}$$

2. 半功率主瓣宽度 $2\theta_{0.5}$

方向图常呈花瓣状,故又称波瓣图,最大辐射方向所在的波瓣称为主瓣,其余的叫作旁瓣或副瓣,如图 7-2 所示。图 7-2(a)、(b)分别是场波瓣图和功率波瓣图。

为了表征方向图波瓣的宽度,定义主瓣两侧半功率点处,即 $F(\theta) = 1/\sqrt{2} = 0.707$ 处的 θ 角为 $\theta_{0.5}$,定义 $2\theta_{0.5}$ 为半功率主瓣宽度(HPBW),图中还标出了第一零点波束宽度(FNBW)。

旁瓣除了损耗能量外,还会对目标测量带来误差,一般不希望方向图有旁瓣或使其尽量小。定义旁瓣电平来评价旁瓣对于主瓣的幅度,记为

$$\mathrm{SLL} = 20\lg \frac{旁瓣最大值}{主瓣最大值} \quad (\mathrm{dB}) \tag{7-8}$$

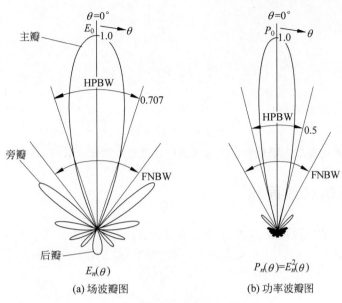

(a) 场波瓣图　　　　　　　(b) 功率波瓣图

图 7-2　方向图的波瓣和主瓣宽度

3. 方向性系数 D

为了定量描述天线辐射功率的集中程度,首先定义一个在各个方向辐射功率相同的点源作为比较标准,天线在最大辐射方向上远区某点的辐射功率密度与辐射功率相同的点源在同一点的功率密度之比,为天线的方向性系数。由于辐射功率密度正比于电场强度的平方,所以最大方向的方向性系数 D(Directivity)为

$$D(\theta,\phi) = \left. \frac{E_{max}^2}{E_0^2} \right|_{P_r相同, r相同} \tag{7-9}$$

另外,方向性系数也可以这样定义:在产生相等的电场强度的条件下,理想点源天线的总辐射功率 P_0 与某天线的总辐射功率之比,即

$$D(\theta,\phi) = \left. \frac{P_0}{P_r} \right|_{E_r相同, r相同} \tag{7-10}$$

7.1.3　天线的效率 η 和增益 G

实际天线中的导体和介质都要引入一定的损耗,使天线的辐射功率 P_r 小于其输入功率 P_{in},辐射功率与输入功率之比定义为天线的效率,即

$$\eta = \frac{P_r}{P_{in}} \tag{7-11}$$

如果将点源天线视为无方向性的无耗理想天线,则其效率为 100%,其输入功率就等于它的辐射功率,即 $P_{0i} = P_0$。

天线增益定义为,在产生相等的最大电场强度的条件下,理想点源所馈入的输入功率与某天线所馈入的输入功率之比,即

$$G = \frac{P_0}{P_{in}} \tag{7-12}$$

由式(7-11)和式(7-12),有

$$G = \frac{P_r}{P_{in}} \frac{P_0}{P_r} = \eta D \tag{7-13}$$

天线增益一般用 dB 表示,即

$$G = 10 \lg G \,(\text{dB}) \tag{7-14}$$

增益表示某天线在最大辐射方向上与无方向性理想点源相比较时,其输入功率增大的倍数。

7.1.4　天线的有效面积

当天线用于接收电磁波时,人们所关心的是该天线能够从来波中获取多大的功率。为此定义天线最大可接收功率 P_{RM} 与来波的实功率流密度 S_i 的比值为接收天线的有效面积,即

$$A_{eff} = \frac{P_{RM}}{S_i} \tag{7-15}$$

可以证明天线的最大有效面积与天线的方向性系数的关系为

$$A_{eff} = D \frac{\lambda^2}{4\pi} \tag{7-16}$$

式中,λ 是天线的工作波长。对于电大口径天线,其有效面积常接近于实际的物理口径面积。但是对于偶极子、环形天线等,其物理横截面积和它的有效面积不存在以上简单关系。若用天线增益 G 代替式(7-16)中的 D,还应该考虑损耗效应。

7.1.5　天线的带宽

每个天线有其中心工作频率 f_0,当偏离中心频率时,天线的某些电性能会降低,如天线的输入阻抗匹配程度、增益、波瓣宽度、极化等。电性能下降到容许值所对应的频率范围,就称为天线带宽,有绝对带宽和相对带宽两种表示方法。若频率上、下限分别用 f_h 和 f_l 表示,则天线绝对带宽为

$$\text{BW} = f_h - f_l \tag{7-17}$$

天线相对带宽为

$$\text{BW}(\%) = \frac{f_h - f_l}{f_0} \quad (\%) \tag{7-18}$$

一般来讲,相对带宽小于 1% 为窄带天线;相对带宽在 1%～25% 为宽频带天线;相对带宽大于 25% 为超宽带(Ultra Wide Band,UWB)天线。

7.2　无线传输系统

1886 年,赫兹的电火花实验证实了电磁波的存在,1901 年,特斯拉提出用电磁波传输能量。电磁波的传播特性首先被成功用在无线通信领域。

7.2.1 Friis 传输方程

图 7-3 是一个基本的无线传输系统。图中微波源的发射功率是 P_t，发射天线增益是 G_t，G_r、P_r 分别是接收天线增益和接收功率，收发天线相距 r。

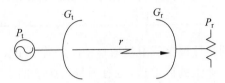

图 7-3 基本的无线传输系统

设发射天线的最大方向指向接收天线，则在 r 处产生的功率密度为

$$S_i = \frac{P_t G_t}{4\pi r^2} \tag{7-19}$$

若接收天线的最大方向也指向发射天线，则它能够得到的最大接收功率为

$$P_{RM} = A_e S_i = \frac{G_r \lambda^2}{4\pi} \frac{P_t G_t}{4\pi r^2} = \left(\frac{\lambda}{4\pi r}\right)^2 P_t G_t G_r \tag{7-20}$$

此式称为 Friis 传输方程。若用 dB 表示，则

$$
\begin{aligned}
P_{RM}(\text{dBm}) = {} & P_t(\text{dBm}) + G_t(\text{dB}) + G_r(\text{dB}) \\
& - 20\lg r(\text{km}) - 20\lg f(\text{MHz}) - 32.44
\end{aligned}
\tag{7-21}
$$

式中，$P(\text{dBm})$ 是相对于 1mW 功率的 dB 数，即

$$P(\text{dBm}) = 10\lg P(\text{mW}) \tag{7-22}$$

实际中，图 7-3 所示的链路系统会有各种损耗，如自由空间的传播损失，收、发设备的馈线损耗，以及收、发天线极化失配损耗等，所以实际得到的最大接收功率往往小于由式(7-20)或式(7-21)计算出的数值。

7.2.2 无线通信系统

无线通信是微波传输的主要应用领域，近几十年来得到快速发展，其原因在于微波与低频无线电通信相比有许多独特的优点：

(1) 微波波段频带很宽，可容纳更多的无线电设备工作，实现多路通信。

(2) 在微波波段可以采用高增益的定向天线，从而降低发射机的输出功率。

(3) 微波在视距内直线、定向传播，保密性好。

(4) 微波受工业、天电和宇宙等外界干扰较小，可使通信质量大大提高。

(5) 微波能够穿透电离层，这是低频无线电波所不能的。

(6) 与光纤通信相比，微波通信是无线的，不受地形条件限制。

表 7-1 列出了 21 世纪初一些无线通信系统及其工作频带。

表 7-1 无线通信系统及其工作频带

无线通信系统	工作频带
全球定位系统(GPS)	L1：1575.42MHz，L2：1227.60MHz
个人通信(PCS)	T：1710~1785MHz，R：1805~1880MHz
直播卫星(DBS)	11.7~12.5GHz
无线局域网(WLAN)	902~928MHz；2.400~2.484GHz；5.725~5.850GHz
局域多点业务分配(LMDS)	28GHz

微波能够穿透电离层的特性被用于卫星通信中。随着卫星技术不断发展和应用领域的拓宽，目前既有质量 3500kg 以上的巨卫星，也有质量仅 1kg 的皮卫星(Picosat)。一般常用小卫星的质量在 500kg 以下，最轻的仅几十千克，体积约 $1m^3$。卫星在通信、对地观测、科学研究、国防军事等领域有广泛应用。

卫星通信系统由通信卫星、收发天线和终端处理设备等组成，如图 7-4 所示。实际上，为了能够双向通信，每个地面站均有收、发系统，若用同一副天线，还需双工器。发射系统包括多路复用设备、调制器和发射机，发射机将调制后的信号载波频率变换为微波频率，并将信号放大到规定电平。接收系统包括接收机、解调器和多路复用设备。

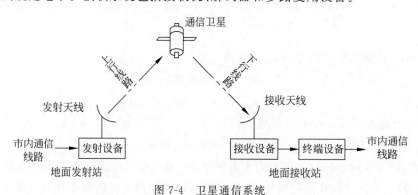

图 7-4 卫星通信系统

近年来无线通信技术更是发展迅猛。我国的北斗导航系统日臻完善，北斗二号导航系统在 L 波段的工作频段为 1559.052~1591.788MHz，1166.22~1217.37MHz，1250.618~1286.423MHz。国际上 5G 移动通信更是扩展到毫米波段，以满足大容量、高速率的需求，我国已将 5G 部署作为国家基础设施建设内容。6G 移动通信将扩展到太赫兹频段，在没有大气衰减的卫星星群平台通信中将凸显优势。

7.2.3 微波输能系统

无线输能技术通过自由空间将能量直接从发射端传送到接收端，传输损耗只有大气损耗、雨衰和遮挡物损耗等。无线输能有微波输能和激光输能，就目前技术而言，前者具有明显的优越性。微波穿透大气层的效率远高于激光束，传输效率一般在 90% 以上，容易实现远距离传输，且微波的各项转换效率要高于激光；微波波束强度易于控制，使功率密度满足国际安全标准的要求。

微波输能系统由 3 部分组成，如图 7-5 所示。第一部分是微波功率发生器，将直流变成微波；第二部分是微波的发射、传播，微波发生器出来的微波能量到达发射天线，经聚焦后高效地发射出去，经过自由空间传播到达接收天线；第三部分将微波能量接收并且转换为直流功率，叫作整流天线（rectifying＋antenna＝rectenna）。图 7-5 说明了微波能量的传输过程。

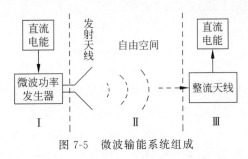

图 7-5　微波输能系统组成

微波输能系统的目标是获得最大 DC-DC 转换效率，定义 3 部分的效率分别为：微波功率发生器的 DC-RF（Direct Current-Radio Frequency）转换效率 η_g；从微波源到接收天线的传输效率 η_t；整流天线的 RF-DC 整流效率 η_r。则系统总效率为

$$\eta = \eta_g \eta_t \eta_r \tag{7-23}$$

图 7-5 中第一部分和第二部分接口处微波电路能量损失归算到 η_g，由此，决定 η_g 的因素有两个，一是直流功率转换为微波功率的微波源效率；二是微波功率到达发生器的输出法兰的电路效率。

第二部分和第三部分的能量损失由接收天线的口径决定，但是与发射天线和传播路径紧密相关，可以因此归算在 η_t 中。η_t 是 3 个子效率之积：发射天线的口径辐射效率、微波在自由空间的传输效率，以及微波波束在接收端的捕获效率。

微波在大气层中具有很强的穿透效率，基本上是无耗的。但是传输效率受气候条件影响，雨量越大，传输效率越低，这种差别在 3GHz 以上表现得较为明显。因此，当必须考虑大气层对微波传输的影响时，以采用低频居多。传输效率 η_t 与传输距离 D、发射天线和接收天线的有效面积 A_t 和 A_r、工作波长 λ 等因素有关。定义传输参数

$$\tau = \frac{\sqrt{A_r A_t}}{\lambda D} \tag{7-24}$$

若发射天线的口径场分布为高斯型，则当 $\tau = 2.4$、$\lambda = 4$mm 时，传输效率可达 99％。

整流天线由接收天线和整流电路组成，如图 7-6 所示。整流电路又包括低通滤波器、整流二极管和直通滤波器。低通滤波器滤除高次谐波分量，同时还包括匹配网络，实现天线和整流二极管的阻抗匹配；直通滤波器部分滤除高频分量，避免高频分量对负载的影响。整流天线效率 η_r 分为接收天线对微波的吸收效率 η_{ra} 和整流电路的整流效率 η_D 两部分：

$$\eta_r = \eta_{ra} \eta_D \tag{7-25}$$

式中，η_{ra} 依赖于天线的优化设计；η_D 由整流二极管特性参数、阻抗匹配性能，以及对高次模抑制能力等决定。若整流天线负载为 R_L，负载得到电压为 U_D，则整流天线效率为

$$\eta_r = \frac{U_D^2}{P_{RM} R_L L_{pol}} \times 100\% \tag{7-26}$$

式中，L_{pol} 为接收-发射天线的失配因子，在匹配良好时，如果发射与接收天线均为相同的线极化或旋向相同的圆极化，则 $L_{pol} = 1$；如果发射天线是线极化，接收天线是圆极化，或反之，则 $L_{pol} = |\rho_w \cdot \rho_a^*|^2 = \dfrac{1}{2}$。

图 7-6　整流天线的组成

微波输能技术首先在长距离、大功率应用方面受到青睐,如太阳能空间站、为空中永久工作平台供电、两地之间输送电能等。空间太阳能具有能流密度大、持续稳定、不受昼夜气候影响、洁净、无污染等优点,随着人类征服太空能力的加强,以及石油、天然气、煤炭资源的日趋短缺和地球生态环境的恶化,利用空间太阳能发电已越来越受世界各国的关注,美国的Glaser 博士于 1968 年提出空间太阳能发电的构想,即在地球同步轨道上建立太阳能发电卫星基地,将取之不尽的太阳能转换成电能,然后通过微波发生器将电能转换成微波能,再由天线定向辐射到地球上的微波能量接收装置——整流天线阵,转换成直流电能加以利用。

20 世纪 80 年代中期以来,各国先后提出在同温层(即临近空间)建立永久作业平台,即临近空间飞行器的设想,这些临近空间飞行器如浮空器、无人飞机,其功能相当于一颗近地小卫星,但是相对于卫星而言其造价低、维护费用低、使用灵活,可用于情报收集、远程打击、快速突防、电子压制、侦察监视及对地勘测等方面。微波输能是其实现稳定、长期工作的必要能源方式之一。

用微波输能技术为地理环境复杂的山区、孤岛、山顶等一些不便架设线路的地区供电,其造价相对较低,在法国某偏僻村庄已实现微波供电。如果将微波输能技术用于近距离能量传输,又可以减小能量使用者的重量和体积,因此可用于某些微系统中,作为其"虚拟电池"。

7.3　雷达系统与导航

20 世纪 40 年代,电磁波被用于发现目标和测量目标的距离,称为"无线电探测和测距"(radio detecting and ranging),取这几个英文单词的开头字母便构成 radar(雷达)一词。雷达在二战中起到了重要作用,目前在民用、军用和科学研究领域得到广泛应用。

高频电磁波能够穿透电离层,而不被反射。雷达的工作频率基本上包括了整个微波波段,从米波、分米波、厘米波到毫米波和亚毫米波,甚至有激光雷达。远程警戒雷达常用 L波段,雷达作用距离可达 500km,噪声低,角度分辨率高,天线尺寸也不太大。舰船导航、导弹跟踪和制导等中程警戒和跟踪雷达常用 S 波段和 C 波段。X 波段雷达体积较小、波瓣窄,适用于空载或其他移动目标的跟踪定位,如多普勒雷达和某些武器制导雷达。波长更短的 Ku、K、Ka 波段及毫米波段,其体积更小、角分辨率更高,适合于高鉴别和精密跟踪。但是在高频段上电磁波的大气衰减严重,而且高频器件的功率较低,目前还只用于短距离探测。激光的出现使雷达的工作频段跨入了红外和可见光波段,在宇宙空间不会受大气衰减的限制。

雷达系统应用广泛：民用有导航、气象观测、高度测量、飞行器着陆、防盗报警、警用速度测量、绘制地图等；军用有飞行器、导弹、航天器的探测和跟踪、导弹制导、武器导爆和侦察等；在科学研究上的应用有射电天文、制图和成像、精密距离测量及自然资源遥感等。

按照工作方式或信息处理方式，有脉冲雷达、连续波雷达、目标显示雷达、合成孔径雷达、极化干涉雷达和多普勒雷达；按照装设地点，有地面雷达、舰载雷达、机载雷达和星载雷达。下面简要介绍脉冲雷达和多普勒雷达。

7.3.1 雷达基本工作原理

雷达的基本工作原理是发射机通过天线向空间定向发送探测信号，信号被远距离的目标部分反射后，由天线接收并传送到接收机进行检测和信号处理，观测人员可以在接收机输出端显示屏上观测有无目标以及目标的性质和距离。如果发射和接收共用一副天线，叫作单站雷达；如果收、发系统各有自己的天线，则叫作双站雷达，分别如图7-7和图7-8所示。

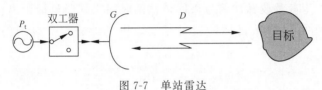

图 7-7　单站雷达

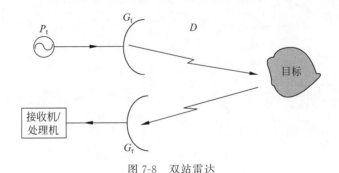

图 7-8　双站雷达

以单站雷达为例。发射功率 P_t，发射天线增益 G，传输距离 R，则目标处的功率密度为

$$S_1 = \frac{P_t G}{4\pi R^2} \tag{7-27}$$

目标将在各个方向散射入射功率，在某个给定方向上的散射功率与入射功率密度之比定义为目标的雷达截面 σ，即

$$\sigma = \frac{P_s}{S_1} \tag{7-28}$$

因此，雷达截面具有面积的量纲，是目标本身的特性，它还依赖于入射角、反射角和入射波的极化状态。

若把散射场看作二次源，二次辐射的功率密度为

$$S_2 = \frac{P_t G \sigma}{(4\pi R^2)^2} \tag{7-29}$$

由天线的有效面积定义式(7-15),接收功率为

$$P_r = \frac{P_t G_t^2 \lambda^2 \sigma}{(4\pi)^3 R^4} \tag{7-30}$$

这就是雷达方程。接收功率按 $1/R^4$ 减小,这意味着为了检测远距离目标,需要高功率发射机和高灵敏度接收机。

由于天线接收噪声和接收机噪声,存在接收机能够识别的最小检测功率。若这一功率是 P_{min},则由式(7-30)得到最大可探测距离为

$$R_{max} = \left[\frac{P_t G_t^2 \sigma \lambda^2}{(4\pi)^3 P_{min}} \right]^{1/4} \tag{7-31}$$

信号处理技术能够有效降低最小可检测信号,从而增加了可探测距离。

7.3.2 脉冲雷达

脉冲雷达通过测量微波脉冲信号来回传输的时间来判断目标距离。单脉冲雷达只需要一个回波脉冲就可以给出目标的全部信息。图 7-9 是一个典型的脉冲雷达系统方框图。

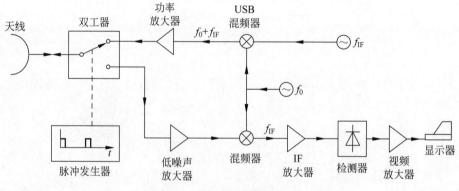

图 7-9 脉冲雷达系统方框图

发射机的单边带混频器将频率为 f_0 的微波振荡器频率偏移到中频 f_{IF},信号脉冲经功率放大器后由天线发射出去。收、发开关由脉冲发生器控制,发射脉冲宽度为 τ,脉冲重复频率 $f_r = 1/T_r$。因此发射脉冲由频率为 $(f_0 + f_{IF})$ 的微波信号和短突发脉冲组成。一般脉冲宽度在 $50\,\text{ns} \sim 100\,\text{ms}$,较短的脉冲给出较好的距离分辨率,而较长的脉冲经接收机处理后得到较好的信噪比。脉冲重复频率 f_r 值一般在 $100\,\text{Hz} \sim 100\,\text{kHz}$,较高的 f_r 给出每单位时间更多的返回脉冲数,但 f_r 不宜过大,要避免当传输距离 $R > c$,$T_r/2$ 时出现距离模糊。

在接收状态下,返回的信号被低噪声放大器放大,与频率为 f_0 的本振信号混频,进行下变频,产生 IF 信号。IF 信号被放大、检测后馈送到显示器。搜索雷达常常使用能够覆盖 $360°$ 方位角的连续旋转天线;在这一情况下显示的应是目标距离对方位角的极坐标图。大多现代雷达系统使用计算机处理检测信号,并显示出目标信息。

7.3.3 多普勒雷达

多普勒雷达是利用多普勒效应精确地测量飞行体速度信息的雷达。设波源频率为 f_0，波的传播速度为 v_0，波源相当于观测点的速度为 u，则频率偏移为

$$\Delta f = \frac{2uf}{v_0} \tag{7-32}$$

也叫多普勒频移。接收频率为 $f_0 \pm \Delta f$，当目标趋近时取正号，当目标远离时取负号。故根据多普勒频移可算出目标的运动速度。

一个典型的多普勒雷达由天线系统、发射机、接收机和频率跟踪器组成，如图 7-10 所示。发射机产生射频信号，发射波型可以是脉冲波、间断连续波、调制波等。发射机将信号输送到天线系统。天线系统是收、发共用的，所以由天线、收发开关和天馈系统组成。接收机将接收信号与发射信号进行混频，以获得多普勒频移。接收机的输出加到频率跟踪器，后者用以测量接收机的多普勒频移的平均频率。

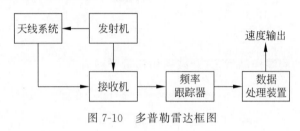

图 7-10 多普勒雷达框图

为了适应各种不同需求，现代雷达种类很多，性能日益提高。例如，超远程预警雷达的作用距离达 10 000km 以上，能够对洲际导弹的突然袭击给出 15～30min 的预警时间。又如现代相控阵雷达，利用电子计算机控制其天线阵列中诸元的馈电相位，以电控方式实现波束的快速扫描，并能根据需要形成多波束，实现对多目标的同时探测和自动跟踪。除了军用以外，还发展了多种民用雷达，如气象雷达、导航雷达、汽车防撞雷达、盲人雷达、防盗雷达及遥感测试雷达等。

7.4 微波技术的其他应用

微波的特点之一是能够穿透各种非金属材料，微波检测技术已经渗透到工业、农业、科学研究等领域。为此在一些微波波段规定了 ISM（Industrial，Scientific and Medical）免许可频段，表 7-2 列出了几个常用的 ISM 频段。

表 7-2 几个常用 ISM 频段

频 段	波 段	中心频率波长
890～940MHz	L	0.330m
2.4～2.5GHz	S	0.122m
5.725～5.875GHz	C	5.2cm
22～22.25GHz	K	8mm

7.4.1 微波检测技术的工业应用

微波检测技术首先用于湿度检测。大多数非金属材料在生产、应用、运输和贮存过程中需要保持一定的湿度,以保证物品的性能和质量,如湿度对照相胶片的质量有明显影响,火箭燃料里有微量水分就可能结冰而产生危险。

微波测湿主要利用物质含水量对其介电常数和损耗角正切影响较大的特性来检测物质的湿度。在 $1\sim30\mathrm{GHz}$ 内,常温下水的相对介电常数为 $30\sim77$,损耗角正切为 $0.12\sim0.17$;而大多数干物质的相对介电常数为 $1\sim5$,损耗角正切为 $0.001\sim0.05$。测试样品通常是某种介质和水的混合物,其复合介电常数介于水的介电常数和某种物质的介电常数之间,含水量的大小将导致复合介电常数的变化。

对于 TEM 波,衰减常数和相移常数分别为

$$\alpha = \frac{\pi}{\lambda}\sqrt{\varepsilon_r}\tan\delta \tag{7-33}$$

$$\beta = \frac{2\pi}{\lambda}\sqrt{\varepsilon_r} \tag{7-34}$$

微波通过厚度为 d 的测湿样品后,其衰减和相移量分别为

$$A = \alpha d = \frac{\pi d}{\lambda}\sqrt{\varepsilon_r}\tan\delta \tag{7-35}$$

$$\varphi = \beta d = \frac{2\pi d}{\lambda}\sqrt{\varepsilon_r} \tag{7-36}$$

式(7-36)中衰减、相移量和厚度是可以直接测量的,由此可以计算样品的相对介电常数 ε_r 和损耗角正切 $\tan\delta$,某对 $(\varepsilon_r, \tan\delta)$ 对应该物品的湿度。在实际测试过程中,并不需要测出介电常数和损耗角正切,而是直接测量微波衰减量和相移,或谐振频率,然后根据它们与湿度的定标曲线差得到湿度。

常用的微波测湿法有衰减法、相移法、反射波法、谐振腔法等。图 7-11 是微波衰减法测湿框图。

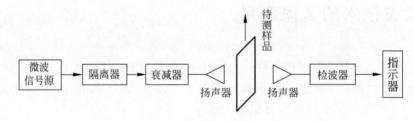

图 7-11 微波衰减法测湿框图

类似地,通过测量悬浮体对微波的衰减量,可以得到悬浮体的浓度;通过用网络分析仪测量试样的相位和幅度,可以检测胶接结构的脱黏和气孔大小;通过测量金属板对微波的反射系数相角的变化,可以确定金属板的厚度;利用微波还可以检测金属表面的裂纹;等等。

7.4.2 微波能的应用

微波是携带能量的,所以也可以作为一种能源,比如微波能已经用于食品烹饪和加热、工业烘干、农业杀虫、灭菌等方面。

微波加热一般用于介质加热,其基本原理是,电磁场作用于介质,介质分子由于极化而成为电偶极子,电偶极子随电磁场的变化而产生扰动,由于分子热运动和邻近分子间的相互作用,使这种扰动受到干扰和阻碍,并以热的形式表现出来,使介质的温度升高。

把待加热的物质置于电磁场中,物质吸收的微波功率为

$$P_d = \frac{1}{2}\sigma_d \int_V |E|^2 dV = \frac{1}{2}\omega\varepsilon'' \int_V |E|^2 dV \tag{7-37}$$

式中,σ_d 为物质的电导率;ε'' 为物质复介电常数的虚部;ω 为电磁波的角频率。由此可见,电磁波频率越高,加热物质得到的功率越大,考虑微波腔体尺寸、微波功率源以及微波对介质的穿透深度等,微波加热选取 ISM 波段的 L 波段和 C 波段,如日常用的微波炉的工作频率是 2.45GHz。

微波加热设备主要由直流电源、微波发生器、连接波导、加热器和冷却系统等组成,图 7-12 是其组成方框图。

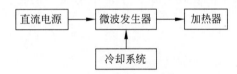

图 7-12　微波加热设备组成方框图

微波加热源主要有两种:连续波磁控管和多腔调速管。磁控管结构简单、体积小、重量小、寿命较长,效率为 50%～80%,但是一般只能得到几十瓦到几千瓦的功率,其价格低廉。多腔调速管结构复杂、体积大、重量大,寿命很长(在 10 000h 以上),效率为 40%～60%,缺点是需要数万伏到数十万伏的高压电源,价格高。

微波加热与普通加热相比,其优点是加热均匀、速度快、热效率高,可以进行选择性加热,容易实现自动控制。

7.4.3 微波技术的医学应用

在医学上,微波技术已用于疾病的诊断和治疗。目前得到了人体的各种组织器官在不同频率下的介电常数、介质损耗等。当组织发生病变时,其形态或结构会发生变化,用微波技术测量这些介质特性的变化可用作诊断疾病的基础。

微波治疗与短波治疗相比,有能量集中、受热体积大及温度容易控制等优点,现在微波理疗已普遍用于治疗肌肉劳损、酸痛等疾病,在肿瘤治疗方面也获得较大突破。

7.4.4 微波技术的科研应用

随着微波理论与技术的发展,它已经成为人类进行科学研究和探索世界奥妙的有力工具,如微波波谱学、微波在超导技术中的应用、射电天文学、微波气象学等。

1. 微波波谱学

微波波谱学是一门研究在微波照射下,通过物质产生电磁辐射与吸收以及能量的频谱分布情况,来研究分子能谱的精细和超精细结构的科学。微波波谱是物质在恒定外磁场作用下发生能级跃迁而产生的,是某种物质所固有的,有气体波谱和固体波谱两类。

研究气体的微波波谱可以揭示分子内部的能级结构,从而获得关于分子结构,特别是分子结合键的性质。分析波谱中的超精细结构,还可以探讨原子核的性质。与红外波谱相比,微波波谱的分辨率较高,灵敏度高,频率可以测得更精确,信息量更大。与气体分子谱线相联系的超精细结构的发现在物理学家和化学家中引起了很大兴趣。

固体波谱是由晶体中的顺磁离子在外磁场的作用下产生能级分裂而引起的,叫作顺磁共振谱。顺磁共振技术已经成为研究固体内部结构、晶格作用力的重要工具。

20 世纪 60 年代开始,利用射电望远镜与微波波谱学相结合,已在星际空间发现了几十种有机分子。这些有机分子的发现为研究宇宙中物质的演化和生命的起源提供了宝贵资料。

2. 微波等离子体

等离子体是由带正、负电荷的两种粒子所组成的电中性粒子体系,其中至少有一种带电粒子是可以自由运动的。等离子体一般用谐振腔获得。高功率微波可以使稀薄的气体放电而产生等离子体,这种微波等离子体已用于雷达的天线开关。在化学领域,已经用气体放电来产生供动力研究、化学合成反应,以及其他化学作用的自由基或原子、离子。

另外,还可利用微波诊断等离子体,即利用微波在等离子体中的传播特性来测量等离子体的参量。其基本原理是,若微波频率足够高,当它照射等离子体时,在等离子体界面上的反射会很小,大部分可以透射到等离子体内部,微波在等离子体中传播,其振幅和相位发生变化,这种变化包含着等离子体特性参量的信息。测出这一变化就可以求得等离子体的介电常数,进而可以确定等离子体的密度和电子气的温度等。

例如,可控热核反应研究中用的等离子体的温度高达数万度,用毫米波或亚毫米波可以实现对等离子体的无接触测量,而且微波诊断等离子体响应快,可以测出极短时间内等离子体参量的变化。利用微波也可对等离子体加热。

3. 射电天文学

射电天文学是一门通过观测天体的无线电波来研究天文现象的科学。它借助于测量和分析天体所发射的 $1\sim30\mathrm{mm}$ 波长的电磁波辐射来从事天体研究。

在射电天文学诞生之前,人们对地球以外宇宙的了解几乎完全依赖于穿透地球表面的 $10^{14}\sim10^{16}\mathrm{GHz}$ 的光波。微波技术的发展开辟了新的"宇宙窗口",它们是:$1.0\sim1.8\mathrm{mm}$ 波长透射率为 35%～40%；2～5mm 波长透射率为 50%～70%；8mm～1m 波长透射率达 100%，即所谓"全透明窗口"。这些微波窗口给研究太阳及恒星结构、星际物质的组成和分布、宇宙起源问题，以及发现新天体提供了新途径。

射电天文学有两种系统。一种是在地球上或空间站发射电磁波，然后接收从天体反射回来的波。另一种是直接接收天体辐射。这两种系统的主要组成分别是雷达和辐射计。

雷达发射一个信号并接收从目标来的回波，以获得关于目标的信息，因此是有源的、主动的；而辐射计采用的是无源技术，它得到的目标信息来自黑体本身辐射（噪声）或是周围物体反射的微波成分，是被动的。实际上，辐射计是一个特别设计的灵敏接收机，用以测量噪声功率。

附录A 物理常数

真空介电常数 $\varepsilon_0 = 8.854 \times 10^{-12} \, \text{F/m}$

真空磁导率 $\mu_0 = 4\pi \times 10^{-7} \, \text{H/m}$

真空中的波阻抗 $\eta_0 = 376.7 \, \Omega$

真空中的光速 $c = 2.998 \times 10^8 \, \text{m/s}$

电子电荷 $q = 1.602 \times 10^{-19} \, \text{C}$

电子质量 $m = 9.107 \times 10^{-31} \, \text{kg}$

普朗克常数 $h = 6.626 \times 10^{-34} \, \text{J·s}$

玻耳兹曼常数 $k = 1.380 \times 10^{-23} \, \text{J/}^\circ\text{K}$

电子伏特 $\text{eV} = 1.602 \times 10^{-19} \, \text{J}$

附录 B 用于构成十进制倍数和分数单位的词头

所表示的因数	词　头	中　文　名	符　号
10^{12}	tera	太	T
10^{9}	giga	吉	G
10^{6}	mega	兆	M
10^{3}	kilo	千	k
10^{2}	hector	百	h
10^{1}	deka	十	da
10^{-1}	deci	分	d
10^{-2}	centi	厘	c
10^{-3}	milli	毫	m
10^{-6}	micro	微	μ
10^{-9}	nano	纳	n
10^{-12}	pico	皮	p
10^{-15}	femto	飞	f

附录 C 常用矢量公式

(1) $\boldsymbol{A} \cdot \boldsymbol{B} = A_x B_x + A_y B_y + A_z B_z = AB\cos\theta$

(2) $\boldsymbol{A} \times \boldsymbol{B} = \begin{vmatrix} \hat{e}_x & \hat{e}_y & \hat{e}_z \\ A_x & A_y & A_z \\ B_x & B_y & B_z \end{vmatrix} = \hat{n}AB\sin\theta$

(3) $\boldsymbol{A} \cdot (\boldsymbol{B} \times \boldsymbol{C}) = \boldsymbol{B} \cdot (\boldsymbol{C} \times \boldsymbol{A}) = \boldsymbol{C} \cdot (\boldsymbol{A} \times \boldsymbol{B})$

(4) $\boldsymbol{A} \times (\boldsymbol{B} \times \boldsymbol{C}) = (\boldsymbol{A} \cdot \boldsymbol{C})\boldsymbol{B} - (\boldsymbol{A} \cdot \boldsymbol{B})\boldsymbol{C}$

(5) $\nabla \cdot (\boldsymbol{A} \times \boldsymbol{B}) = (\nabla \times \boldsymbol{A}) \cdot \boldsymbol{B} - (\nabla \times \boldsymbol{B}) \cdot \boldsymbol{A}$

(6) $\nabla \times (\boldsymbol{A} \times \boldsymbol{B}) = \boldsymbol{A} \nabla \cdot \boldsymbol{B} - \boldsymbol{B} \nabla \cdot \boldsymbol{A} + (\boldsymbol{B} \cdot \nabla)\boldsymbol{A} - (\boldsymbol{A} \cdot \nabla)\boldsymbol{B}$

(7) $\nabla \cdot (\phi\boldsymbol{A}) = \boldsymbol{A} \cdot \nabla\phi + \phi \nabla \cdot \boldsymbol{A}$

(8) $\nabla \times (\phi\boldsymbol{A}) = \nabla\phi \times \boldsymbol{A} + \phi \nabla \times \boldsymbol{A}$

(9) $\nabla \cdot (\nabla \times \boldsymbol{A}) = 0$

(10) $\nabla \times (\nabla\phi) = 0$

(11) $\nabla(fg) = g \nabla f + f \nabla g$

(12) $\nabla(\boldsymbol{A} \cdot \boldsymbol{B}) = (\boldsymbol{A} \cdot \nabla)\boldsymbol{B} + (\boldsymbol{B} \cdot \nabla)\boldsymbol{A} + \boldsymbol{A} \times (\nabla \times \boldsymbol{B}) + \boldsymbol{B} \times (\nabla \times \boldsymbol{A})$

(13) $\nabla \cdot \nabla\phi = \nabla^2\phi$

(14) $\nabla \times \nabla \times \boldsymbol{A} = \nabla(\nabla \cdot \boldsymbol{A}) - \nabla^2\boldsymbol{A}$

(15) $\displaystyle\int_V \nabla \cdot \boldsymbol{A}\,\mathrm{d}V = \oint_S \boldsymbol{A} \cdot \mathrm{d}\boldsymbol{S}$ 高斯散度定量

(16) $\displaystyle\int_S \nabla \times \boldsymbol{A} \cdot \mathrm{d}\boldsymbol{S} = \oint_l \boldsymbol{A} \cdot \mathrm{d}\boldsymbol{l}$ 斯托克斯定理

附录 D　矢量微分运算

直角坐标系

$$\nabla\phi = \hat{x}\,\frac{\partial\phi}{\partial x} + \hat{y}\,\frac{\partial\phi}{\partial y} + \hat{z}\,\frac{\partial\phi}{\partial z}$$

$$\nabla\cdot\boldsymbol{A} = \frac{\partial A_x}{\partial x} + \frac{\partial A_y}{\partial y} + \frac{\partial A_z}{\partial z}$$

$$\nabla\times\boldsymbol{A} = \hat{x}\left(\frac{\partial A_z}{\partial y} - \frac{\partial A_y}{\partial z}\right) + \hat{y}\left(\frac{\partial A_x}{\partial z} - \frac{\partial A_z}{\partial x}\right) + \hat{z}\left(\frac{\partial A_y}{\partial x} - \frac{\partial A_x}{\partial y}\right)$$

$$\nabla^2\phi = \frac{\partial^2\phi}{\partial x^2} + \frac{\partial^2\phi}{\partial y^2} + \frac{\partial^2\phi}{\partial z^2}$$

$$\nabla^2\boldsymbol{A} = \hat{x}\,\nabla^2 A_x + \hat{y}\,\nabla^2 A_y + \hat{z}\,\nabla^2 A_z$$

圆柱坐标系

$$\nabla\phi = \hat{\rho}\,\frac{\partial\phi}{\partial\rho} + \hat{\varphi}\,\frac{1}{\rho}\,\frac{\partial\phi}{\partial\varphi} + \hat{z}\,\frac{\partial\phi}{\partial z}$$

$$\nabla\cdot\boldsymbol{A} = \frac{1}{\rho}\,\frac{\partial}{\partial\rho}(\rho A_\rho) + \frac{1}{\rho}\,\frac{\partial A_\varphi}{\partial\varphi} + \frac{\partial A_z}{\partial z}$$

$$\nabla\times\boldsymbol{A} = \hat{\rho}\left(\frac{1}{\rho}\,\frac{\partial A_z}{\partial\varphi} - \frac{\partial A_\varphi}{\partial z}\right) + \hat{\varphi}\left(\frac{\partial A_\rho}{\partial z} - \frac{\partial A_z}{\partial\rho}\right) + \hat{z}\,\frac{1}{\rho}\left(\frac{\partial(\rho A_\varphi)}{\partial\rho} - \frac{\partial A_\rho}{\partial\varphi}\right)$$

$$\nabla^2\phi = \frac{1}{\rho}\,\frac{\partial}{\partial\rho}\left(\rho\,\frac{\partial\phi}{\partial\rho}\right) + \frac{1}{\rho^2}\,\frac{\partial^2\phi}{\partial\varphi^2} + \frac{\partial^2\phi}{\partial z^2}$$

$$\nabla^2\boldsymbol{A} = \nabla(\nabla\cdot\boldsymbol{A}) - \nabla\times\nabla\times\boldsymbol{A}$$

球坐标系

$$\nabla\phi = \hat{r}\,\frac{\partial\phi}{\partial r} + \hat{\theta}\,\frac{1}{r}\,\frac{\partial\phi}{\partial\theta} + \frac{\hat{\varphi}}{\sin\theta}\,\frac{\partial\phi}{\partial\varphi}$$

$$\nabla\cdot\boldsymbol{A} = \frac{1}{r^2}\,\frac{\partial}{\partial r}(r^2 A_r) + \frac{1}{r\sin\theta}\,\frac{\partial}{\partial\theta}(\sin\theta A_\theta) + \frac{1}{r\sin\theta}\,\frac{\partial A_\varphi}{\partial\varphi}$$

$$\nabla\times\boldsymbol{A} = \frac{\hat{r}}{r\sin\theta}\left[\frac{\partial}{\partial\theta}(A_\varphi\sin\theta) - \frac{\partial A_\theta}{\partial\varphi}\right] + \frac{\hat{\theta}}{r}\left[\frac{1}{\sin\theta}\,\frac{\partial A_r}{\partial\varphi} - \frac{\partial}{\partial r}(r A_\varphi)\right]$$
$$+ \frac{\hat{\varphi}}{r}\left[\frac{\partial}{\partial\varphi}(r A_\theta) - \frac{\partial A_r}{\partial\theta}\right]$$

$$\nabla^2\phi = \frac{1}{r^2}\,\frac{\partial}{\partial r}\left(r^2\,\frac{\partial\phi}{\partial r}\right) + \frac{1}{r^2\sin\theta}\,\frac{\partial}{\partial\theta}\left(\sin\theta\,\frac{\partial\phi}{\partial\theta}\right) + \frac{1}{r^2\sin^2\theta}\,\frac{\partial^2\phi}{\partial\varphi^2}$$

$$\nabla^2\boldsymbol{A} = \nabla(\nabla\cdot\boldsymbol{A}) - \nabla\times\nabla\times\boldsymbol{A}$$

附录 E 坐标变换

直角坐标系到圆柱坐标系

分项	$\hat{x}$	$\hat{y}$	$\hat{z}$
$\hat{\rho}$	$\cos\varphi$	$\sin\varphi$	0
$\hat{\varphi}$	$-\sin\varphi$	$\cos\varphi$	0
$\hat{z}$	0	0	1

直角坐标系到球坐标系

分项	$\hat{x}$	$\hat{y}$	$\hat{z}$
$\hat{r}$	$\sin\theta\cos\varphi$	$\sin\theta\sin\varphi$	$\cos\theta$
$\hat{\theta}$	$\cos\theta\cos\varphi$	$\cos\theta\sin\varphi$	$-\sin\theta$
$\hat{\varphi}$	$-\sin\varphi$	$\cos\varphi$	0

圆柱坐标系到球坐标系

分项	$\hat{\rho}$	$\hat{\varphi}$	$\hat{z}$
$\hat{r}$	$\sin\theta$	0	$\cos\theta$
$\hat{\theta}$	$\cos\theta$	0	$-\sin\theta$
$\hat{\varphi}$	0	1	0

圆柱坐标系、球坐标系的线元、面元、体积元与直角坐标系的关系

坐标系	长度元	与直角坐标系的关系	面积元	体积元
直角坐标系 $(\hat{x},\hat{y},\hat{z})$	$\mathrm{d}x$ $\mathrm{d}y$ $\mathrm{d}z$	—	$\mathrm{d}S_x = \mathrm{d}y\,\mathrm{d}z$ $\mathrm{d}S_y = \mathrm{d}x\,\mathrm{d}z$ $\mathrm{d}S_z = \mathrm{d}x\,\mathrm{d}y$	$\mathrm{d}x\,\mathrm{d}y\,\mathrm{d}z$
圆柱坐标系 $(\hat{\rho},\hat{\varphi},\hat{z})$	$\mathrm{d}\rho$ $\rho\,\mathrm{d}\varphi$ $\mathrm{d}z$	$x = \rho\cos\varphi$ $y = \rho\sin\varphi$ $z = z$	$\mathrm{d}S_\rho = \rho\,\mathrm{d}\varphi\,\mathrm{d}z$ $\mathrm{d}S_\varphi = \mathrm{d}\rho\,\mathrm{d}z$ $\mathrm{d}S_z = \rho\,\mathrm{d}\rho\,\mathrm{d}\varphi$	$\rho\,\mathrm{d}\rho\,\mathrm{d}\varphi\,\mathrm{d}z$
球坐标系 $(\hat{r},\hat{\theta},\hat{\varphi})$	$\mathrm{d}r$ $r\,\mathrm{d}\theta$ $r\sin\theta\,\mathrm{d}\varphi$	$x = r\sin\theta\cos\varphi$ $y = r\sin\theta\sin\varphi$ $z = r\cos\theta$	$\mathrm{d}S_r = r^2\sin\theta\,\mathrm{d}\theta\,\mathrm{d}\varphi$ $\mathrm{d}S_\theta = r\sin\theta\,\mathrm{d}r\,\mathrm{d}\varphi$ $\mathrm{d}S_\varphi = r\,\mathrm{d}r\,\mathrm{d}\theta$	$r^2\sin\theta\,\mathrm{d}r\,\mathrm{d}\theta\,\mathrm{d}\varphi$

附录 F 标准矩形波导主要参数

型号		主模频率范围	结构尺寸/mm			衰减/(dB·m⁻¹)		
国家	国际	/GHz	宽度 a	高度 b	壁厚 t	频率	理论值	最大值
BJ3	R3	0.32~0.49	584.2	292.10		0.386	0.00078	0.0011
BJ4	R4	0.35~0.53	533.4	266.70		0.422	0.00090	0.0012
BJ5	R5	0.26~0.41	457.2	228.60		0.49	0.00113	0.0015
BJ6	R6	0.49~0.75	381.0	190.50		0.59	0.00149	0.002
BJ8	R8	0.64~0.98	292.1	146.05	3	0.77	0.00222	0.003
BJ9	R9	0.76~1.15	247.65	123.82	3	0.91	0.00284	0.004
BJ12	R12	0.96~1.46	195.58	97.79	3	1.15	0.00405	0.005
BJ14	R14	1.14~1.73	165.10	82.55	2	1.36	0.00522	0.007
BJ18	R18	1.45~2.20	129.54	64.77	2	1.74	0.00749	0.010
BJ22	R22	1.72~2.61	109.22	54.61	2	2.06	0.0097	0.013
BJ26	R26	2.17~3.30	86.36	43.18	2	2.61	0.0138	0.018
BJ32	R32	2.60~3.95	72.14	34.04	2	3.12	0.0189	0.025
BJ40	R40	3.22~4.90	58.17	29.083	1.5	3.87	0.0249	0.032
BJ48	R48	3.94~5.99	47.55	22.149	1.5	4.73	0.0355	0.046
BJ58	R58	4.64~7.05	40.39	20.193	1.5	5.57	0.0431	0.056
BJ70	R70	5.38~8.17	34.85	15.799	1.5	6.46	0.0576	0.075
BJ84	R84	6.57~9.99	28.499	12.624	1.5	7.89	0.0794	0.103
BJ100	R100	8.20~12.5	22.86	10.160	1	9.84	0.110	0.43
BJ120	R120	9.84~15.0	19.050	9.525	1	11.8	0.133	
BJ140	R140	11.9~18.0	15.799	7.898	1	14.2	0.176	
BJ180	R180	14.5~22.0	12.954	6.477	1	17.4	0.238	
BJ220	R220	17.6~26.7	10.668	4.318	1	21.1	0.370	
BJ260	R260	21.7~33.0	8.636	4.318	1	26.1	0.435	
BJ320	R320	26.4~40.0	7.112	3.556	1	31.6	0.583	
BJ400	R400	32.9~50.1	5.690	2.845	1	39.5	0.815	
BJ500	R500	39.2~59.6	4.775	2.388	1	47.1	1.06	
BJ620	R620	49.8~75.8	3.759	1.880	1	59.9	1.52	
BJ740	R740	60.5~91.9	3.009	1.549	1	72.6	2.03	
BJ900	R900	73.8~112	2.540	1.270	1	88.6	2.74	
BJ1200	R1200	92.2~140	2.032	1.016	1	111.0	3.82	
BJ1400	R1400	114~173	1.651	0.826		136.3	5.21	
BJ1800	R1800	145~220	1.295	0.648		174.0	7.50	
BJ2200	R2200	172~261	1.092	0.546		206.0	9.70	
BJ2600	R2600	217~330	0.864	0.432		260.5	13.76	

注：(1) 矩形波导的尺寸 a、b 是内壁尺寸。

(2) 波导型号第一个字母 B 表示波导管，第二个字母 J 表示矩形截面；阿拉伯数字表示波导的中心工作频率，单位为 100MHz。

附录 G 常用硬同轴线特性参量

型 号	特性阻抗/Ω	外导体内直径 /mm	内导体外直径 /mm	理论最大允许功率 /kW	衰减 /$(10^{-6}\mathrm{dB}\cdot\mathrm{m}^{-1}\cdot\mathrm{Hz}^{-1/2})$	最短波长 /cm
50-7	50	7	3.04	167	$3.38\sqrt{f}$	1.73
75-7	75	7	2.00	94	$3.08\sqrt{f}$	1.56
50-16	50	16	6.95	756	$1.48\sqrt{f}$	3.9
75-16	75	16	4.58	492	$1.34\sqrt{f}$	3.6
50-35	50	35	15.2	355	$0.67\sqrt{f}$	8.6
75-35	75	35	10.0	2340	$0.61\sqrt{f}$	7.8
53-30	53	30	16	4270	$0.60\sqrt{f}$	9.6
50-75	50	75	32.5	16 300	$0.31\sqrt{f}$	18.5
50-87	50	87	38	22 410	$0.27\sqrt{f}$	21.6
50-110	50	110	48	35 800	$0.22\sqrt{f}$	27.3

注：① 本表数值均按 $\varepsilon_r = 1$、黄铜计算。

② 型号前面的数字表示特性阻抗值，后面的数字表示外导体内直径。

③ 最短波长取 $\lambda = 1.1\pi(a+b)$。

④ 空气击穿场强 $E_{max} = 3\times10^6\mathrm{V/m}$。

附录 H　常用同轴射频电缆特性参量

| 电缆型号 | 内导体 | | 绝缘外径 /mm | 电缆外径 /mm | 特性阻抗 /Ω | 衰减常数 /(dB·m⁻¹) | | 电晕电压 /kV |
	根数×直径 /mm	外径 /mm				3GHz	10GHz	
SWY-50-2	1×0.68	0.68	2.2±0.1	4.0±0.3	50±2.5	≤2.0	≤4.3	1.5
SWY-50-3	1×0.90	0.90	3.0±0.2	5.3±0.3	50±2.5	≤1.7	≤3.9	2.0
SWY-50-5	1×1.37	1.37	4.6±0.2	9.6±0.6	50±2.5	≤1.4	≤3.5	3.0
SWY-50-7-1	7×0.76	2.28	7.3±0.3	10.3±0.6	50±2.5	≤1.25	≤3.5	4.0
SWY-50-7-2	7×0.76	2.28	7.3±0.3	11.1±0.6	50±2.5	≤1.25	≤3.2	4.0
SWY-50-9	7×0.95	2.85	9.2±0.5	12.8±0.8	50±2.5	≤0.85	≤2.5	4.5
SWY-50-11	7×1.13	3.39	11.0±0.6	14.0±0.8	50±2.5	≤0.85	≤2.5	5.5
SWY-75-5-1	1×0.72	0.72	4.6±0.2	7.3±0.4	75±3.0	≤1.3	≤3.3	2.0
SWY-75-5-2	7×0.26	0.78	4.6±0.2	7.3±0.4	75±3.0	≤1.5	≤3.6	2.0
SWY-75-7	7×0.40	1.20	7.3±0.3	10.3±0.6	75±3.0	≤1.1	≤2.7	3.0
SWY-75-9	1×1.37	1.37	9.0±0.4	12.6±0.8	75±3.0	≤0.8	≤2.4	4.5
SWY-100-7	1×0.60	0.60	7.3±0.3	10.3±0.6	100±5.0	≤1.2	≤2.8	3.0

注：① SWY 系列同轴电缆绝缘材料为聚乙烯。

　　② 举例，型号 SWY-50-7-1 中各符号含义如下：

　　　　S——同轴射频电缆；

　　　　W——聚乙烯绝缘材料；

　　　　Y——聚乙烯护层；

　　　　50——特性阻抗为 50Ω；

　　　　7——芯线绝缘外径为 7mm；

　　　　1——结构序号为 1。

参 考 文 献

[1] 闫润卿,李英惠.微波技术基础[M].北京:北京理工大学出版社,2004.
[2] 廖承恩.微波技术基础[M].西安:西安电子科技大学出版社,2000.
[3] POZAR D. Microwave Engineering[M]. New York:John Wiley & Sons,1998.
[4] 赵克玉,许福永.微波原理与技术[M].北京:高等教育出版社,2006.
[5] 傅文斌.微波技术与天线[M].北京:机械工业出版社,2007.
[6] 李宗谦,佘京兆,高葆新.微波工程基础[M].北京:清华大学出版社,2004.
[7] 顾继慧.微波技术[M].北京:科学出版社,2004.
[8] 克劳斯.天线[M].章文勋 译.3 版.北京:电子工业出版社,2011.
[9] 阮颖铮.雷达截面与隐身技术[M].北京:国防工业出版社,1998.
[10] 鲍家善.微波原理[M].北京:高等教育出版社,1985.
[11] LUDWIG R,BRETCHKO P. Circuit Design Theory and Application[M]. New York:Prentice Hall,
      2000.
[12] BROWN W C. The History of Power Transmission by Radio Waves[J]. IEEE Transactions on
      Microwave Theory and Techniques,1984,32(9):1230-1242.
[13] BERTONI H L. Radio Propagation for Modern Wireless Systems[M]. 北京:电子工业出版
      社,2002.
[14] 陈邦媛.射频通信电路[M].北京:科学出版社,2002.
[15] 梁昌洪,谢拥军,关伯然.简明微波[M].北京:高等教育出版社,2006.
[16] 钟顺时.电磁场理论[M].北京:清华大学出版社,2006.
[17] 沈振元,聂志良,赵雪荷.通信系统原理[M].西安:西安电子科技大学出版社,1993.
[18] KONG J A.电磁波理论[M].吴季,等译.北京:电子工业出版社,2003.
[19] CASSIVI Y,PERREGRINI L,ARCIONI P,et al. Dispersion Characteristics of Substrate Integrated
      Rectangular Waveguide[J]. IEEE Microwave and Wireless Components Letters, 2002, 12 (9):
      333-335.
[20] XU F,WU K. Guided-Wave and Leakage Characteristics of Substrate Integrated [J]. IEEE
      Transactions on Microwave Theory and Techniques,2005,53(1):66-73.

图 书 资 源 支 持

感谢您一直以来对清华大学出版社图书的支持和爱护。为了配合本书的使用，本书提供配套的资源，有需求的读者请扫描下方的"书圈"微信公众号二维码，在图书专区下载，也可以拨打电话或发送电子邮件咨询。

如果您在使用本书的过程中遇到了什么问题，或者有相关图书出版计划，也请您发邮件告诉我们，以便我们更好地为您服务。

我们的联系方式：

教学资源·教学样书·新书信息

地　　址：北京市海淀区双清路学研大厦 A 座 714

邮　　编：100084

电　　话：010-83470236　010-83470237

资源下载：http://www.tup.com.cn

客服邮箱：tupjsj@vip.163.com

QQ：2301891038（请写明您的单位和姓名）

用微信扫一扫右边的二维码，即可关注清华大学出版社公众号。

人工智能科学与技术
人工智能|电子通信|自动控制

资料下载·样书申请

书圈